高等学校规划教材

食品科技系列

食品科学与工程专业实验

丁利君 等编

化学工业出版社
北京

《食品科学与工程专业实验》分为绪论、食品微生物实验、食品化学与分析实验、食品工程原理实验、食品专业综合实验、食品专业创新实验六章，包含了食品科学与工程专业的主要实验内容。书中介绍的实验均已在教学实践中采用过，具有较好的教学效果。

《食品科学与工程专业实验》可作为高等学校食品及相关专业的本科生教材，也可作为高等职业院校食品类专业的实践指导书，还可供食品类专业的实验技术指导教师参考。

图书在版编目（CIP）数据

食品科学与工程专业实验/丁利君等编．—北京：化学工业出版社，2019.2
ISBN 978-7-122-33338-4

Ⅰ.①食… Ⅱ.①丁… Ⅲ.①食品科学-实验-教材
②食品工程学-实验-教材 Ⅳ.①TS201-33

中国版本图书馆 CIP 数据核字（2018）第 270358 号

责任编辑：徐雅妮　马泽林　　　　　　　装帧设计：关　飞
责任校对：王鹏飞

出版发行：化学工业出版社（北京市东城区青年湖南街 13 号　邮政编码 100011）
印　　刷：北京京华铭诚工贸有限公司
装　　订：三河市振勇印装有限公司

787mm×1092mm　1/16　印张 12¾　字数 319 千字　2019 年 3 月北京第 1 版第 1 次印刷

购书咨询：010-64518888　　　　　　　　售后服务：010-64518899
网　　址：http://www.cip.com.cn

凡购买本书，如有缺损质量问题，本社销售中心负责调换。

定　　价：39.00 元　　　　　　　　　　　　　　　　　版权所有　违者必究

《食品科学与工程专业实验》编写人员

(按姓氏笔画排序)

丁利君　于泓鹏　刘　丹　孙建霞
吴克刚　吴雅红　陈　林　姜　燕
柴向华　陶志华　樊黎生

《食品科学与工程专业实验》编入人员

(按姓氏笔画排序)

丁利君　于新颖　张　旋　邱泽龙

吴文卿　吴锦铸　胡　萍　林　美

梁南山　阎云花　樊美珍

前言

全面推进素质教育，着力培养基础扎实、知识面宽、能力强、素质高的人才，已成为当今食品科学与工程专业本科教育的主题。实验教学是对理论教学的继续、补充扩展与深化，能有效提高高校学生的专业素质和实验技能，有利于培养学生的创新能力。

《食品科学与工程专业实验》的特点有两个：一是对食品科学与工程专业的实验教学内容进行整合和拓展，目的是培养出优秀的应用型、创新型人才以满足食品行业发展的需要；二是把教改成果应用到食品科学与工程专业的实践教学中，使教材具有实用性、科学性、系统性和创新性。

本书的编写人员，都是长期从事食品科学与工程专业实验教学的一线教师，由各位教师分工合作，共同完成了教材的编写。第一章绪论由丁利君教授负责编写；第二章食品微生物实验由吴雅红副教授负责编写；第三章食品化学和分析实验，樊黎生副教授、于泓鹏副教授负责编写食品分析实验内容，柴向华副教授负责编写食品化学实验内容；第四章食品工程原理实验由刘丹副教授负责编写；第五章食品专业综合实验由丁利君教授、陈林副教授、吴雅红副教授、樊黎生副教授等共同编写；第六章食品专业创新实验由吴克刚教授、孙建霞副教授、陶志华副教授、姜燕副教授等共同完成。

在本书的编写过程中，得到了刘晓丽副教授和段雪娟老师的大力支持，在此深表感谢。

由于编者水平有限，书中难免存在疏漏之处，恳请读者批评指正。

编者

2019 年 1 月

目 录

第一章 绪论 /1

第二章 食品微生物实验 /10

实验一 普通光学显微镜的构造和使用 …………… 11
实验二 放线菌形态及菌落特征的观察 …………… 16
实验三 酵母菌形态及菌落特征的观察 …………… 17
实验四 霉菌形态及菌落特征的观察 … 18
实验五 细菌的简单染色与形态观察 … 20
实验六 革兰染色法 …………… 22
实验七 微生物细胞大小的测定 …… 23
实验八 微生物显微计数——血球计数板法 …………… 25
实验九 器皿的包扎与灭菌 …………… 27
实验十 培养基的制备 …………… 31
实验十一 微生物的稀释平板计数与划线分离 …………… 33
实验十二 菌种保藏 …………… 36

第三章 食品化学与分析实验 /41

第一部分 食品主要成分分析

实验一 水分含量的测定 …………… 41
实验二 总灰分的测定 …………… 44
实验三 总酸度的测定 …………… 45
实验四 有效酸度——pH 值的测定 … 46
实验五 挥发酸的测定 …………… 48
实验六 脂肪的测定 …………… 49
实验七 还原糖的测定 …………… 52
实验八 总糖的测定 …………… 55
实验九 蛋白质的测定 …………… 56
实验十 氨基酸总量的测定 …………… 62
实验十一 维生素 C 含量的测定 …… 65
实验十二 氯化钠的测定 …………… 69
实验十三 碘含量的测定 …………… 72
实验十四 硒的测定 …………… 73
实验十五 亚硝酸盐的测定 …………… 75
实验十六 多酚类物质总量的测定 …… 77
实验十七 黄酮类化合物含量的测定 … 78
实验十八 膳食纤维含量的测定 …… 79

第二部分 食品加工与贮藏中的分析检测

实验一 食品水分活度的测定 …………… 82
实验二 美拉德反应初始阶段的测定 … 86
实验三 美拉德反应 …………… 87
实验四 淀粉糊化及酶法制备淀粉糖浆及其葡萄糖值的测定 …………… 88
实验五 豆类淀粉和薯类淀粉的老化 … 90
实验六 脂肪氧化的过氧化值及酸价的测定 …………… 91
实验七 蛋白质的功能性质（一） …… 93
实验八 蛋白质的功能性质（二） …… 95
实验九 蔬菜加工中护色实验与水果酶促褐变的防止 …………… 96

实验十　番茄红素直接测定法 …………… 97
实验十一　酚酶的提取及其活力测定 … 98
实验十二　水果皮颜色和淀粉白度的
　　　　　测定 ……………………………… 99
实验十三　叶绿素的分离及含量
　　　　　测定 …………………………… 101

第四章　食品工程原理实验 / 103

实验一　伯努利方程实验 ………………… 103
实验二　雷诺实验 ………………………… 106
实验三　流体流动阻力的测定 …………… 108
实验四　数字型恒压过滤常数的测定 … 111
实验五　空气-蒸汽给热系数的测定 … 116
实验六　精馏实验 ………………………… 121
实验七　吸收实验 ………………………… 125
实验八　干燥实验 ………………………… 127

第五章　食品专业综合实验 / 130

实验一　糖水罐头、果酱的加工及其
　　　　质量控制 ………………………… 131
实验二　香蕉果汁的加工及其酶法
　　　　澄清 ……………………………… 134
实验三　泡菜的制作及其亚硝酸盐
　　　　含量的分析 ……………………… 135
实验四　内酯豆腐的制作 ………………… 137
实验五　腐竹的制作 ……………………… 140
实验六　酸奶的制作 ……………………… 141
实验七　蛋黄酱的制作 …………………… 143
实验八　奶油冰淇淋的生产工艺与
　　　　配方 ……………………………… 145
实验九　鸡精的制备及其质量控制 …… 148
实验十　面包制作 ………………………… 154
实验十一　面包的质量标准和感官
　　　　　评定 …………………………… 156
实验十二　蛋糕制作 ……………………… 159
实验十三　蛋糕的质量感官评价 ………… 161
实验十四　韧性饼干的制作 ……………… 163
实验十五　桃酥的制作 …………………… 164
实验十六　曲奇饼干的制作 ……………… 165
实验十七　米酒制作 ……………………… 167
实验十八　果胶的提取及柠檬味果冻的
　　　　　制备 …………………………… 169

第六章　食品专业创新实验 / 171

创新实验报告范例 / 174

附录 / 180

附录1　拓展实验 ………………………… 180
附录2　大肠菌群测定的操作细则 ……… 180
附录3　常用染色液的配制 ……………… 182
附录4　常用培养基的配制 ……………… 183
附录5　实验室常用试剂的配制 ………… 185
附录6　标准滴定溶液的配制及
　　　　标定 ……………………………… 188
附录7　常用洗涤液的配制 ……………… 191
附录8　常用指示剂的配制方法与pH
　　　　范围的颜色变化 ………………… 191
附录9　常用酸、碱的浓度表 …………… 192
附录10　实验报告格式范例 ……………… 193

参考文献 / 194

第一章 绪 论

一、食品科学与工程专业实验的目的与要求

食品科学与工程专业实验是配合食品科学与工程专业（以下简称食品专业）理论教学而设置的实验课，是教学中的实践环节，是学习掌握食品专业知识的重要手段。食品专业实验不同于基础课实验，专业实验都是按理论课程的需要以及生产产品的要求而设置的，实验结果可以直接用于或指导工程计算和设计。通过实验可以达到以下教学目的：

（1）配合理论教学，通过实验进一步学习、掌握和运用学过的基本理论知识。

（2）运用学过的食品微生物、食品分析、食品化学、食品工艺学等理论知识，分析实验过程中的各种现象和问题，培养训练学生分析问题和解决问题的能力。

（3）了解食品专业研究的基本内容，学习常用实验仪器的使用，使学生掌握食品专业实验的基本方法，并通过实验操作训练学生的实验技能，通过设计型综合实验、创新实验，提高学生的合作精神、创新能力和综合素质。

（4）应用计算机软件进行实验数据的分析处理，编写报告，培养训练学生实际计算和组织报告的能力。

（5）通过实验培养学生良好的学习作风和工作作风，以严谨、科学、求实的精神对待科学实验与开发研究工作。

食品科学与工程专业实验的教学要求如下。

1. 实验前的准备工作

实验前必须认真预习实验教材的有关章节，仔细了解所做实验的目的、要求、方法和基本原理。在全面预习的基础上写出预习报告，内容包括：目的、原理、实验方案及预习中的问题，并准备好实验记录表格。

进入实验室后，要对实验需要的试剂、仪器等做细致的了解，并认真思考实验操作步骤、测量内容与测定数据的方法。对实验预期的结果、可能发生的故障和排除方法，做一些初步的分析和估计。

实验开始前，小组成员应进行适当分工，明确要求，以便实验中协调工作。

2. 实验操作、观察与记录

在实验过程中，应全神贯注并精心操作，要仔细观察所发生的各种现象，这有助于对实验过程、结果的分析和理解。

实验中要认真仔细地测定数据，将数据记录在规定的表格中。对数据要判断其合理性，

在实验过程中如遇数据重复性差或规律性差等情况，应分析实验中的问题，找出原因加以解决。

做完实验后，要对数据进行初步检查，查看数据的规律性，有无遗漏或记错，一经发现应及时补正。实验记录应请指导教师检查，指导教师审核通过后再停止实验并将实验仪器、试剂等恢复到实验前的状态。实验记录是处理、总结实验结果的依据。实验应按实验内容预先制作记录表格，在实验过程中认真做好实验记录，并在实验中逐渐养成良好的记录习惯。记录应仔细认真，整齐清楚。要注意保存原始记录，以便核对。

3. 实验报告

实验结束后，应及时处理数据，按实验要求认真完成报告的整理编写工作。实验报告是实验工作的总结，完成实验报告也是对学生工作能力的培养，因此要求学生各自独立完成这项工作。

实验报告应包括以下内容：实验题目、实验目的或任务、实验基本原理、实验设备及流程（绘制简图）、简要操作说明、原始数据记录、数据整理方法及计算示例、实验结果（可以用列表、图形曲线或经验公式表示）、分析讨论。实验报告应力求简明，条理分析清楚，文字书写工整，标点符号使用正确。图表要整齐地放在适当位置，实验报告要装订成册。实验报告中应写出学生姓名、班级、实验日期、同组人和指导教师姓名。实验报告应在指定时间交给指导教师批阅。

二、食品科学与工程专业实验的安全知识

食品科学与工程专业的实验室存在较多的安全风险，如危险品使用、实验操作、高温高压设备使用、废液收集处理等过程均存在危险因素。实验室中不仅有各种具有潜在危险的仪器设备，室内往往还相对集中地存放了一定量的危险物品。常年与这些危险仪器设备、危险物品相伴，稍有不慎就有可能引发灼伤、火灾、爆炸、中毒、辐射、电击等各种安全事故。每一个进入实验室的实验人员都必须高度重视实验室的安全问题，牢固树立"安全第一"的思想，尽量减少或避免实验室安全事故的发生。

1. 电器使用安全

注意安全用电极为重要，对电器设备必须采取安全措施，操作者必须严格遵守下列操作规定。

（1）进入实验室时，必须清楚总电闸、分电闸所在位置，并能够正确开启。

（2）使用仪器时，应注意仪表的规格，所用的规格应满足实验要求（如交流或直流电表、规格等），同时在使用时要注意读数是否有连续性。

（3）一切仪器应按说明书装接适当的电源，需要接地的一定要接地。

（4）实验时不要随意接触连线处，不得随意拉拖电线、电机，搅拌器转动时，注意勿使衣服、头发、手等卷入。

（5）电器设备维修时应停电作业。对使用高压电、大电流的实验，至少要有2~3人进行操作。若电源为三相，则三相电源的中性点要接地，这样一旦触电时可降低接触电压；接三相电动机时要注意正转方向是否符合，否则要切断电源，对调相线。

（6）仪器发生故障时应及时切断电源。

（7）实验结束后，关闭仪器和总电闸。

2. 化学试剂使用安全

一切试剂瓶上都应粘贴标签；使用化学试剂后应立即盖好盖子并把试剂瓶放回原处；用

牛角勺取固体试剂或用量筒量取液体试剂时，必须擦洗干净。在天平上称量固体试剂时，应少取试剂，并逐渐加到天平托盘上以免浪费。特别注意具有腐蚀性、有毒和危险化学试剂的使用，具体要求如下。

（1）强酸对皮肤有腐蚀作用，且会损坏衣物，应特别小心；稀释硫酸时不可把水注入酸中，只能在搅拌下将浓硫酸缓缓倒入水中。

（2）量取浓酸或类似液体时，只能用量筒，不能用移液管量取。

（3）盛酸瓶用完后，应立即用水将盛酸瓶冲洗干净。

（4）若酸溅到了身体的某个部位，应用大量水冲洗。

（5）浓氨水及浓硝酸瓶启盖时应特别小心，最好以布或纸覆盖后再启盖。若在炎热的夏天必须先以冷水冷却。

（6）氢氧化钠、氢氧化钾、碳酸钠、碳酸钾等碱性试剂的贮瓶，不可用玻璃塞，只能用橡胶塞或软木塞。

（7）大多数有机化合物有毒且易燃、易爆、易挥发，所以要注意实验室的通风。

（8）使用有毒的化学试剂或在操作中可能产生有毒气体的实验，必须在通风橱内进行。

（9）金属汞是一种剧毒的物质，吸入其蒸气会中毒，可溶性的汞化合物会产生严重的急性中毒，故使用汞时不能把汞溅泼。如发现汞洒落应立即用硬纸片铲起（注意不要用扫帚清扫，避免加速汞的挥发），不要沾水。收好后开窗通气。当汞滴散在缝隙中或滴散得十分细小时，可取适量硫黄粉覆盖，使之产生化学反应形成固体硫化汞，3~4h后清扫。

（10）易燃和易爆的化学药品应贮存在远离建筑物的地方，贮存室内要备有灭火装置。易燃液体在实验室只能用瓶盛装且不得超过1L，否则应用金属类容器盛装，使用时周围不应有明火。蒸馏易燃液体时，不要用明火直接加热，装料不得超过体积的2/3，加热不可太快以避免局部过热。易燃物质如酒精、苯、甲苯、乙醚、丙酮等在实验桌上临时使用或暂时放置，都不能超过500mL，并应远离电炉和一切热源。在明火附近不得用可燃性热溶剂清洗仪器，应用没有自燃危险的清洗剂洗涤，或移到没有明火的地方洗涤。乙醚长期存放后，常会生成过氧化物，故蒸馏乙醚时不能完全蒸干，应剩余1/5体积的乙醚，以免爆炸。避免金属钠和水接触，钠必须存放在无水的煤油中。

3. 机械设备使用安全

由机械设备产生的危险主要是机械危险，在操作过程中要加以注意，机械危险介绍如下。

（1）卷绕和绞缠　做回转运动的机械部件在运动的情况下，将人的头发、饰物（如项链）、肥大衣袖或下摆卷绕和绞缠引起的伤害。

（2）挤压、剪切和冲撞　做往复直线运动的零部件，如相向运动的两部件之间、运动件与静止部分之间由于安全距离不够产生的夹紧，零部件直线运动造成的冲撞等。

（3）切割、戳扎、擦伤和碰撞　机械设备尖棱、立角、锐边、粗糙表面（如砂轮、毛坯），机械结构上的凸出、悬挂部分等产生的危险，无论物体是处于运动还是静止的状态，都可能引起伤害。

4. 实验室安全事故处理

在实验操作过程中，总会不可避免地发生危险事故，如火灾、触电、中毒及其他意外事故。为了及时防止事故进一步扩大，在紧急情况下，应采取果断、有效的措施。

（1）割伤　取出伤口中的玻璃碎片或其他固体物，然后抹上红药水并包扎。

（2）烫伤　切勿用水冲洗，轻伤涂以烫伤油膏、玉树油、鞣酸油膏或黄色的苦味酸溶液；重伤涂以烫伤油膏后立即去医院治疗。

(3) 试剂灼伤　被酸或碱灼伤，应立即用大量水冲洗，然后相应地用饱和碳酸氢钠溶液或2%醋酸溶液洗，最后再用水洗。严重时要消毒，拭干后涂抹烫伤油膏。

(4) 酸或碱溅入眼内　立即用大量水冲洗，然后用1%碳酸氢钠溶液或硼酸溶液冲洗，最后再用水洗。溴水溅入眼内的处理方法与此相同。

(5) 吸入刺激性或有毒气体　立即到室外呼吸新鲜空气。如遇昏迷休克、虚脱或呼吸机能不全者，可进行人工呼吸，可能时给予氧气和浓茶、咖啡等。

(6) 毒物进入口内　对于强酸或强碱，先饮大量水，然后相应服用氢氧化铝膏、鸡蛋白或醋、酸果汁，再用牛奶灌注。对于刺激剂及神经性毒物，先用适量牛奶或鸡蛋白使之立即冲淡缓和，再内服15%～25%硫酸铜溶液，随后用手指伸入咽喉部促使呕吐，然后立即送往医院。

(7) 触电　应立即拉下电闸，切断电源，使触电者脱离电源。或戴上橡胶手套穿上胶底鞋（或脚踏干燥木板）绝缘后将触电者从电源上拉开。将触电者移至适当地方，解开衣服，必要时进行人工呼吸及体外心脏按压，并立即找医生处理。

(8) 火灾　一旦发生了火灾，应保持沉着镇静，要切断电源、熄灭所有加热设备、移出附近的可燃物；关闭通风装置，减少空气流通，防止火势蔓延；尽快拨打"119"求救。要根据起因和火势选用适当的方法，一般的小火用湿布、石棉布或沙子覆盖燃烧物即可熄灭。

火势较大时应根据具体情况采用下列灭火器：

① 四氯化碳灭火器　用于扑灭电器内或电器附近着火，但不能在狭小的、通风不良的室内使用（因为四氯化碳在高温时将生成剧毒的光气）。使用时只需开启开关，四氯化碳即会从喷嘴喷出。

② 二氧化碳灭火器　适用性较广，使用时应注意，一只手提灭火器，另一只手应握在喇叭筒把手上，而不能握在喇叭筒上（否则易被冻伤）。

③ 泡沫灭火器　火势大时使用，非大火通常不用，因事后处理较麻烦。使用时将筒身颠倒即可喷出大量二氧化碳泡沫。

无论使用何种灭火器，皆应从火的四周开始向中心扑灭。若身上的衣服着火，切勿奔跑，赶快脱下衣服；或用厚的外衣包裹使火熄灭；或用石棉布覆盖着火处；或就地卧倒打滚；或打开附近的自来水冲淋使火熄灭。严重者应躺在地上（以免火焰着向头部）用防火毯紧紧包住直至火熄灭。烧伤较重者，立即送往医院。若个人力量无法有效阻止事故的进一步发生，应该立即拨打"119"。

5. 实验室环保操作规范

要注意实验室的环境，按实验室环保操作规范操作。

(1) 处理废液、废物时，一般要戴上防护眼镜和橡胶手套。有时要穿防毒服装。处理有刺激性和挥发性废液时，要戴上防毒面具在通风橱内进行。

(2) 接触过有毒物质的器皿、滤纸等要收集后集中处理。

(3) 废液应根据物质性质的不同分别集中在废液桶内，贴上标签，以便处理。在集中废液时要注意，有些废液不可以混合，如过氧化物与有机物、盐酸等挥发性酸与不挥发性酸、铵盐及挥发性胺与碱等。

(4) 实验室内严禁吃食物，离开实验室要洗手，如面部或身体被污染必须清洗。

(5) 实验室内要采用通风、排毒、隔离等安全环保防范措施。

三、实验数据测量及有效数字的读取

实验研究是学科建立和发展的基础。在实验研究过程中需要测量实验数据，并对其进行分析、计算，整理成图表、公式或经验模型。为了保证实验结果的可靠性和准确性，必须正确测量、处理和分析这些数据。

1. 实验数据的测量

测量是用实验的方法获得被测量量值的过程。按照测量对象和测量结果的关系分类，可将测量分为直接测量或间接测量。直接测量就是用测量工具或测量仪器直接给出被测几何量或物理量的量值过程。如用温度计测量温度、用尺子测量长度等均为直接测量。直接测量是实现物理量测量的基础，在实验过程中应用十分广泛。而通过直接测量和必要的数学运算才能得到被测量量值，这种测量称为间接测量。如平衡常数的测量，需要测量平衡时的温度、压力和组分浓度后，通过计算才能得到。实验需进行大量的数据测量工作，正确测量实验数据直接关系到实验结果的可靠性。

2. 数据的读取

（1）有效数据的读取　实验数据的测量有直接测量和间接测量两种方法。直接测量值的有效数字的位数取决于测量仪器的精度。测量时，一般有效数字的位数可保留到测量仪器的最小刻度后一位，为估计数字。例如温度计的最小分度为1℃时，其有效数字可取至小数点后一位，如20.6℃最后一位数字为估值，其余数字为准确数，有效数字为3位。通常测量某一参数，可估计到最小分度的十分位。在实验过程中，有些物理量难以直接测量时，可采用间接测量法测量。通过间接测量得到的有效数字的位数与其相关的直接测量的有效数字有关，其取舍方法服从有效数字的计算规则。

（2）数据读取注意事项　对于稳态过程实验，一定要达到稳态的条件下才可读取数据，否则读取的数据与其他数据不具有真实的对应关系。而对于非稳态过程实验，则应按实验过程规划好读取数据的时间，读取同一瞬时值。

在数据读取时，应注意仪表指示的量程、分度单位等，按正确的方法读取数据。通常在一定的条件下要读取两次以上，以达到自检的目的。记录实验数据时，应字迹清楚，避免涂改，并注明单位。对所读取的数据运用所学的知识，分析判断其趋势是否正确。若测量数据明显不合理，应分析原因，及时采取措施改正。此外，要根据事先拟定的测量数据表，检查是否有漏读数据。

3. 有效数字及其运算规则

在科学与工程中，该用几位有效数字来表示测量或计算结果，总是以一定位数的数字来表示，不是意味着一个数值中小数点后面位数越多越准确。实验中，从测量仪表上所读取数值的位数是有限的，其最后一位数字往往是仪表精度所决定的估计数字。即一般应读到测量仪表最小刻度的十分之一位。数值准确度大小由有效数字位数来决定。

一个数据，其中除了起定位作用的"0"外，其他数都是有效数字。如0.0037只有2位有效数字，而370.0则有4位有效数字。一般要求测试数据有效数字为4位。要注意有效数字不一定都是可靠数字。如测流体阻力所用的U形管压差计，最小刻度是1mm，但我们可以读到0.1mm，如342.4mmHg。又如二等标准温度计最小刻度为0.1℃，我们可以读到0.01℃，如15.16℃。此时有效数字为4位，而可靠数字只有3位，最后一位是不可靠的，称为可疑数字。记录测量数值时只保留一位可疑数字。

为了清楚地表示数值的精度，明确读出有效数字位数，常用指数的形式表示，即写成一个小数与相应10的整数幂的乘积。这种以10的整数幂来记数的方法称为科学记数法。

如75200：有效数字为4位时，记为7.520×10^5；有效数字为3位时，记为7.52×10^5；有效数字为2位时，记为7.5×10^5；又如0.00478：有效数字为4位时，记为4.780×10^{-3}；有效数字为3位时，记为4.78×10^{-3}；有效数字为2位时，记为4.8×10^{-3}。

有效数字运算规则：

(1) 记录测量数值时，只保留一位可疑数字。

(2) 当有效数字位数确定后，其余数字一律舍入。舍入办法是"四舍六入"，即末位有效数字后边第一位小于5，则舍弃不计；大于5，则在前一位数上增1；等于5，若前一位为奇数，则进1为偶数，前一位为偶数，则舍弃不计。这种舍入原则可简述为："小则舍，大则入，正好等于奇变偶"。如保留4位有效数字：3.71729→3.717，5.14285→5.143，7.62356→7.624，9.37656→9.376。

(3) 在加减计算中，各数所保留的位数，应与各数中小数点后位数最少的相同。例如将24.65、0.0082、1.632三个数字相加时，应写为24.65+0.01+1.63=26.29。

(4) 在乘除运算中，各数所保留的位数，以各数中有效数字位数最少的那个数为准；其结果的有效数字位数亦应与原来各数中有效数字最少的那个数相同。例如将0.0121、25.64、1.05782三个数字相乘时，应写为$0.0121\times25.6\times1.06=0.328$。

上例说明，虽然这三个数的乘积为0.3281823，但只应取其积为0.328。

(5) 在对数计算中，所取对数位数应与真数有效数字位数相同。

四、实验数据误差分析和数据处理

由于实验方法和实验设备的不完善，周围环境的影响，人的观察力以及测量程序等的限制，实验观测值和真值之间，总是存在一定的差异。人们常用绝对误差、相对误差或有效数字来说明一个近似值的准确程度。为了评定实验数据的精确度或误差，认清误差的来源及其影响，需要对实验的误差进行分析和讨论。由此可以判定哪些因素主要影响实验精确度，从而在以后的实验中，进一步改进实验方案，缩小实验观测值和真值之间的差值，提高实验的精确度。

1. 真值与平均值

测量是人类认识事物本质所不可缺少的手段。通过测量和实验能使人们对事物获得定量的概念和发现事物的规律性。科学上很多新的发现和突破都是以实验测量为基础的。测量就是用实验的方法，将被测物理量与所选用作为标准的同类量进行比较，从而确定它的大小。

真值是待测物理量客观存在的确定值，也称理论值或定义值。通常真值是无法测得的。在实验中，当测量的次数无限多时，根据误差的分布定律，正负误差的出现概率相等。再经过细致的消除系统误差，将测量值加以平均，可以获得非常接近于真值的数值。但是实际上实验测量的次数总是有限的。用有限测量值求得的平均值只能是近似真值，常用的平均值有下列几种。

(1) 算术平均值 算术平均值是最常见的一种平均值。

设$x_1, x_2, \cdots, x_n$为各次实验的测量值，n代表测量次数，则算术平均值为

$$\bar{x}=\frac{x_1+x_2+\cdots+x_n}{n}=\frac{\sum_{i=1}^{n}x_i}{n}$$

(2) 几何平均值 几何平均值是将一组n个测量值连乘并开n次方求得的平均值。即

$$\overline{x}_{几} = \sqrt[n]{x_1 x_2 \cdots x_n}$$

(3) 均方根平均值　均方根平均值是将 n 个测量值的平方相加，除 n 并开根号。即

$$\overline{x}_{均} = \sqrt{\frac{x_1^2 + x_2^2 + \cdots + x_n^2}{n}} = \sqrt{\frac{\sum_{i=1}^{n} x_i^2}{n}}$$

(4) 对数平均值　在化学反应、热量和质量传递中，其分布曲线多具有对数的特性，在这种情况下表征平均值常用对数平均值。

设两个量 x_1、x_2，其对数平均值为

$$\overline{x}_{对} = \frac{x_1 - x_2}{\ln x_1 - \ln x_2} = \frac{x_1 - x_2}{\ln \frac{x_1}{x_2}}$$

应指出，变量的对数平均值总小于算术平均值。当 $x_1/x_2 \leqslant 2$ 时，可以用算术平均值代替对数平均值。

当 $x_1/x_2 = 2$ 时，$|(\overline{x}_{对} - \overline{x})|/\overline{x}_{对} = 3.97\%$，即 $x_1/x_2 \leqslant 2$，引起的误差不超过 3.97%。

以上介绍各平均值的目的是要从一组测定值中找出最接近真值的那个值。在科学研究中，数据的分布较多属于正态分布，所以通常采用算术平均值。

2. 误差的分类

根据误差的性质和产生的原因，一般将误差分为三类。

(1) 系统误差　系统误差是指在测量和实验中未发觉或未确认的因素所引起的误差，而这些因素影响结果永远朝一个方向偏移，其大小及符号在同一组实验测定中完全相同，当实验条件确定，系统误差就获得一个客观上的恒定值。当改变实验条件时，就能发现系统误差的变化规律。

系统误差产生的原因：测量仪器不良，如刻度不准，仪表零点未校正或标准表本身存在偏差等；周围环境的改变，如温度、压力、湿度等偏离校准值；实验人员的习惯和偏向，如读数偏高或偏低等引起的误差。针对仪器的缺点、外界条件变化影响的大小、人为的偏向，待分别加以校正后，系统误差是可以清除的。

(2) 偶然误差　在已消除系统误差的一切量值的观测中，所测数据仍在末一位或末两位数字上有差别，而且它们的绝对值和符号的变化，时大时小，时正时负，没有确定的规律，这类误差称为偶然误差或随机误差。偶然误差产生的原因不明，因此无法控制和补偿。但是，倘若对某一量值作足够多次的等精度测量后，就会发现偶然误差完全服从统计规律，误差的大小或正负的出现完全由概率决定。因此，随着测量次数的增加，随机误差的算术平均值趋近于零，所以多次测量结果的算术平均值将更接近于真值。

(3) 过失误差　过失误差是一种显然与事实不符的误差，它往往是由实验人员粗心大意、过度疲劳和操作不正确等原因引起的。此类误差无规则可寻，只要加强责任感、多方警惕、细心操作，过失误差是可以避免的。

3. 精密度、准确度和精确度

(1) 精密度　测量中所测得数值重现性的程度，称为精密度。它反映偶然误差的影响程度，精密度高就表示偶然误差小。

(2) 准确度　测量值与真值的偏移程度，称为准确度。它反映系统误差的影响程度，准

确度高就表示系统误差小。

(3) 精确度（精度） 反映测量结果与真实值接近程度的量，称为精确度（也称精度）。它与误差大小相对应，测量的精度越高，其测量误差就越小。精度应包括精密度和准确度两层含义。在一组测量中，精密度高的准确度不一定高，准确度高的精密度也不一定高，但精确度高，则精密度和准确度都高。

4. 误差的表示方法

利用任何量具或仪器进行测量时，总存在误差，测量结果总不可能准确地等于被测量的真值，而只是它的近似值。测量的质量高低以测量精确度作指标，根据测量误差的大小来估计测量的精确度。测量结果的误差愈小，则认为测量就愈精确。

(1) 绝对误差 测量值 X 和真值 A_0 之差为绝对误差，通常称为误差。记为

$$D = X - A_0$$

由于真值 A_0 一般无法求得，因而上式只有理论意义。常用高一级标准仪器的示值作为实际值 A 以代替真值 A_0。由于高一级标准仪器也存在较小的误差，因而 A 不等于 A_0，但总比 X 更接近于 A_0。X 与 A 之差称为仪器的示值绝对误差。记为

$$d = X - A$$

d 的相反数称为修正值，记为

$$C = -d = A - X$$

通过检定，可以由高一级标准仪器给出被检仪器的修正值 C。利用修正值便可以求出该仪器的实际值 A。即

$$A = X + C$$

(2) 相对误差 衡量某一测量值的准确程度，一般用相对误差来表示。示值绝对误差 d 与被测量的实际值 A 比值的百分数称为实际相对误差。记为

$$\delta_A = \frac{d}{A} \times 100\%$$

以仪器的测量值 X 代替实际值 A 的相对误差称为示值相对误差。记为

$$\delta_X = \frac{d}{X} \times 100\%$$

一般来说，除了某些理论分析外，用示值相对误差较为适宜。

(3) 引用误差（允许误差） 为了计算和划分仪表精确度等级，提出引用误差概念。其定义为仪表的示值绝对误差与量程范围之比的百分数。

$$\delta_{引} = \frac{示值绝对误差}{量程范围} \times 100\% = \frac{d}{X_n} \times 100\%$$

式中，d——示值绝对误差；X_n——标尺上限值－标尺下限值。

(4) 算术平均误差 算术平均误差是各个测量点误差绝对值的平均值。

$$\delta_{平} = \frac{\sum |d_i|}{n} \quad (i = 1, 2, \cdots, n)$$

式中，n——测量次数；d_i——第 i 次测量的误差。

(5) 标准误差 亦称为均方根误差。其定义为

$$\sigma = \sqrt{\frac{\sum d_i^2}{n}}$$

上式适用于无限测量的场合。实际测量工作中，测量次数是有限的，则改用下式

$$\sigma = \sqrt{\frac{\sum d_i^2}{n-1}}$$

标准误差不是一个具体的误差，σ 的大小只说明在一定条件下等精度测量集合所属的每一个测量值对其算术平均值的分散程度，σ 的值愈小则说明每一次测量值对其算术平均值分散度就愈小，测量的精度就愈高，反之精度就愈低。

5. 测量仪表精度等级

测量仪表的精度等级是用最大测量引用误差来标明的。它等于仪表中的最大示值绝对误差与仪表的量程范围之比的百分数。

$$\delta_{max} = \frac{最大示值绝对误差}{量程范围} \times 100\% = \frac{d_{max}}{X_n} \times 100\%$$

式中，δ_{max}——仪表的最大测量引用误差；d_{max}——仪表的最大示值绝对误差；X_n——标尺上限值－标尺下限值。

通常情况下是用标准仪表校验较低级的仪表。所以，最大示值绝对误差就是被校表与标准表之间的最大绝对误差。

测量仪表的精度等级是国家统一规定的，把允许误差中的百分号去掉，剩下的数字就称为仪表的精度等级。仪表的精度等级常以圆圈内的数字标明在仪表的面板上。例如某台压力计的允许误差为1.5%，这台压力计电工仪表的精度等级就是1.5，通常简称1.5级仪表。

第二章 食品微生物实验

食品微生物实验是食品微生物学的基础性实验实训课程。通过食品微生物实验课程的学习，学生进一步掌握食品微生物检验的基本原理、仪器设备的使用及检验方法和技术，学习解决食品工程问题所需的基础知识和方法，并能将其应用于解决复杂的食品工程问题。通过实验，提高学生分析问题和解决问题的能力，为学生将来从事微生物学和相关学科的教学、科研与生产研究奠定基础，为后续专业实验打下基础。本章主要介绍显微镜的构造和使用、培养基的制备包扎灭菌、各种微生物的形态观察、细菌染色、微生物细胞测量、菌种保藏等基础微生物实验。在后续的拓展实验中，增设了环境因子对微生物生长的影响和微生物的生理生化实验。

在食品微生物实验教学安排中，特别注重基本理论和基本知识的系统性学习和操作。要求学生在实验前认真预习，实验中严格按照微生物检验的基本程序，保证操作的正确性。在巩固基础知识的同时，培养学生的观察能力、思考能力、分析问题和解决问题的能力。要求学生实事求是、严肃认真、勤俭节约、爱护公物。食品微生物实验开展时的注意事项如下：

1. 实验前认真预习，了解实验目的、原理和方法，熟悉实验的基本程序。
2. 要保持实验室的整洁，实验中不得大声说笑打闹，不许随意走动。
3. 一定要按实验操作规程进行，防止感染等意外的发生。如有意外，要立即报告老师，及时处理，不可隐瞒。
4. 实验中，切勿将乙醚、酒精等易燃试剂接近火源，以免发生危险。如遇火险，要先关掉火源，再用湿布或沙土掩盖灭火。必要时用灭火器灭火。
5. 使用显微镜等贵重仪器时，要求细心操作，特别爱护；对实验材料、试剂要力求节约，用完放回原处。
6. 实验过程中要认真观察，做好实验记录，根据所学的知识分析实验结果。如遇异常现象，要认真查找原因。
7. 凡是实验用过的菌种以及带有活菌的各种器皿，都应该先高压灭菌后才能洗涤。制片上的活菌标本，应先浸泡于5%的石炭酸溶液中30~60min，再行洗涤。
8. 每次实验需要进行培养的材料，各组标明组别和处理方法，放于老师指定的位置进行培养。实验室所有的菌种、物品、试剂等，未经老师许可，不得携带出实验室。
9. 实验完成后，应将实验所用的仪器、用具等洗净，按要求放好，做好实验室的清洁工作。

实验一 普通光学显微镜的构造和使用

一、实验目的

1. 掌握普通光学显微镜的基本构造、使用方法、保护要点。
2. 掌握普通光学显微镜油浸系的原理。
3. 使用显微镜观察几种细菌的基本形态。

二、实验原理

微生物学研究用的单目光学显微镜（图 2-1）的物镜通常有低倍物镜（16mm，10×）、高倍物镜［4mm，(40～45)×］和油镜［1.8mm，(95～100)×］三种。油镜通常标有黑圈或红圈，也有的以"OI"(Oil Immersion) 字样表示，它是三者中放大倍数最大的。使用不同放大倍数的目镜，可使被检物体放大 1000～2000 多倍。油镜的焦距和工作距离（标本在焦点上看得最清晰时，物镜与样品之间的距离）最短，光圈则开得最大，因此，在使用油镜观察时，镜头离标本十分近，需特别小心。

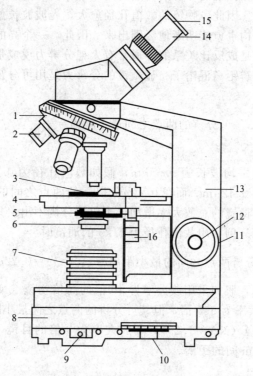

图 2-1 单目光学显微镜的构造

1—物镜转换器；2—接物镜；3—游标卡尺；4—载物台；5—集光器；6—彩虹光阑；
7—光源；8—镜座；9—电源开关；10—光源滑动变阻器；11—粗调旋钮；
12—微调旋钮；13—镜臂；14—镜筒；15—目镜；16—标本移动旋钮（推动器）

使用时，油镜与其他物镜的不同是载玻片与物镜之间不是隔着一层空气，而是隔着一层油质，称为油浸系。这种油常选用香柏油，因香柏油的折射率（$n=1.52$）与玻璃相同。当光线通过载玻片后，可直接通过香柏油进入物镜而不发生折射。如果载玻片与物镜之间的介质为空气，则称为干燥系，当光线通过载玻片后，受到折射发生散射现象，进入物镜的光线显然减少，这样就降低了视野的照明度。

利用油镜不但能增加照明度，更主要的是能增加数值孔径（Numerical Aperture，NA），因为显微镜的放大效能是由其数值孔径决定的。所谓数值孔径，即光线投射到物镜上的最大角度（称为镜口角）的一半的正弦，乘以载玻片与物镜间介质的折射率，可用下列公式表示

$$NA = n\sin\alpha$$

式中，NA——数值孔径；n——介质折射率；α——最大入射角的一半，即镜口角的半数。

因此，光线投射到物镜的角度愈大，显微镜的效能就愈大，该角度的大小决定于物镜的直径和焦距。同时，α的理论限度为$90°$，$\sin90°=1$，故以空气为介质时（$n=1$），数值孔径不能超过1，如以香柏油为介质时，则n增大，其数值孔径也随之增大。如光线入射角为$120°$，其半数的正弦为$\sin60°=0.87$。介质不同时，数值孔径大小情况如下。

以空气为介质时：$NA=1\times0.87=0.87$

以水为介质时：$NA=1.33\times0.87=1.15$

以香柏油为介质时：$NA=1.52\times0.87=1.32$

显微镜的分辨力是指显微镜能够辨别两点之间最小距离的能力。它与物镜的数值孔径成正比，与光波长度成反比。因此，物镜的数值孔径愈大，光波波长愈短，则显微镜的分辨力愈大，被检物体的细微结构也愈能明晰地区别出来。因此，一个高的分辨力意味着一个小的可分辨距离，这两个因素是成反比关系的，通常有人把分辨力说成是多少微米或纳米，这实际上是把分辨力和最小分辨距离混淆了。显微镜的分辨力是用可分辨的两点之间最小距离来表示的

$$可分辨的两点之间最小距离 = \frac{\lambda}{2NA}$$

式中，λ——光波波长。

肉眼所能感受的光波平均波长为$0.55\mu m$，假如数值孔径为0.65的高倍物镜，它能分辨两点之间的最小距离为$0.42\mu m$。而在$0.42\mu m$以下的两点之间的距离就分辨不出，即使用倍数更大的目镜，使显微镜的总放大率增加，也仍然分辨不出。只有改用数值孔径更大的物镜，增加其分辨力才行。例如用数值孔径为1.25的油镜时

$$能分辨两点之间的最小距离 = \frac{0.55}{2\times1.25} = 0.22\mu m$$

因此，我们可以看出，假如采用放大率为40倍的高倍物镜（$NA=0.65$），和放大率为24倍的目镜，虽然总放大率为960倍，但其可分辨的两点之间最小距离只有$0.42\mu m$。假如采用放大率为90倍的油镜（$NA=1.25$），和放大率为9倍的目镜，虽然总的放大率为810倍，但却能分辨出$0.22\mu m$间的距离。

三、实验仪器与材料

显微镜、香柏油、乙醇-乙醚混合液、擦镜纸、吸水纸等。

显微镜的基本构造：显微镜由机械装置和光学系统两大部分组成（图2-2）。

细菌三种形态的染色标本。

1. 机械装置

（1）镜座和镜臂　镜座位于显微镜底部，呈马蹄形，它支持全镜。镜臂支持镜筒。镜臂

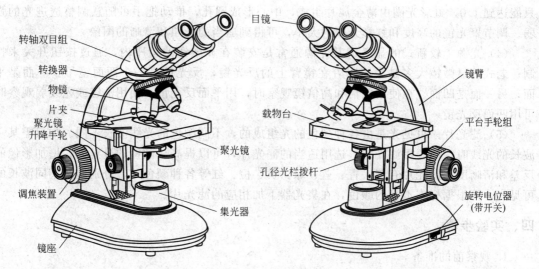

图 2-2 B203 双目生物显微镜的基本构造

有固定式和活动式两种,活动式的镜臂可改变角度。

(2) 镜筒 是由金属制成的圆筒,上接目镜,下接转换器。镜筒有单筒和双筒两种,单筒又可分为直立式和后倾式两种。而双筒则都是倾斜式的,倾斜式镜筒倾斜45°。双筒中的一个目镜有屈光度调节装置,以备在两眼视力不同的情况下调节使用。

(3) 转换器 为两个金属碟所合成的一个转盘,其上装3~4个物镜,可使每个物镜通过镜筒与目镜构成一个放大系统。

(4) 载物台 又称镜台,为方形或圆形的盘,用以载放被检物体,中心有一个通光孔。在载物台上有的装有两个金属压夹称标本夹,用以固定标本;有的装有标本推动器,将标本固定后,能向前后左右推动。有的推动器上还有刻度,能确定标本的位置,便于找到变换的视野。

(5) 调焦装置 是调节物镜和标本间距离的机件,有粗动螺旋即粗调节器和微动螺旋即细调节器,利用它们使镜筒或镜台上下移动,当物体在物镜和目镜焦点上时,则得到清晰的图像。

2. 光学系统

(1) 物镜 物镜安装在镜筒下端的转换器上,因接近被观察的物体,故又称接物镜。其作用是将物体作第一次放大,是决定成像质量和分辨能力的重要部件。物镜上通常标有数值孔径、放大倍数、镜筒长度、所需盖玻片厚度、焦距等主要参数。如:NA0.30,10×,160/0.17,16mm。其中,"NA0.30"表示数值孔径,"10×"表示放大倍数,"160/0.17"分别表示镜筒长度和所需盖玻片厚度(mm),16mm表示焦距。

(2) 目镜 装于镜筒上端,由两块透镜组成。目镜把物镜造成的像再次放大,不增加分辨力,上面一般标有7×、10×、15×等放大倍数,可根据需要选用。一般可按与物镜放大倍数的乘积为物镜数值孔径的500~700倍,最大也不能超过1000倍来选择目镜放大倍数。目镜的放大倍数过大,反而影响观察效果。

(3) 集光器 光源射出的光线通过集光器汇聚成光锥照射标本,增强照明度和造成适宜的光锥角度,提高物镜的分辨力。集光器由聚光镜和虹彩光圈组成,聚光镜由透镜组成,其数值孔径可大于1,当需使用大于1的聚光镜时,需在聚光镜和载玻片之间加香柏油,否则只能达到1.0。虹彩光圈由薄金属片组成，中心形成圆孔，推动把手可随意调整透进光的强弱。调节聚光镜的高度和虹彩光圈的大小，可得到适当的光照和清晰的图像。

（4）光源　较新式的显微镜其光源通常是安装在显微镜的镜座内，通过按钮开关来控制；老式的显微镜大多是采用附着在镜臂上的反光镜，反光镜是一个两面镜子，一面是平面，另一面是凹面。在使用低倍和高倍镜观察时，用平面反光镜；使用油镜或光线弱观察时可用凹面反光镜。

（5）滤光片　可见光是由各种颜色的光组成的，不同颜色的光线波长不同。如只需某一波长的光线时，就要用滤光片。选用适当的滤光片，可以提高显微镜的分辨力，增加影像的反差和清晰度。滤光片有紫、青、蓝、绿、黄、橙、红等各种颜色的，分别透过不同波长的可见光，可根据标本本身的颜色，在集光器下加相应的滤光片。

四、实验步骤

1. 观察前的准备

（1）显微镜从显微镜柜或镜箱内拿出时，要用右手紧握镜臂，左手托住镜座，平稳地将显微镜搬运到实验桌上。

（2）将显微镜放在自己身体的左前方，离桌子边缘10cm左右，右侧可放记录本或绘图纸。

（3）调节光照　不带光源的显微镜，可利用灯光或自然光通过反光镜来调节光照，光线较强的天然光源宜用平面镜；光线较弱的天然光源或人工光源宜用凹面镜，但不能用直射阳光，直射阳光会影响物像的清晰并刺激眼睛。将10×物镜转入光孔，将集光器上的虹彩光圈打开到最大位置，用左眼观察目镜中视野的亮度（单目光学显微镜），转动反光镜，使视野的光照达到最明亮最均匀为止。自带光源的显微镜，可通过调节电流旋钮来调节光照强弱。凡检查染色标本时，光线应强；检查未染色标本时，光线不宜太强。可通过扩大或缩小光圈、升降集光器、旋转反光镜调节光线。

2. 低倍镜观察

镜检任何标本都要养成必须先用低倍镜观察的习惯。因为低倍镜视野较大，易于发现目标和确定检查的位置。

将标本片放置在载物台上，用片夹夹住，移动推动器，使被观察的标本处在物镜正下方，转动粗调节旋钮，使物镜调至接近标本处，用目镜观察并同时用粗调节旋钮慢慢下降载物台，直至物像出现，再转动细调节旋钮使物像清晰为止。用推动器移动标本片，找到合适的目的像，并将它移到视野中央进行观察。

3. 高倍镜观察

在低倍物镜观察的基础上转换高倍物镜。较好的显微镜，低倍、高倍镜头是同焦的，在转换物镜时要从侧面观察，避免镜头与玻片（载玻片、盖玻片）相撞。然后从目镜观察，调节光照，使亮度适中，缓慢调节粗调节旋钮，慢慢下降载物台直至物像出现，再用细调节旋钮调至物像清晰为止，找到需观察的部位，移至视野中央进行观察，并准备用油镜观察。

4. 油镜观察

（1）用粗调节旋钮将镜筒提起约2cm，将油镜转至正下方。

（2）在玻片标本的镜检部位滴上一滴香柏油。

（3）从侧面注视，用粗调节旋钮将镜筒小心地降下，使油镜浸在香柏油中，其镜头几乎与标本相接，应特别注意不能压在标本上，更不可用力过猛，否则不仅会压碎玻片，也会损坏镜头（图2-3）。

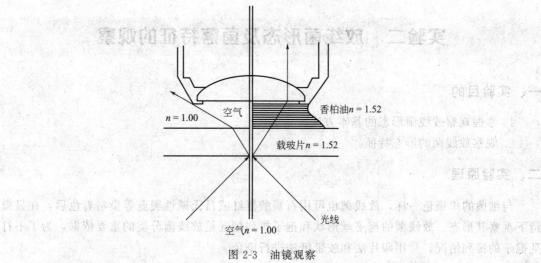

图 2-3 油镜观察

(4) 从接目镜内观察，进一步调节光线，使光线明亮，再用粗调节旋钮将镜筒慢慢上升，直至视野出现物像为止，然后用细调节旋钮校正焦距。如油镜已离开油面而仍未见物像，必须再从侧面观察，将油镜降下，重复操作至物像看清为止。

5. 观察完毕后复原

下降载物台，将油镜头转出，先用擦镜纸擦去镜头上的香柏油，再用擦镜纸蘸少许乙醚乙醇混合液擦去镜头上的残留油迹，最后再用擦镜纸擦拭 2~3 次（注意：向一个方向擦拭）。

将各部分还原，转动转换器，使物镜镜头不与载物台通光孔相对，而是成八字形，再将载物台下降至最低。降下集光器，反光镜与集光器垂直，最后用柔软纱布清洁载物台等机械部分，将显微镜放回柜内或镜箱中。

五、注意事项

1. 学生使用显微镜需固定镜号、位置，填写使用卡，本学期实验时一直使用本台显微镜。
2. 不准擅自拆卸显微镜的任何部件，以免损坏。
3. 镜面只能用擦镜纸擦，不能用手指或粗布擦拭，以保证镜面光洁度。
4. 观察标本时，必须依次用低、高倍镜，最后用油镜。当目视接目镜时，特别在使用油镜时，切不可使用粗调节旋钮，以免压碎玻片或损伤镜面。
5. 观察时，两眼睁开，养成两眼能够轮换观察的习惯，以免眼睛疲劳，并且能够在左眼观察时，右眼注视绘图。
6. 拿显微镜时，一定要右手拿镜臂，左手托镜座，不可单手拿，更不可倾斜着拿。

六、思考题

1. 油镜与普通物镜在使用方法上有何不同？应特别注意些什么？
2. 使用油镜时，为什么必须用香柏油？
3. 镜检标本时，为什么先用低倍镜观察，而不是直接用高倍镜或油镜观察？
4. 绘出细菌的几种基本形态。

实验二　放线菌形态及菌落特征的观察

一、实验目的

1. 掌握观察放线菌形态的基本方法。
2. 观察放线菌的形态特征。

二、实验原理

与细菌的单染色一样，放线菌也可用石炭酸复红或吕氏碱性美蓝等染料着色后，在显微镜下观察其形态。放线菌的孢子丝形状和孢子排列情况是放线菌分类的重要依据，为了不打乱孢子的排列情况，常用印片法和胶带纸法进行染色。

放线菌是由不同长短的纤细菌丝所形成的单细胞菌丝体。菌丝体分为两部分，即潜入培养基中的营养菌丝（或称基内菌丝）和生长在培养基表面的气生菌丝。有些气生菌丝分化成各种孢子丝，呈螺旋形、波浪形或分枝状等。孢子常呈圆形、椭圆形或杆形。气生菌丝及孢子的形状和颜色常作为分类的重要依据。

三、实验仪器与材料

1. 仪器

载玻片、胶带纸、小刀、吸水纸、擦镜纸、酒精灯、香柏油、乙醚-乙醇混合液、显微镜等。

2. 材料

（1）活材料　放线菌培养物、酵母菌斜面培养物。

（2）染色液　石炭酸复红染色液（或结晶紫、美蓝）。

四、实验步骤

1. 印片法

放线菌自然生长状态的观察

（1）印片　取干净载玻片，用小刀切取放线菌培养体一块，放在载玻片上，用另一块载玻片对准菌块的气生菌丝轻轻按压，然后将载玻片垂直拿起。注意不要使培养体在玻片上滑动，否则会打乱孢子丝的自然形态。

（2）微热固定　将印有放线菌的涂面朝上，通过酒精灯火焰加热2～3次固定。

（3）染色　用石炭酸复红染色1min。

（4）水洗　水洗后晾干。

（5）镜检　先用低倍镜后用高倍镜，最后用油镜观察孢子丝、孢子的形态及孢子的排列情况。

（6）观察完后复原。

2. 胶带纸法

（1）粘菌　用胶带纸在放线菌培养体上粘取菌体，注意，压取时从菌落边顺着菌体生长方向，避免从菌落上面压取，以免取得的全是孢子。

(2) 染色　将粘有菌体的胶带纸压在事先准备好的滴油染液的载玻片上。将多余染色液用滤纸吸掉。

(3) 镜检　同上。

(4) 观察完后复原。

五、注意事项

1. 培养放线菌要注意，放线菌的生长速度较慢，培养期较长，在操作中应特别注意无菌操作，严防杂菌污染。并控制培养时间。

2. 在镜检观察时，要仔细观察放线菌的营养菌丝、气生菌丝和孢子丝等。

六、思考题

1. 镜检时如何区分放线菌的营养菌丝、气生菌丝及孢子丝？
2. 为什么要求制片完全干燥后才能用油镜观察？
3. 绘图说明你所观察到的放线菌的形态及菌落特征。

实验三　酵母菌形态及菌落特征的观察

一、实验目的

1. 观察酵母菌的形态及出芽生殖方式。
2. 观察酵母菌的菌落特征。
3. 学习掌握区分酵母菌死、活细胞的染色方法。

二、实验原理

酵母菌是多形的、不运动的单细胞微生物，细胞核与细胞质已有明显的分化，菌体比细菌大。繁殖方式也较复杂，无性繁殖主要是出芽生殖，仅裂殖酵母属是以分裂方式繁殖；有性繁殖是通过菌体接合产生子囊孢子。本实验通过用美蓝染色制成水浸片，和水-碘水浸片来观察活的酵母形态和出芽生殖方式。美蓝是一种无毒性染料，它的氧化型是蓝色，而还原型是无色。用美蓝对酵母的活细胞进行染色，由于细胞中新陈代谢的作用，使细胞内具有较强的还原能力，能使美蓝从蓝色的氧化型变为无色的还原型，所以酵母的活细胞为无色。而对于死细胞或代谢缓慢的老细胞，则因它们无此还原能力或还原能力极弱，而被美蓝染成蓝色或淡蓝色。因此，用美蓝水浸片不仅可观察酵母的形态，还可以区分死、活细胞。但美蓝的浓度、作用时间等对酵母的形态特征和死活细胞量均有影响，应加注意。

三、实验仪器与材料

1. 仪器

显微镜、载玻片、盖玻片等。

2. 材料

(1) 活材料　酿酒酵母 2~3d 培养物。

(2) 染液　吕氏碱性美蓝染液。

四、实验步骤

1. 酵母菌落形态观察并记录

2. 美蓝浸片观察

(1) 在载玻片中央加一滴吕氏碱性美蓝染液，液滴不可过多或过少，以免盖上盖玻片时，溢出或留有气泡。然后按无菌操作法取斜面上培养 2~3 天的酿酒酵母少许，放在吕氏碱性美蓝染液中，使菌体与染液均匀混合。

(2) 取一块盖玻片小心地盖在液滴上。盖片时应注意，不能将盖玻片平放下去，应先将盖玻片的一边与液滴接触，然后将整个盖玻片慢慢放下，这样可以避免产生气泡。

(3) 将制好的水浸片放置 3min 后镜检。先用低倍镜观察，然后换用高倍镜观察酿酒酵母的形态和出芽情况，同时可以根据是否染色来区别死、活细胞。

3. 水-碘水浸片观察

在载玻片中央滴一滴蒸馏水，取酿酒酵母少许，放在水-碘水液滴中，使菌体与其混匀，盖上盖玻片后镜检。可以适当将光圈缩小进行观察。

五、思考题

1. 吕氏碱性美蓝染液浓度和作用时间的不同，对酵母菌死细胞数量有何影响？试分析其原因。

2. 在显微镜下，区别于一般细菌酵母菌有哪些突出的特征？

3. 绘图说明你所观察到的酵母菌的形态及菌落特征。

实验四　霉菌形态及菌落特征的观察

一、实验目的

1. 掌握观察霉菌形态的基本方法，并观察其形态特征。
2. 掌握常用的霉菌制片方法。

二、实验原理

霉菌菌丝较粗大，细胞易收缩变形，而且孢子很容易飞散，所以制标本时常用乳酸石炭酸棉蓝染色液。此染色液制成的霉菌标本片的特点是：细胞不变形；具有杀菌防腐作用，且不易干燥，能保持较长时间；溶液本身呈蓝色，有一定染色效果。

霉菌自然生长状态下的形态，常用载玻片观察法观察，此法是接种霉菌孢子于载玻片上的适宜培养基上，培养后用显微镜观察。此外，为了得到清晰、完整、保持自然状态的霉菌形态还可利用玻璃纸透析培养观察法进行观察。此法是利用玻璃纸的半透膜特性及透光性，将霉菌生长在覆盖于琼脂培养基表面的玻璃纸上，然后将长菌的玻璃纸剪取一小片，贴放在载玻片上用显微镜观察。

三、实验仪器与材料

1. 仪器

培养皿、无菌吸管、玻璃棒、载玻片、盖玻片、U形玻璃棒、解剖针、解剖刀、镊子、接种针、玻璃纸、滤纸等。

2. 材料

（1）活材料　霉菌（曲霉、青霉、根霉、毛霉等）。

（2）试剂　乳酸石炭酸棉蓝染色液、20％甘油、查氏培养基平板、马铃薯葡萄糖培养基等。

四、实验步骤

1. 一般观察法

于洁净载玻片上，滴一滴乳酸石炭酸棉蓝染色液，用解剖针从霉菌菌落的边缘处取小量带有孢子的菌丝置染色液中，再细心地将菌丝挑散开，然后小心地盖上盖玻片，注意不要产生气泡。置显微镜下先用低倍镜观察，必要时再换高倍镜。

2. 载玻片观察法

（1）将略小于培养皿底内径的滤纸放入皿内，再放上U形玻璃棒，其上放一洁净的载玻片，然后将两个盖玻片分别斜立在载玻片的两端，盖上皿盖，把数套（根据需要而定）如此装置的培养皿叠起，包扎好，在101.3kPa、121℃下灭菌20min或干热灭菌，备用。

（2）将6～7mL灭菌的马铃薯葡萄糖培养基倒入直径为9cm的灭菌培养皿中，待凝固后，用无菌解剖刀切成0.5～1cm^{2}的琼脂块，用刀尖铲起琼脂块放在已灭菌的培养皿内的载玻片上，每片上放置2块。

（3）用灭菌的尖细接种针取（肉眼方能看见的）一点霉菌孢子，轻轻点在琼脂块的边缘上，用无菌镊子夹着立在载玻片旁的盖玻片盖在琼脂块上，再盖上皿盖。

（4）在培养皿的滤纸上，加无菌的20％甘油数毫升，至滤纸湿润即可。将培养皿置28℃培养一定时间后，取出载玻片置显微镜下观察。

3. 玻璃纸透析培养观察法

（1）向霉菌斜面试管中加入5mL无菌水，洗下孢子，制成孢子悬液。

（2）用无菌镊子将已灭菌的、直径与培养皿相同的圆形玻璃纸覆盖于查氏培养基平板上。

（3）用1mL无菌吸管吸取0.2mL孢子悬液于上述玻璃纸平板上，并用无菌玻璃棒涂抹均匀。

（4）置28℃培养48h后，取出培养皿，打开皿盖，用镊子将玻璃纸与培养基分开，再用剪刀剪取一小片玻璃纸置载玻片上，用显微镜观察。

五、思考题

1. 比较细菌、放线菌、酵母菌和霉菌形态上的异同。
2. 玻璃纸应怎样进行灭菌？为什么？
3. 绘图说明你所观察到的霉菌形态及菌落特征。

实验五　细菌的简单染色与形态观察

一、实验目的

1. 了解并掌握细菌简单染色的机理及技术。
2. 学会用油镜观察细菌细胞的形态。

二、实验原理

染色是细菌学上一个重要而基本的操作技术。因细菌细胞小而且透明，当把细菌悬浮于水滴内，用光学显微镜时，由于菌体和背景没有显著的明暗差，因而难以看清它们的形态，更不易识别其结构，所以，用普通光学显微镜观察细菌时，往往要先将细菌进行染色，借助于颜色的反衬作用，可以更清楚地观察到细菌的形状及其细胞结构。

用于微生物染色的染料是一类苯环上带有发色基团和助色基团的有机化合物。发色基团赋予化合物颜色特征，助色基团则给予化合物能够成盐的性质。染料通常都是盐，分酸性染料和碱性染料两大类。在微生物染色中，碱性染料较常用，如常用的美蓝、结晶紫、碱性复红、沙黄、孔雀绿等都属于碱性染料。

简单染色是利用单一染料对细菌进行染色的一种方法。此法操作简便，适于菌体一般形状和细菌排列的观察。常用碱性染料进行简单染色，这是因为在中性、碱性和弱酸性溶液中，细菌细胞通常带负电荷，而碱性染料电离后带有正电荷，很容易与菌体结合使细菌着色。

三、实验仪器与材料

1. 仪器

显微镜、载玻片、接种环、酒精灯、无菌水、香柏油、二甲苯、擦镜纸、吸水纸等。

2. 材料

(1) 活材料　枯草芽孢杆菌、大肠埃希菌、金黄色葡萄球菌等培养好的细菌斜面。

(2) 染色液　结晶紫。

四、实验步骤及要求

1. 实验步骤

(1) 涂片　在洁净无脂的载玻片中央滴一小滴蒸馏水，用接种环以无菌操作从枯草芽孢杆菌斜面上挑取少许菌苔于水滴中，混匀并涂成薄膜，涂布面积约 $1\sim1.5cm^2$。

(2) 干燥　室温自然干燥。

(3) 固定　手执载玻片一端，使涂菌一面向上，通过酒精灯火焰 2～3 次。此操作也称热固定，其目的是使细胞质凝固，以固定细胞形态，并使之牢固附着在玻片上。

(4) 染色　将涂片置于水平位置，滴加结晶紫染色液（以刚好覆盖涂片薄膜为宜），染色 1min 左右（图 2-4）。

(5) 水洗　倾去染液，斜置载片，用自来水的细水流由载片上端流下，不得直接冲洗在涂菌处，直至载片上流下的水无色为止。

(6) 干燥　自然干燥，或用电吹风吹干，也可用滤纸吸干，注意不要擦掉菌体。

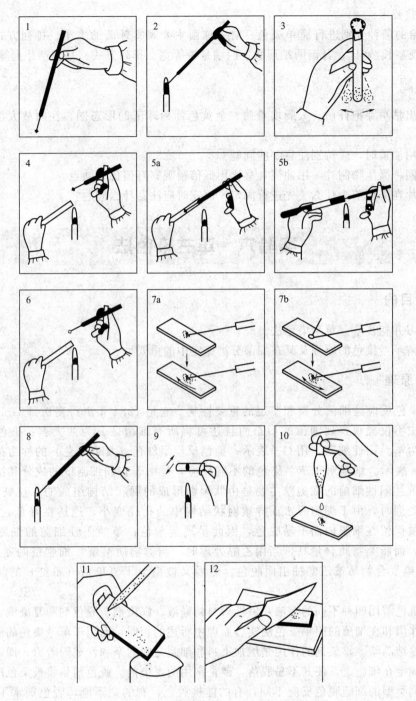

图 2-4 细菌染色标本制作及染色过程
1—取接种环；2—灼烧接种环；3—摇匀菌液；4—灼烧管口；5a—从菌液取菌（或 5b—从斜面取菌）；6—取菌毕，灼烧管口、加塞；7a—将菌液直接涂片（或 7b—混匀涂片）；8—烧去接种环上的残菌；9—固定；10—染色；11—水洗；12—吸干

（7）镜检 待标本片完全干燥后，先用低倍镜和高倍镜观察，将典型部位移至视野中央，再用油镜观察。油镜使用完毕，要用擦镜纸沾少许二甲苯将镜头擦净，再用擦镜纸擦去多余的二甲苯。

2. 实验要求

对所给的菌种分别进行简单染色；对于球菌主要观察球菌的大小、排列方式；对于杆菌，主要观察长/宽比、杆菌两端形状、两端是否等宽、排列方式、是否产芽孢等。

五、思考题

1. 绘出枯草芽孢杆菌、大肠埃希菌、金黄色葡萄球菌的形态图，注明放大倍数及观察到的颜色。
2. 使用油镜时，应特别注意哪些问题？
3. 对同一微生物制片，用油镜观察比用低倍镜观察有何优、缺点？
4. 涂片在染色前为什么要先进行固定？固定时应注意什么问题？

实验六　革兰染色法

一、实验目的

1. 学习并初步掌握革兰染色法。
2. 了解革兰染色的原理及其在细菌分类鉴定中的重要性。

二、实验原理

革兰染色反应是细菌分类和鉴定的重要性状。它是1884年由丹麦医师Gram创立的。革兰染色法不仅能观察到细菌的形态而且还可将所有细菌区分为两大类：染色反应呈蓝紫色的称为革兰阳性细菌，用G+表示；染色反应呈红色（复染颜色）的称为革兰阴性细菌，用G-表示。细菌对于革兰染色的不同反应，是由于它们细胞壁的成分和结构不同而造成的。革兰阳性细菌的细胞壁主要是由肽聚糖形成的网状结构组成的，在染色过程中，当用乙醇处理时，由于细胞脱水而导致网状结构中的孔径变小，通透性降低，使结晶紫-碘复合物被保留在细胞内而不易脱色，因此呈现蓝紫色；革兰阴性细菌的细胞壁中肽聚糖含量低，而脂类物质含量高，当用乙醇处理时，脂类物质溶解，细胞壁的通透性增加，使结晶紫-碘复合物易被乙醇抽出而脱色，然后又被染上了复染液（番红）的颜色，因此呈现红色。

革兰染色需用四种不同的溶液：碱性染料初染液、媒染剂、脱色剂和复染液。碱性染料初染液的作用和在细菌的简单染色法实验原理中所述的相同，而用于革兰染色的碱性染料初染液一般是结晶紫。媒染剂的作用是增加染料和细胞之间的亲和性或附着力，即以某种方式帮助染料固定在细胞上，使其不易脱落，碘是常用的媒染剂。脱色剂是将被染色的细胞进行脱色，不同类型的细胞脱色反应不同，有的能被脱色，有的则不能，脱色剂常用95%的乙醇。复染液也是一种碱性染料，其颜色不同于初染液，复染的目的是使被脱色的细胞染上不同于初染液的颜色，而未被脱色的细胞仍然保持初染的颜色，从而将细胞区分成G+和G-两大类群，常用的复染液是番红。

三、实验仪器与材料

1. 仪器

显微镜、载玻片、盖玻片、吸水纸、接种针等。

2. 材料

(1) 活材料 大肠埃希菌，枯草芽孢杆菌、金黄色葡萄球菌。

(2) 染色液 革兰染色液。

四、实验步骤

1. 涂片

将培养 14~16h 的枯草芽孢杆菌（或金黄色葡萄球菌）和培养 24h 的大肠埃希菌分别制作成涂片（注意涂片切不可过于浓厚），干燥、热固定。热固定时通过火焰 1~2 次即可，不可过热，以载玻片不烫手为宜。

2. 染色

(1) 初染 加结晶紫一滴，约 1min，水洗。

(2) 媒染 滴加碘液冲去残水，并覆盖约 1min，水洗。

(3) 脱色 将载玻片上面的水甩净，并衬以白背景，用 95% 乙醇滴洗至流出酒精刚刚不出现紫色时为止，约 20~30s，立即用水冲净乙醇。

(4) 复染 用番红液染 1~2min，水洗。

(5) 镜检 干燥后，置油镜观察。革兰阴性细菌呈红色，革兰阳性细菌呈蓝紫色。以分散开的细菌的革兰染色反应为准，过于密集的细菌，常常呈假阳性。

(6) 同法在一载玻片上以大肠埃希菌与枯草芽孢杆菌（或金黄色葡萄球菌）混合制片，作革兰染色对比。

革兰染色的关键在于严格掌握乙醇脱色程度，若脱色过度，则阳性细菌可被误染为阴性细菌；而脱色程度不够时，阴性细菌可被误染为阳性细菌。此外，菌龄也影响染色结果，如阳性细菌培养时间过长，或已死亡及部分细菌自行溶解了，都常呈阴性反应。

五、思考题

1. 你认为哪些环节会影响革兰染色结果的正确性？其中最关键的环节是什么？
2. 为什么要求制片完全干燥后才能用油镜观察？
3. 如果涂片未经热固定，会出现什么问题？如果加热温度过高、时间太长，又会出现什么问题？
4. 革兰染色涂片为什么不能过于浓厚？其染色成败的关键步骤是什么？
5. 进行革兰染色时，为什么特别强调菌龄不能太老，用老龄细菌染色会出现什么问题？
6. 革兰染色时，初染前能加碘液吗？乙醇脱色后复染之前，革兰阳性和革兰阴性细菌分别是什么颜色？
7. 当你对一株未知菌进行革兰染色时，怎样能确证你的染色技术操作正确，结果可靠？
8. 你所制作的革兰染色制片，大肠埃希菌和枯草芽孢杆菌各染成什么颜色？它们是革兰阴性细菌还是革兰阳性细菌？

实验七 微生物细胞大小的测定

一、实验目的

1. 学会测微尺的使用和计算方法。

2. 掌握酵母菌细胞大小的测定方法。

二、实验原理

微生物细胞的大小，是微生物的形态特征之一，也是分类鉴定的依据之一。由于菌体很小，只能在显微镜下测量。用来测量微生物细胞大小的工具有镜台测微尺和目镜测微尺。

镜台测微尺是中央部分刻有精确等分线的载玻片。一般将1mm等分为100格（或2mm等分为200格），每格长度等于0.01mm（即$10^6\mu m$）。是专用于校正目镜测微尺每格长度的。

目镜测微尺是一块可放在接目镜内的隔板上的圆形小玻片，其中央刻有精确的刻度，分为等分50小格或100小格两种，每5小格间有一长线相隔。由于所用接目镜放大倍数和接物镜放大倍数的不同，目镜测微尺每小格所代表的实际长度也就不同，因此，目镜测微尺不能直接用来测量微生物细胞的大小，在使用前必须用镜台测微尺进行校正，以求得在一定放大倍数的接目镜和接物镜下该目镜测微尺每小格的相对值，然后才可用来测量微生物细胞的大小。

三、实验仪器与材料

1. 仪器

目镜测微尺、镜台测微尺、显微镜、擦镜纸等。

2. 材料

枯草芽孢杆菌染色玻片标本、香柏油等。

四、实验步骤

1. 目镜测微尺的标定

（1）放置目镜测微尺　取出接目镜，旋开接目镜透镜，将目镜测微尺的刻度朝下放在接目镜筒内的隔板上，然后旋上接目透镜，最后将此接目镜插入镜筒内。

（2）放置镜台测微尺　将镜台测微尺置于显微镜的载物台上，使刻度面朝上。

（3）校正目镜测微尺　先用低倍镜观察，对准焦距，当看清镜台测微尺后，转动接目镜，使目镜测微尺的刻度与镜台测微尺的刻度平行，移动推动器，使目镜测微尺和镜台测微尺的某一区间的两对刻度线完全重合，然后计数出两对重合线之间各自所占的格数。

根据计数得到的目镜测微尺和镜台测微尺重合线之间各自所占的格数，通过如下公式换算出目镜测微尺每小格所代表的实际长度。

$$\text{目镜测微尺每小格所代表的实际长度}/\mu m = \frac{\text{两对重合线间镜台测微尺格数} \times 10}{\text{两对重合线间目镜测微尺格数}}$$

同法校正在高倍镜和油镜下目镜测微尺每小格所代表的长度。

2. 菌体细胞大小的测定

目镜测微尺校正后，移去镜台测微尺，换上枯草芽孢杆菌染色玻片标本，调整焦距使菌体清晰，转动目镜测微尺（或转动染色标本），测出枯草芽孢杆菌的长和宽各占几小格，将测得的格数乘以目镜测微尺每小格所代表的长度，即可换算出此单个菌体细胞的大小，在同一涂片上需测定10~20个菌体，求出其平均值，才能代表该菌体细胞的大小。而且一般是用对数生长期的菌体来进行测定。

3. 实验结束

取出目镜测微尺，将接目镜放回镜筒，再将目镜测微尺和镜台测微尺分别用擦镜纸擦拭后，放回盒内保存。

五、实验结果

1. 将目镜测微尺校正结果填入表2-1。

表2-1　目镜测微尺校正结果

接物镜	接物镜倍数	目镜测微尺格数	镜台测微尺格数	目镜测微尺每格代表的长度/μm
低倍镜				
高倍镜				
油镜				

接目镜倍数：_____

2. 在高倍镜下测量枯草芽孢杆菌细胞大小结果填入表2-2。

表2-2　枯草芽孢杆菌细胞大小测量结果

菌体编号	长/μm		宽/μm		菌体大小(平均值)（长×宽）/μm
	目镜测微尺格数	菌体长度	目镜测微尺格数	菌体宽度	
1					
2					
3					
4					
5					
6					
7					
8					
9					
10					
…					

六、思考题

1. 当接目镜不变，目镜测微尺也不变，只改变接物镜，目镜测微尺每格所量的镜台上物体的实际长度是否相同？为什么？
2. 酵母菌细胞和细菌细胞的大小有何不同？

实验八　微生物显微计数——血球计数板法

一、实验目的

1. 了解血球计数板的构造和使用方法。
2. 学会用血球计数板对酵母细胞进行计数。

二、实验原理

利用血球计数板在显微镜下直接计数,是一种常用的微生物计数方法。此法的优点是直观、快速。将经过适当稀释的菌悬液(或孢子悬液)放在血球计数板载玻片与盖玻片之间的计数室中,在显微镜下进行计数。由于计数室的体积是一定的($0.1mm^3$),所以可以根据在显微镜下观察到的微生物数目来换算成单位体积内的微生物总数目。由于此法计得的是活菌体和死菌体的总和,故又称为总菌计数法。

血球计数板,通常是一块特制的载玻片,其上由四条槽构成三个平台。中间的平台又被一短横槽隔成两半,每一边的平台上各刻有一个方格网,每个方格网共分九个大方格,中间的大方格即为计数室,微生物的计数就在计数室中进行(图2-5)。

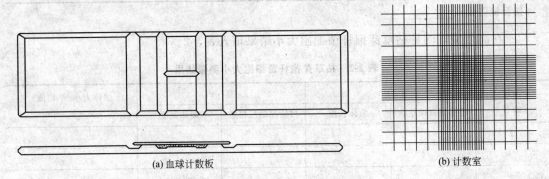

(a) 血球计数板　　　　　　　　　(b) 计数室

图 2-5　血球计数板与其计数室结构

计数室的刻度一般有两种规格:一种是一个大方格分成16个中方格,而每个中方格又分成25个小方格;另一种是一个大方格分成25个中方格,而每个中方格又分成16个小方格。但无论是哪种规格的计数板,每一个大方格中的小方格数都是相同的,即$16×25=400$小方格。

每一个大方格边长为1mm,则每一大方格的面积为$1mm^2$,盖上盖玻片后,载玻片与盖玻片之间的高度为0.1mm,所以计数室的体积为$0.1mm^3$。

在计数时,通常数五个中方格的总菌数,然后求得每个中方格的平均值,再乘以16或25,就得出一个大方格中的总菌数,然后再换算成1mL菌液中的总菌数。

下面以一个大方格有25个中方格的计数板为例进行计算:设五个中方格中总菌数为A,菌液稀释倍数为B,则一个大方格中的总菌数计算如下。

$$0.1mm^3 \text{ 中的总菌数} = \frac{A}{5} × 25 × B$$

$$\text{故 } 1mL \text{ 菌液中的总菌数} = \frac{A}{5} × 25 × 10 × 1000 × B$$

$$= 50000AB \text{(个)}$$

同理,如果是16个中方格的计数板,设五个中方格的总菌数为A',则

$$1mL \text{ 菌液中总菌数} = \frac{A'}{5} × 16 × 10 × 1000 × B'$$

$$= 32000A'B' \text{(个)}$$

三、实验仪器与材料

1. 仪器

血球计数板,显微镜,盖玻片,无菌毛细管。

2. 材料

酿酒酵母菌悬液等。

四、实验步骤

(1) 稀释　将酿酒酵母菌悬液进行适当稀释，菌液如不浓，可不必稀释。

(2) 镜检计数室　在加样前，先对血球计数板的计数室进行镜检。若有污物，则需清洗后才能进行计数。

(3) 加样品　将清洁干燥的血球计数板盖上盖玻片，再用无菌的细口滴管将稀释的酿酒酵母菌悬液由盖玻片边缘滴一小滴（不宜过多），让菌液沿缝隙靠毛细渗透作用自行进入计数室，一般计数室均能充满菌液。注意不可有气泡产生。

(4) 显微镜计数　静置5min后，将血球计数板置于显微镜载物台上，先用低倍镜找到计数室所在位置，然后换成高倍镜进行计数。在计数前若发现菌液太浓或太稀，需重新调节菌液稀释度后再计数。一般样品稀释度要求以每小格内约有5~10个菌体为宜。每个计数室选5个中格（可选4个角和中央的中格）中的菌体进行计数。位于格线上的菌体一般只数上方和右侧线上的。如遇酵母出芽，芽体大小达到母细胞的一半时，即作两个菌体计数。计数一个样品要从两个计数室中计得的值来计算样品的含菌量。

(5) 清洗血球计数板　使用完毕后，将血球计数板用水流冲洗，切勿用硬物洗刷，洗完后自行晾干或用吹风机吹干。镜检观察每小格内是否有残留菌体或其他沉淀物。若不干净，则必须重复洗涤至干净为止。

五、实验结果

将结果记录于表2-3中。A表示五个中方格中的总菌数；B表示菌液稀释倍数。

表2-3　菌数记录

	各中格中菌数					A	B	菌数/mL	二室菌数平均值/mL
	1	2	3	4	5				
第一室									
第二室									

六、思考题

1. 根据你实验的体会，说明用血球计数板计数的误差主要来自哪些方面？
2. 应如何尽量减少误差，力求准确？
3. 还有什么其他的微生物计数方法？

实验九　器皿的包扎与灭菌

一、实验目的

1. 掌握湿热（高压蒸汽）和干热灭菌的方法和原理。
2. 掌握器皿的包扎方法。

二、实验原理

干热灭菌是利用高温使微生物细胞内的蛋白质凝固变性而达到灭菌的目的。细胞内的蛋白质凝固性与其本身的含水量有关，在菌体受热时，当环境和细胞内含水量越大，则蛋白质凝固就越快，反之含水量越小，凝固缓慢。因此，与湿热灭菌相比，干热灭菌所需温度高（160~170℃），时间长（1~2h）。但干热灭菌温度不能超过180℃，否则，包器皿的纸或棉塞就会烤焦，甚至燃烧。

高压蒸汽灭菌是将待灭菌的物品放在一个密闭的加压灭菌锅内，通过加热，使灭菌锅隔套间的水沸腾而产生蒸汽。待水蒸气急剧地将锅内的冷空气从排气阀中驱尽，然后关闭排气阀，继续加热，此时由于蒸汽不能溢出，而增加了灭菌器内的压力，从而使沸点增高，得到高于100℃的温度，导致菌体蛋白质凝固变性而达到灭菌的目的。

在同一温度下，湿热的灭菌效力比干热大，其原因有三：一是湿热中细菌菌体吸收水分，蛋白质较易凝固，因蛋白质含水量增加，所需凝固温度降低；二是湿热的穿透力比干热大；三是湿热的蒸汽有潜热存在，每1g水在100℃时，由汽态变为液态时可放出2.26kJ的热量。这种潜热，能迅速提高被灭菌物体的温度，从而增加灭菌效力。

在使用高压蒸汽灭菌锅灭菌时，灭菌锅内冷空气的排除是否完全极为重要，因为空气的膨胀压大于水蒸气的膨胀压，所以，当水蒸气中含有空气时，在同一压力下，含空气蒸汽的温度低于饱和蒸汽的温度。灭菌锅内留有不同分量空气时，压力与温度的关系见表2-4。

表2-4 灭菌锅内留有不同分量空气时，气压与温度的关系

压力大小/kPa	全部空气排出时的温度/℃	2/3空气排出时的温度/℃	1/2空气排出时的温度/℃	1/3空气排出时的温度/℃	空气全不排出时的温度/℃
34.3	109	100	94	90	72
68.6	116	109	105	100	90
101.3	121	115	112	109	100
137.3	126	121	118	115	109
171.6	130.0	126	124	121	115
205.9	135	130	128	126	121

一般培养基用101.3kPa，121℃灭菌，15~30min可达到彻底灭菌的目的。灭菌的温度及维持的时间随灭菌物品的性质和体积等具体情况而有所改变。例如含糖培养基用55kPa，115℃灭菌15min，但为了保证效果，可将其他成分先行120℃，20min灭菌，然后以无菌操作手续加入灭菌的糖溶液。又如盛于试管内的培养基以101.3kPa，121℃灭菌20min即可，而盛于大瓶内的培养基最好以101.3kPa灭菌30min。

实验室中常用的高压蒸汽灭菌锅有立式、卧式和手提式等几种。蒸汽压力与蒸汽温度的关系见表2-5。

表 2-5 蒸汽压力与蒸汽温度关系

大气压 / 蒸汽压力	压力表读数 /kPa	蒸汽温度/℃
1.00	0.00	100.0
1.25	24.5	107.0
1.50	49	112.0
1.75	73.5	115.0
2.00	98	121.0
2.50	122.5	128.0
3.00	196	134.5

三、实验仪器与材料

1. 仪器

高压蒸汽灭菌锅、电热烘箱、试管、锥形瓶、培养皿和吸管、棉线、纱布、棉花、牛皮纸、报纸、硅胶塞等。

2. 材料

2%盐酸溶液、浓盐酸、3%～5%来苏尔（或5%石炭酸、0.25%新洁尔灭）溶液等。

四、实验步骤

1. 玻璃器皿的清洗

（1）新购的玻璃器皿的洗涤 将器皿放入2%盐酸溶液中浸泡数小时，以除去游离的碱性物质，最后用流水冲净。对容量较大的器皿，如大烧瓶、量筒等，洗净后注入浓盐酸少许，转动容器使其内部表面均沾有盐酸，数分钟后倾去盐酸，再以流水冲净，倒置于洗涤架上晾干，即可使用。

（2）常用旧玻璃器皿的洗涤 确实无病原菌或未被带菌物污染的器皿，使用前后，可按常规用洗衣粉水进行刷洗；吸取过化学试剂的吸管，先浸泡于清水中，待到一定数量后再集中进行清洗。

（3）带菌玻璃器皿的洗涤 凡实验室用过的菌种以及带有活菌的各种玻璃器皿，必须经过高温灭菌或消毒后才能进行刷洗。

① 带菌培养皿、试管、锥形瓶等物品，做完实验后放入消毒桶内，在0.1MPa灭菌20～30min后再刷洗。含菌培养皿的灭菌，底盖要分开放入不同的桶中，再进行高压灭菌。

② 带菌的吸管、滴管，使用后不得放在桌子上，立即分别放入盛有3%～5%来苏尔或5%石炭酸或0.25%新洁尔灭溶液的玻璃缸（筒）内消毒24h后，再经0.1MPa灭菌20min后，取出冲洗。

③ 带菌载玻片及盖玻片，使用后不得放在桌子上，应立即分别放入盛有3%～5%来苏尔或5%石炭酸或0.25%新洁尔灭溶液的玻璃缸（筒）内消毒，24h后用夹子取出经清水冲干净。

如用于细菌染色的载玻片，要放入50g/L肥皂液中煮沸10min，然后用肥皂水洗，再用清水洗干净，最后将载玻片浸入95%乙醇中片刻，取出用软布擦干或晾干，保存备用。

若用皂液不能洗净的器皿，可用洗液浸泡适当时间后再用清水洗净。

④ 含油脂带菌器材的清洗。单独高压灭菌：用0.1MPa灭菌20～30min→趁热倒去污物→倒放在铺有吸水纸的篮子上→用100℃烘烤0.5h→用5％的碳酸氢钠水煮两次→用肥皂水刷洗干净。

2. 玻璃器材的晾干或烘干

不急用的玻璃器材可放在实验室中自然晾干。

急用的玻璃器材放在托盘中（大件的器材可直接放入烘箱中），再放入烘箱内，在80～120℃下烘干，当温度下降到60℃以下再打开取出器材使用。

3. 器皿的包扎

要使灭菌后的器皿仍保持无菌状态，需在灭菌前进行包扎。

(1) 培养皿 洗净的培养皿烘干后每10套（或根据需要而定）叠在一起，用牢固的纸卷成一筒，或装入特制的铁桶中，然后进行灭菌。

(2) 吸管 洗净、烘干后的吸管，在吸口的一头塞入少许脱脂棉，以防在使用时造成污染。塞入的脱脂棉要适宜，多余的脱脂棉可用酒精灯火焰烧掉。每支吸管用一条宽约4～5cm的纸条，以30°～50°的角度螺旋形卷起来，吸管的尖端在头部，另一端用剩余的纸条打成一结，以防散开，标上容量，若干支吸管包扎成一束进行灭菌。使用时，从吸管中间拧断纸条，抽出试管。

(3) 试管和锥形瓶 试管和锥形瓶都需要做合适的棉塞，棉塞可起过滤作用，避免空气中的微生物进入容器。制作棉塞时，要求脱脂棉紧贴玻璃壁，没有褶皱和缝隙，松紧适宜。过紧易挤破管口且不易塞入；过松易掉落和污染。棉塞的长度不小于管口直径的2倍，约2/3塞进管口。

目前，国内已开始采用塑料试管塞，可根据所用的试管的规格和实验要求来选择和采用合适的塑料试管塞。

若干支试管用绳扎在一起，在脱脂棉部分外包裹油纸或牛皮纸，再用绳扎紧。锥形瓶加棉塞后单个用油纸包扎。

4. 玻璃器材的灭菌

(1) 干热灭菌法 160～165℃，烘箱中灭菌2h。

① 将包扎好的玻璃器皿摆入电热烘箱中，相互留一定空隙，以便空气流通。

② 关紧箱门，打开排气孔，接上电源。

③ 待箱内空气排出到一定程度时，关闭排气孔，加热至灭菌温度后，固定温度进行灭菌，160～165℃保持2h。2h后切断电源。

④ 待烘箱内温度自然冷却到60℃以下后，再开门取出玻璃器皿，避免由于温度突然下降而引起玻璃器皿碎裂。

(2) 高压蒸汽灭菌法 120℃，20～30min。

① 关好排水阀门，放入纯净水或蒸馏水至标度。注意水量一定要加足，否则容易造成事故。

② 将要灭菌的器材、培养基等装入灭菌锅中，加盖密封。加盖旋紧螺旋时，先将每个螺旋旋转到一定程度（不要太紧），然后再旋紧相对的两个螺旋，以达到平衡旋紧，否则易造成漏气，达不到彻底灭菌的目的。

③ 通电加温，打开排气活门，排尽锅内的空气。通常当压力表指针升至0.05MPa时，打开排气活门放气，待压力表指针降至零点一小段时间后，再关闭活门。即活门冲出的全部

是蒸汽时则表示彻底，此时可关闭排气活门，如果过早关闭活门，排气不彻底，也达不到彻底灭菌的目的。

(3) 恒温灭菌法　0.1MPa 压力保持 20~30min。压力表的指针上升时，锅内温度也逐渐升高，当压力表指针升至 0.1MPa 时，锅内温度相当于 120~121℃（等于一个大气压），此时开始计算灭菌时间，控制热源，使其处于 0.1MPa 压力保持 20~30min，即能达到完全灭菌的目的，然后停止加热。当达到所需温度时开始计时，并在此温度下保持所需的时间。

(4) 降温　自然降温或打开活门排汽降温。稍微打开一点排气活门，使锅内蒸汽缓慢排除，然后逐渐开大活门，气压慢慢下降，注意勿使排气过快，否则会使锅内的培养基沸腾而冲脱或沾染到棉花塞，但排气太慢又使培养基在锅内，受高温处理时间过长，对培养基也是不利的。一般从排气到打开锅盖以 10min 左右为好。

(5) 当锅内蒸汽完全排尽时即压力表指针降到零时，要立即打开锅盖。

(6) 取出灭菌物品　当锅内温度下降到 60℃ 左右时取出器材或培养基。如培养基需制备固体斜面培养基时，则应趁热将试管斜放在桌上，上面盖上报纸以免落灰尘，冷却后便可收起。

(7) 最后将高压灭菌器内的剩余水排出。

(8) 观察灭菌效果　把灭菌培养基放入 25℃ 温箱中，培养 48h 观察灭菌效果。48h 后不见杂菌生出，便证明培养基已达到灭菌目的，可以使用。

五、思考题

1. 干热灭菌完毕后，在什么情况下才能开箱取物？为什么？
2. 为什么干热灭菌比湿热灭菌所需要的温度高，时间长？
3. 高压蒸汽灭菌开始之前，为什么要将锅内冷空气排尽？灭菌完毕后，为什么要待压力降到 0 时才能打开排气阀，开盖取物？
4. 在使用高压蒸汽灭菌锅灭菌时，怎样杜绝一切不安全的因素？

实验十　培养基的制备

一、实验目的

1. 明确培养基的配制原理。
2. 通过对几种常用的培养基的配制，掌握配制培养基的一般方法和步骤。

二、实验原理

培养基是人工地将多种物质按各种微生物生长的需要配置而成的一种混合营养基质，用以培养或分离各种微生物。因此，营养基质应当有微生物所能利用的营养成分（包括碳源、氮源、能源、无机盐、生长因素）和水。根据微生物的种类和实验目的的不同，培养基也有不同的种类和配制方法。

微生物的生长繁殖除需一定的营养物质以外，还要求适当的 pH。不同微生物对 pH 的要求不一样，霉菌和酵母菌的培养基的 pH 是偏酸性的，而细菌和放线菌的培养基是中性或偏碱性的。所以配制培养基时，都要根据不同微生物对象用稀酸或稀碱将培养基的 pH 调到合适的范围。但配制pH低的琼脂培养基时，如预先调好pH并在高压蒸汽下灭菌，则琼脂因水解不能凝固，因此，应将培养基的成分和琼脂分开灭菌后再混合，或在中性pH条件下灭菌后，再调整pH。

此外，由于配制培养基的各类营养物质和容器等含有各种微生物，因此，已配制好的培养基必须立即灭菌，以防止其中的微生物生长繁殖而消耗养分和改变培养基的酸碱度而带来的不利影响。

三、实验仪器与材料

1. 仪器

烧杯、滴管、锥形瓶、试管等。

2. 材料

以牛肉膏蛋白胨培养基的配制为例，学习培养基的配制方法。

牛肉膏蛋白胨培养基：牛肉膏3g、蛋白胨10g、NaCl 5g、琼脂15~20g、水1000mL、pH 7.2±0.2。

四、实验步骤

（1）计算称量 根据配方，计算出实验中各种药品所需的量，然后分别称取。

（2）溶解 一般情况下，几种药品可一起倒入烧杯内、先加入少于所需要的总体积的水进行加热溶解（但在配制化学成分较多的培养基时，有些药品，如磷酸盐和钙盐、镁盐等混在一起容易产生结块、沉淀，故宜按配方依次溶解。个别成分如能分别溶解，经分开灭菌后混合，则效果更为理想）。加热溶解时，要不断搅拌。如有琼脂在内，更应注意。待完全溶解后，补足水分到需要的总体积。

（3）调节pH 用滴管逐滴边加入5%NaOH或5%HCl搅动，同时用精密的pH试纸测其pH值，直到符合要求为止。pH值也可用pH计来测定。

（4）过滤 要趁热用四层纱布过滤。

（5）分装 按照实验要求进行分装。装入试管中的量不宜超过试管高度的1/5，装入锥形瓶中的量以锥形瓶总体积的一半为限。在分装过程中，应注意勿使培养基沾污管口或瓶口、以免弄湿棉塞，造成污染（图2-6）。

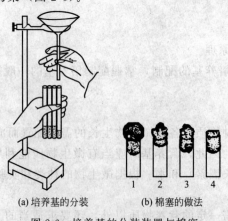

(a) 培养基的分装　(b) 棉塞的做法

图2-6 培养基的分装装置与棉塞

1—正确；2—管内太短，外部太松；
3—整个棉塞太松；4—管内太紧，外部太短松

(6) 加塞　培养基分装好以后，在试管口或锥形瓶口上应加上一只棉塞。棉塞的作用有二：一方面阻止外界微生物进入培养基内，防止由此而引起的污染；另一方面保证有良好的通气性能，使后续培养的微生物能不断获得无菌空气。因此棉塞质量的好坏对实验的结果有很大影响。

(7) 灭菌　在塞上棉塞的容器外面再包一层牛皮纸，便可进行灭菌。培养基的灭菌时间和温度，需按照各种培养基的规定进行，以保证灭菌效果和不损坏培养基的必要成分。如果要分装斜面，要趁热摆放并使斜面长度适当（为试管长度的 $1/3 \sim 1/2$，不能超过 $1/2$）。培养基经灭菌后，应保温培养 $2 \sim 3$ 天，检查灭菌效果，无菌生长方可使用。

五、思考题

1. 在培养基的配制过程中应注意哪些问题？
2. 如何确定培养基灭菌彻底？

实验十一　微生物的稀释平板计数与划线分离

一、实验目的

1. 学习平板菌落计数的基本原理和方法。
2. 熟练掌握倒平板技术、系列稀释原理及操作方法，平板涂布及划线分离方法。

二、实验原理

平板菌落计数法是根据微生物在固体培养基上所形成的一个菌落是由一个单细胞繁殖而成的现象进行的，也就是说一个菌落即代表一个单细胞。计数时，先将待测样品作一系列稀释，再取一定量的稀释菌液接种到培养皿中，使其均匀分布于培养皿（平皿）中的培养基内，经培养后，由单个细胞生长繁殖形成菌落，统计菌落数目，即可换算出样品中的含菌数。

这种计数法的优点是能测出样品中的活菌数。此法常用于某些成品检定（如杀虫菌剂）、生物制品检定以及食品、水源的污染程度的检定等。但平板菌落计数法的手续较烦琐，而且测定值常受各种因素的影响。

三、实验仪器与材料

1. 仪器

1mL 无菌吸管、无菌平皿、盛有 4.5mL 无菌水的试管、试管架和记号笔等。

2. 材料

大肠埃希菌悬液、牛肉膏蛋白胨培养基、高氏一号合成培养基、马铃薯蔗糖培养基等。

四、实验步骤

(一) 稀释平板计数

1. 编号

取无菌平皿 9 套，分别用记号笔标明 10^{-4}、10^{-5}、10^{-6} 各 3 套。另取 8 支盛有 4.5mL

无菌水的试管,排列于试管架上,依次标明 10^{-2}、10^{-3}、10^{-4}、10^{-5}、10^{-6}、10^{-7}、10^{-8}、10^{-9}。

2. 稀释

用 1mL 无菌吸管精确地吸取 0.5mL 大肠埃希菌悬液于 10^{-1} 的试管中,注意吸管尖端不要碰到液面,以免吹出时,管内液体外溢。然后仍用此吸管将管内悬液来回吸吹三次,吸时伸入管底,吹时离开水面,使其混合均匀。另取一支吸管自 10^{-1} 试管吸 0.5mL 大肠埃希菌悬液放入 10^{-2} 试管中,吸吹三次,其余依次类推(图 2-7)。

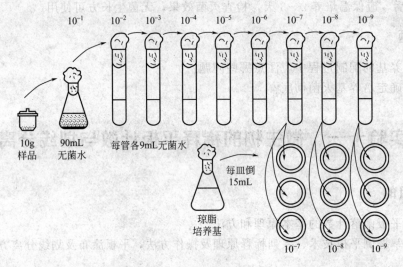

图 2-7 菌液稀释法

3. 取样

用 3 支 1mL 无菌吸管分别精确地吸取 10^{-7}、10^{-8}、10^{-9} 的稀释菌液 0.2mL,对号放入编好号的无菌培养皿中。

4. 倒平板

于上述盛有不同稀释度菌液的培养皿中,倒入溶化后冷却至 45℃ 左右的牛肉膏蛋白胨琼脂培养基约 10～15mL,置水平位置,迅速旋动混匀,待凝固后,倒置于 37℃ 温室中培养。

5. 计数

培养 24h 后,取出培养皿,算出同一稀释度三个平皿上的菌落平均数,并按下列公式进行计算

每毫升中总活菌数=同一稀释度重复三次的菌落平均数×稀释倍数×5

一般选择每个平板上长有 30～300 个菌落的稀释度计算每毫升的菌数最为合适。同一稀释度的三个重复的菌数不能相差很悬殊。由 10^{-7}、10^{-8}、10^{-9} 三个稀释度计算出的每毫升菌液中总活菌数也不能相差悬殊,如相差较大,表示实验不精确。

平板菌落计数法,所选择倒平板的稀释度是很重要的,一般以三个稀释度中的第二稀释度倒平板所出现的平均菌落数在 50 个左右为最好。

平板菌落计数法的操作除上述步骤以外,还可用涂布平板的方法进行。二者操作基本相同,所不同的是涂布平板法是先将牛肉膏蛋白胨琼脂培养基溶化后倒平板,待凝固后编号,并于 37℃ 温箱中烘烤 30min 左右,使其干燥,然后用无菌吸管吸取 0.2mL 菌液对号接种于

不同稀释度编号的培养皿中的培养基上,再用无菌玻璃刮棒将菌液在平板上涂布均匀,平放于实验台上 20~30min,使菌液渗透入培养基内,然后再倒置于 37℃的温室中培养。

(二) 划线法分离

1. 倒平板

将加热融化的牛肉膏蛋白胨培养基、高氏一号合成培养基和马铃薯蔗糖培养基分别倒平板,并标明培养基的名称。

2. 划线

在近火焰处,左手拿皿底,右手拿接种环,挑取经稀释 10 倍的土壤悬液,在平板上划线(图 2-8、图 2-9)。划线的方法有很多,但无论采用哪种方法划线,其目的都是通过划线将样品在平板上进行稀释,使形成单个菌落。常用的划线方法有下列两种。

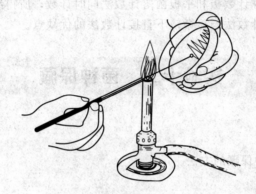

图 2-8 平板划线操作示意图

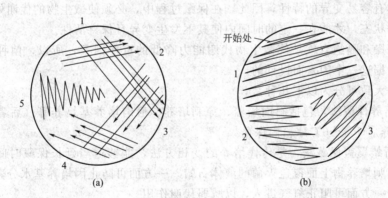

图 2-9 划线分离示意图

(1) 用接种环以无菌操作挑取土壤悬液一环,先在平板培养基的一边作第一次平行划线 3~4 条,再转动培养皿约 70°角,并将接种环上剩余物烧掉,待冷却后通过第一次划线部分作第二次平行划线,再用同法通过第二次平行划线部分作第三次平行划线和通过第三次平行划线部分作第四次平行划线 [图 2-9(a)]。划线完毕后,盖上皿盖,倒置于温箱培养。

(2) 将挑取有样品的接种环在平板培养基上作连续划线 [图 2-9(b)]。划线完毕后,盖上皿盖,倒置温箱培养。

五、实验结果

将菌落计数结果填入表 2-6。

表 2-6　菌落计数结果

稀释度	10^{-7}				10^{-8}				10^{-9}			
菌落数	1	2	3	平均	1	2	3	平均	1	2	3	平均
每毫升中总活菌数												

六、思考题

1. 为什么溶化后的培养基要冷却至 45℃左右才能倒平板？
2. 要使平板菌落计数准确，需要掌握哪几个关键步骤？为什么？
3. 同一种菌液用血球计数板和平板菌落计数法同时计数，所得结果是否一样？为什么？
4. 试比较平板菌落计数法与显微镜下直接计数法的优缺点。

实验十二　菌种保藏

一、实验目的

学习与比较几种菌种保藏的方法。

二、实验原理

微生物具有容易变异的特性，因此，在保藏过程中，必须使微生物的代谢处于最不活跃或相对静止的状态，才能在一定的时间内使其不发生变异且保持活性。

低温、干燥和隔绝空气是使微生物代谢能力降低的重要因素，所以，菌种保藏方法虽多，但都是根据这三个因素而设计的。

保藏方法大致可分为以下几种。

1. 传代培养保藏法，包括斜面培养、穿刺培养、疱肉培养基培养等（后者作保藏厌氧细菌用），培养后于 4～6℃冰箱内保存。

2. 液体石蜡覆盖保藏法，是传代培养的变相方法，能够适当延长保藏时间。它是在斜面培养物和穿刺培养物上面覆盖灭菌的液体石蜡，一方面可防止因培养基水分蒸发而引起的菌种死亡，另一方面可阻止氧气进入，以减弱代谢作用。

3. 载体保藏法，是将微生物吸附在适当的载体，如土壤、沙子、硅胶、滤纸上，而后进行干燥的保藏法。沙土保藏法和滤纸保藏法应用相当广泛。

4. 寄主保藏法，用于目前尚不能在人工培养基上生长的微生物，如病毒、立克次体、螺旋体等，它们必须在活的动物、昆虫、鸡胚内感染并传代，此法相当于一般微生物的传代培养保藏法。病毒等微生物亦可用其他方法如液氮保藏法与冷冻干燥保藏法进行保藏。

5. 冷冻保藏法，可分低温冰箱（－20～－30℃，－50～－80℃）、干冰酒精快速冻结（约－70℃）和液氮（－196℃）等保藏法。

6. 冷冻干燥保藏法，先使微生物在极低温度（－70℃左右）下快速冷冻，然后在减压下利用升华现象除去水分（真空干燥）。

有些方法如滤纸保藏法、液氮保藏法和冷冻干燥保藏法等均需使用保护剂来制备细胞悬液，以防止因冷冻或水分不断升华对细胞的损害。保护性溶质可通过氢和离子键对水和细胞所产生的亲和力来稳定细胞成分的构型。保护剂有牛乳、血清、糖类、甘油、二甲亚砜等。

三、实验仪器与材料

1. 仪器

灭菌吸管、灭菌滴管、灭菌培养皿、管形安瓿管、泪滴形安瓿管（长颈球形底）、40目与100目筛子、油纸、滤纸条（0.5cm×1.2cm）、干燥器、真空泵、真空压力表、喷灯、L形五通管、冰箱、低温水箱（-30℃）、液氮冷冻保藏器等。

2. 材料

(1) 活材料　细菌、酵母菌、放线菌和霉菌。

(2) 试剂　牛肉膏蛋白胨斜面培养基、灭菌脱脂牛乳、灭菌水、化学纯的液体石蜡、甘油、五氧化二磷、河沙、瘦黄土或红土、冰块、食盐、干冰、95%酒精、10%盐酸、无水氯化钙等。

四、实验步骤

下列各保藏法可根据实验室具体条件与需要选做。

1. 斜面低温保藏法

将菌种接种在适宜的固体斜面培养基上，待菌种充分生长后，棉塞部分用油纸包扎好，移至2～8℃的冰箱中保藏。

保藏时间依微生物的种类而有不同，霉菌、放线菌及有芽孢的细菌保存2～4个月，移种一次。酵母菌两个月移种一次，细菌最好每月移种一次。

此法为实验室和工厂菌种室常用的保藏法，优点是操作简单，使用方便，不需特殊设备，能随时检查所保藏的菌株是否死亡、变异与污染杂菌等。缺点是容易变异，因为培养基的物理、化学特性不是严格恒定的，屡次传代会使微生物的代谢改变，而影响微生物的性状，污染杂菌的机会亦较多。

2. 液体石蜡保藏法

(1) 将液体石蜡分装于锥形瓶内，塞上棉塞，并用牛皮纸包扎，101.3kPa，121℃灭菌30min，然后放在40℃温箱中，使水汽蒸发掉，备用。

(2) 将需要保藏的菌种，在最适宜的斜面培养基中培养，得到健壮的菌体或孢子。

(3) 用灭菌吸管吸取灭菌的液体石蜡，注入已长好菌的斜面上，其用量以高出斜面顶端1cm为准，使菌种与空气隔绝。

(4) 将试管直立，置低温或室温下保存（有的微生物在室温下比冰箱中保存的时间还要长）。

此法实用且效果好。霉菌、放线菌、芽孢细菌可保藏2年以上，酵母菌可保藏1～2年，一般无芽孢细菌也可保藏1年左右，甚至用一般方法很难保藏的脑膜炎奈瑟球菌，在37℃温箱内，亦可保藏3个月之久。此法的优点是制作简单，不需特殊设备，且不需经常移种。缺点是保存时必须直立放置，所占位置较大，携带不便。从液体石蜡下面取培养物移种后，接种环在火焰上烧灼时，培养物容易与残留的液体石蜡一起飞溅，应特别注意。

3. 滤纸保藏法

(1) 将滤纸剪成0.5cm×1.2cm的小条，装入0.6cm×8cm的安瓿管中，每管1～2张，塞以棉塞，101.3kPa，121℃灭菌30min。

（2）将需要保存的菌种，在适宜的斜面培养基上培养，使其充分生长。

（3）取灭菌脱脂牛乳1~2mL滴加在灭菌培养皿或试管内，取数环菌苔在牛乳内混匀，制成浓悬液。

（4）用灭菌镊子自安瓿管取滤纸条浸入菌悬液内，使其吸饱，再放回至安瓿管中，塞上棉塞。

（5）将安瓿管放入内有五氧化二磷作吸水剂的干燥器中，用真空泵抽气至干。

（6）将棉花塞入管内，用火焰熔封，保存于低温下。

（7）需要使用菌种，复活培养时，可将安瓿管口在火焰上烧热，滴一滴冷水在烧热的部位，使玻璃破裂，再用镊子敲掉口端的玻璃，待安瓿管开启后，取出滤纸，放入液体培养基内，置温箱中培养。

细菌、酵母菌、丝状真菌均可用此法保藏，前两者可保藏2年左右，有些丝状真菌甚至可保藏14~17年之久。此法较液氮、冷冻干燥法简便，不需要特殊设备。

4. 沙土保藏法

（1）取河沙加入10%稀盐酸，加热煮沸30min，以去除其中的有机质。

（2）倒去酸水，用自来水冲洗至中性。

（3）烘干，用40目筛子过筛，以去掉粗颗粒，备用。

（4）另取非耕作层的不含腐殖质的瘦黄土或红土，加自来水浸泡洗涤数次，直至中性。

（5）烘干，碾碎，通过100目筛子过筛，以去除粗颗粒。

（6）按一份黄土、三份沙的比例（或根据需要而用其他比例，甚至可全部用沙或全部用土）掺和均匀，装入10mm×100mm的小试管或安瓿管中，每管装1g左右，塞上棉塞，进行灭菌，烘干。

（7）抽样进行无菌检查，每10支沙土管抽一支，将沙土倒入肉汤培养基中，37℃培养48h，若仍有杂菌，则需全部重新灭菌，再作无菌实验，直至证明无菌，方可备用。

（8）选择培养成熟的（一般指孢子层生长丰满的，营养细胞用此法效果不好）优良菌种，以无菌水洗下，制成孢子悬液。

（9）于每支沙土管中加入约0.5mL（一般以刚刚使沙土润湿为宜）孢子悬液，以接种针拌匀。

（10）放入真空干燥器内，用真空泵抽干水分，抽干时间越短越好，务必在12h内抽干。

（11）每10支抽取一支，用接种环取出少数沙粒，接种于斜面培养基上，进行培养，观察生长情况和有无杂菌生长，如出现杂菌或菌落数很少或根本不长，则说明制作的沙土管有问题，尚须进一步抽样检查。

（12）若经检查没有问题，用火焰熔封管口，放冰箱或室内干燥处保存。每半年检查一次活力和杂菌情况。

（13）需要使用菌种，复活培养时，取沙土少许移入液体培养基内，置温箱中培养。

此法多用于能产生孢子的微生物如霉菌、放线菌，因此在抗生素工业生产中应用最广，效果亦好，可保存2年左右，但应用于营养细胞效果不佳。

5. 液氮冷冻保藏法

（1）准备安瓿管　用于液氮保藏的安瓿管，要求能耐受温度突然变化而不致破裂，因此，需要采用硼硅酸盐玻璃制造的安瓿管，安瓿管的大小通常使用75mm×10mm的，或能容1.2mL液体的。

（2）加保护剂与灭菌保存　加入细菌、酵母菌或霉菌孢子等容易分散的细胞时，则将空安瓿管塞上棉塞，101.3kPa，121℃灭菌15min；若作保存霉菌菌丝体用则需在安瓿管内预先加入保护剂如10%的甘油蒸馏水溶液或10%二甲亚砜蒸馏水溶液，加入量以能浸没以后加入的菌落圆块为限，而后再用101.3kPa，121℃灭菌15min。

（3）接入菌种　将菌种用10%的甘油蒸馏水溶液制成菌悬液，装入已灭菌的安瓿管；霉菌菌丝体则可用灭菌打孔器，从平板内切取菌落圆块，放入含有保护剂的安瓿管内，然后用火焰熔封。浸入水中检查有无漏洞。

（4）冻结　再将已封口的安瓿管以每分钟下降1℃的速度冻结至-30℃。若细胞急剧冷冻，则在细胞内会形成冰的结晶，因而降低存活率。

（5）保藏　经冻结至-30℃的安瓿管立即放入液氮冷冻保藏器的小圆筒内，然后再将小圆筒放入液氮保藏器内。液氮保藏器内的气相为-150℃，液态氮内为-196℃。

（6）恢复培养　保藏的菌种需要用时，将安瓿管取出，立即放入38～40℃的水浴中进行急剧解冻，直到全部融化为止。再打开安瓿管，将内容物移入适宜的培养基上培养。

此法除适宜于一般微生物的保藏外，对一些用冷冻干燥法都难以保存的微生物如支原体、衣原体、氢细菌、难以形成孢子的霉菌、噬菌体及动物细胞均可长期保藏，而且性状不变异。缺点是需要特殊设备。

6. 冷冻干燥保藏法

（1）准备安瓿管　用于冷冻干燥菌种保藏的安瓿管宜采用中性玻璃制造，形状可用长颈球形底的，亦称泪滴形安瓿管，大小要求外径6～7.5mm，长105mm，球部直径9～11mm，壁厚0.6～1.2mm。也可用没有球部的管状安瓿管。塞好棉塞，101.3kPa，121℃灭菌30min，备用。

（2）准备菌种　用冷冻干燥法保藏的菌种，其保藏期可达数年至十数年，为了在许多年后不出差错，故所用菌种要特别注意其纯度，即不能有杂菌污染，然后在最适培养基中用最适温度培养，使培养出良好的培养物。细菌和酵母的菌龄要求超过对数生长期，若对数生长期的菌种进行保藏，其存活率反而降低。一般，细菌要求24～48h的培养物；酵母需培养3天；形成孢子的微生物则宜保存孢子；放线菌与丝状真菌则培养7～10天。

（3）制备菌悬液与分装　以细菌斜面为例，将2mL左右脱脂牛乳加入斜面试管中，制成浓菌液，每支安瓿管分装0.2mL。

（4）冷冻　冷冻干燥器有成套的装置出售，价格昂贵，此处介绍的是简易方法与装置，可达到同样的目的。

将分装好的安瓿管放低温冰箱中冷冻，若无低温冰箱可用冷冻剂如干冰（固体CO_2）酒精液或干冰丙酮液，温度可达-70℃。将安瓿管插入冷冻剂，只需冷冻4～5min，即可使悬液结冰。

（5）真空干燥　为在真空干燥时使样品保持冻结状态，需准备冷冻槽，槽内放碎冰块与食盐，混合均匀，可冷至-15℃。安瓿管放入冷冻槽中的干燥瓶内。

（6）抽气　若在30min内能达到93.3Pa(0.7mmHg)真空度，则干燥物不致熔化，以后再继续抽气，几小时内，肉眼可观察到被干燥物已趋干燥。一般抽到真空度26.7Pa（0.2mmHg），保持压力6～8h即可。

（7）封口　抽真空干燥后，取出安瓿管，接在封口用的玻璃管上，可用L形五通管继续抽气，约10min即可达到26.7Pa（0.2mmHg）。于真空状态下，以煤气喷灯的细火焰在安瓿管颈中央进行封口。封口以后，保存于冰箱或室温暗处。

此法为菌种保藏方法中最有效的方法之一，对一般生命强的微生物及其孢子以及无芽孢菌都适用，即使对一些很难保存的致病菌，如脑膜炎奈瑟球菌与淋病奈瑟球菌等亦能保存。适用于菌种长期保存，一般可保存菌种数年至十数年，但设备和操作都比较复杂。

五、思考题

1. 经常使用的细菌菌种，应用哪一种方法保藏既好又简便？
2. 细菌用什么方法保藏的时间长而又不易变异？
3. 产孢子的微生物常用哪一种方法保藏？

第三章 食品化学与分析实验

食品化学与食品分析实验是食品科学与工程专业的基础实验，通过实验帮助学生巩固相关理论课程的基础知识，熟悉各种食品成分分析的操作程序。通过本课程的学习，能对食品原辅料的特性进行研究和实验；能对食品加工工艺及质量控制制订实验方案与实验研究；能正确分析和解释实验数据和结果；能通过信息综合得到合理有效的结论；能解决食品工程问题所需的工程基础知识，并将其应用于解决复杂食品工程问题；能将数学、自然科学基本原理运用于食品工程问题的表述并证实解决方案的合理性；能撰写调研报告、实验报告、实习报告、课程设计和毕业设计等工程技术文件，并能通过口头及书面方式就复杂食品工程问题与同行进行有效沟通，陈述自己的想法。

食品化学与食品分析实验包括两个方面的内容：一是食品中的主要成分分析，包括食品中水分、灰分、酸度、脂肪、还原糖、总糖、蛋白质、氨基酸、维生素C、膳食纤维、碘、黄酮、硒、氯化钠、亚硝酸盐、多酚等基本成分分析，学生学会其基本实验方法、基本理论和基本操作技能，获得正确归纳处理数据和分析实验结果的能力，为后续的专业课程、毕业论文实验和毕业设计等奠定坚实的基础；二是食品加工与贮藏中的分析检测，包括水分活度、美拉德反应、淀粉的糊化和老化、油脂的氧化、蛋白质的功能性质、护色等内容。

在实验过程中，要严格按照实验指导开展实验，具体要求如下。
1. 实验前进行预习，熟悉实验内容和流程，确保在规定时间内完成实验任务。
2. 熟悉实验所用的试剂、仪器等的正确使用方法，实验操作要规范。
3. 认真观察实验现象，真实记录实验结果。
4. 实验结束后，将实验仪器设备清洗干净后放回原位，并清理实验台面。
5. 整理、分析实验数据，撰写实验报告。

第一部分 食品主要成分分析

实验一 水分含量的测定

一、实验目的

1. 了解水分测定的意义。

2. 掌握常压干燥法的原理、适用范围及注意事项。
3. 掌握食品中水分含量的测定方法。
4. 掌握恒温干燥箱的正确使用方法。
5. 掌握真空干燥箱的正确使用方法。

二、实验原理

常压干燥法是在一定温度（100～105℃）和压力（常压）下，将样品放在烘箱中加热，样品中的水分受热以后，产生的蒸气压高于空气在恒温干燥箱中的分压，使水分蒸发出来。同时，由于不断的加热和排走水蒸气，将样品完全干燥，干燥前后样品质量之差即为样品的水分量，以此计算样品水分的含量。

减压干燥法是利用在低压下水的沸点降低的原理，将取样后的称量皿置于真空烘箱内，在选定的真空度与加热温度下干燥到恒重。干燥后样品所失去的质量即为水分含量。

三、实验仪器与材料

1. 仪器

常压恒温干燥箱、真空干燥箱、玻璃称量皿或带盖铝皿（内径4.5cm，高2.0cm）、电子天平（0.0001g，0.1g）、干燥器（备有变色硅胶）。

2. 材料

粉末状物料直接测定。颗粒较大的粮种原料，可以按表3-1方法制备。

表3-1 颗粒较大的粮种原料的试样制备方法

粮种	分样数量/g	制备方法
粒状原粮或成品粮	30～50	除去大样杂质和矿物质，粉碎细度通过1.5mm圆孔筛的不少于90%
大豆	30～50	除去大样杂质和矿物质，粉碎细度通过2.0mm圆孔筛的不少于90%
花生仁、桐仁等	约30～50	取净仁切成0.5mm以下的薄片或剪碎
带壳果实（花生果等）	约100	取净果剥壳，分别称重，计算壳、仁百分比，将壳磨碎或研碎，将仁切成薄片
油菜籽、芝麻等	约30	取净籽剪碎或研钵敲碎
甘薯片、甘薯丝、甘薯条	约100	除去大样杂质的整粒试样，取净片粉碎，细度同粒状原粮

四、实验步骤

1. 定温。调整使常压恒温干燥箱（烘箱）中的温度计的水银球距离烘网2.5cm左右，调节烘箱温度定在（105±2）℃。

2. 烘干称量皿。取干净的空铝皿或空玻璃称量皿两个，将称量皿洗净、烘干，置于干燥器内冷却，放在烘箱内温度计水银球下方的烘网上，烘30min～1h取出，置于干燥器内冷却30min至室温，取出称重；再烘30min，烘至前后两次质量差不超过0.5mg即为恒重。记录空皿重 m_3。

3. 称取试样。称取试样约2.00～10.00g磨细的两份样品于已烘至恒重的称量皿中，样品厚度控制为大约不超过5mm。加盖，精密称量，记录质量 m'_1（干燥前样品与称量皿重)。瓶盖斜盖于瓶口置于(105±2)℃的常压恒温干燥箱中。

4. 烘干试样。将称量皿盖斜靠在皿边上，放入烘箱内温度计周围的烘网上，在(105±2)℃温度下烘2~3h（在干燥温度达到100℃以后开始计时）（油料烘90min）后，在干燥箱内加盖，用纸条取出称量皿，置于干燥器内冷0.5h至室温，取出后立即称重，再按以上方法进行复烘，每隔30min取出冷却称重一次，如果后一次质量高于前一次质量，以前一次质量计算。记录质量 m_1（干燥后样品与称量皿重）。

5. 重复步骤3、4，直至前后两次称量之差小于2mg。记录质量 m_n。

减压干燥的条件：温度40~100℃，受热易变化的食品加热温度为60~70℃（有时需要更低）；压强 0.7~13.3kPa(5~100mmHg)。

减压干燥法的测定方法：将称量皿在105℃下烘干至恒重，称量（精确到0.1mg），取试样3~4g，置于称量皿内，再称重（精确到0.1mg），将称量皿放入干燥箱内，关闭干燥箱门，启动真空泵，抽出干燥箱内空气至所需压力，并同时加热至所需温度，关闭通向水泵或真空泵的活塞，停止抽气，使干燥箱内保持一定的温度与压力。经过一定时间后，打开活塞，使空气经干燥装置慢慢进入，待干燥箱内压力恢复正常后再打开，取出样品，置于干燥器内0.5h后称重，重复以上操作至恒重。

五、实验结果与计算

将实验数据记录于表3-2中。

表3-2　常压烘箱105℃直接干燥恒重法原始数据表　　　　　单位：g

测定项目	测定结果	
	1	2
烘干至恒重的空称量皿质量 m_3/g		
第1次烘干前称量皿与样品的质量 m_1'/g		
第1次烘干后称量皿与样品的质量 m_1/g		
第2次烘干后称量皿与样品的质量 m_2/g		
第n次烘干后称量皿与样品的质量 m_n/g		
水分含量/%		
水分含量平均值/%		

$$水分含量/\% = \frac{m_1' - m_n}{m_1' - m_3} \times 100\%$$

式中，m_1'——烘干前样品与称量皿（或蒸发皿加海砂、玻璃棒）的质量，g；m_n——烘干后样品与称量皿（或蒸发皿加海砂、玻璃棒）的质量，g；m_3——烘干至恒重的称量皿（或蒸发皿加海砂、玻璃棒）的质量，g。

平行实验偏差不超过0.2%，求其平均数为测定结果，取小数点后第一位数。

六、注意事项

1. 固态样品必须磨碎，全部经过20~40目筛，混合均匀后方可测定。水分含量高的样品要采用二步干燥法进行测定。

2. 油脂或高脂肪样品，由于油脂的氧化，而使后一次的质量可能反而增加，应以前一次质量计算。

3. 对于黏稠样品（如甜炼乳或酱类），将10g经酸洗和灼烧过的细海砂及一根细玻璃棒放入蒸发皿中，在95～105℃干燥至恒重。然后准确称取适量样品，置于蒸发皿中，用小玻璃棒搅匀后放在沸水浴中蒸干（注意中间要不时搅拌），擦干皿底后置于95～105℃干燥箱中干燥4h，按上述步骤操作反复干燥至恒重。

4. 液态样品需经低温浓缩后，再进行高温干燥。

5. 根据样品种类的不同，第一次干燥时间可适当延长。

6. 易分解或焦化的样品，可适当降低温度或缩短干燥时间，或改为减压干燥法或在干燥器内干燥至恒重。减压干燥法适用于在100℃以上加热容易变质及含有不易除去结合水的食品，如糖浆、味精、蜂蜜、果酱等。

7. 称量皿有玻璃和铝质两种，前者适用于各种食品，后者导热性好、质量轻，常用于减压干燥法。但铝盒不耐酸碱，使用时应根据测定样品加以选择；样品平铺后厚度不超过1/3为宜。

8. 直接干燥法中对固体样品，前后两次质量差不超过2mg为恒重；减压干燥时，恒重一般以减量不超过0.5mg时为标准，但对受热易分解的样品则可以不超过1～3mg的减量为恒重标准。

七、思考题

1. 为什么要恒重操作？
2. 哪些食品原料适宜用常压干燥法测量其水分含量？

实验二　总灰分的测定

一、实验目的

1. 了解灰分测定的意义和原理。
2. 掌握灰分测定的方法。
3. 掌握马弗炉的使用方法。

二、实验原理

一定量的样品炭化后放入高温炉内灼烧，使有机物质被氧化分解成二氧化碳、氮的氧化物及水而逸出，剩下残留的无机物质以硫酸盐、磷酸盐、碳酸盐、氯化物等无机盐和金属氧化物的形式残留下来，这些残留物称为灰分，称量残留物的质量即得总灰分的含量。

三、实验仪器与试剂

1. 仪器

电子天平（0.1mg）、马弗炉、电炉、坩埚、坩埚钳、干燥器。

2. 试剂

1∶4盐酸溶液、6mol/L硝酸溶液、36%过氧化氢、0.5%三氯化铁溶液和等量蓝墨水的混合液、辛醇或纯植物油。

四、实验步骤

1. 瓷坩埚的准备。将坩埚用盐酸（1:4）煮1~2h，洗净、晾干，用0.5%三氯化铁溶液与等量蓝墨水的混合液在埚外壁及盖上写编号，置于500~550℃马弗炉中灼烧1h，于干燥器内冷却至室温，称量，反复灼烧、冷却、称量，直至两次称量之差小于0.5mg，记录质量 m_1。

2. 准确称取1~20g样品于坩埚内，并记录质量 m_2。

3. 炭化。将盛有样品的坩埚放在电炉上小火加热炭化至无黑烟产生。

4. 灰化。将炭化好的坩埚慢慢移入马弗炉（500~600℃），盖斜倚在坩埚上（加入适量6mol/L硝酸溶液、36%过氧化氢辅助灰化），灼烧2~5h，直至残留物呈灰白色为止。冷却至200℃以下时，再放入干燥器冷却，称重。反复灼烧、冷却、称重，直至恒重（两次称量之差小于0.5mg），记录质量 m_3。

五、实验结果与计算

$$灰分含量/\% = \frac{m_3 - m_1}{m_2 - m_1} \times 100\%$$

式中，m_1——空坩埚的质量，g；m_2——样品+坩埚的质量，g；m_3——残灰+坩埚的质量，g。

六、注意事项

1. 样品的取样量一般以灼烧后得到的灰分量为10~100mg为宜。通常奶粉、麦乳精、大豆粉、鱼类等取1~2g；谷物及其制品、肉及其制品、牛乳等取3~5g；蔬菜及其制品、砂糖、淀粉、蜂蜜、奶油等取5~10g；水果及其制品取20g；油脂取20g。

2. 液样先于水浴蒸干，再进行炭化。

3. 炭化一般在电炉上进行，半盖坩埚盖，对于含糖分、淀粉、蛋白质较高的样品，为防止其发泡溢出，炭化前可加数滴辛醇或植物油。

4. 把坩埚放入或取出马弗炉时，在炉口停留片刻，防止因温度剧变使坩埚破裂。

5. 在移入干燥器前，最好将坩埚冷却至200℃以下，取坩埚时要缓缓让空气流入，防止形成真空对残灰造成影响。

七、思考题

1. 总灰分测定时为什么先炭化后灰化？
2. 灰分中含有什么成分？
3. 为什么灼烧温度不能超过600℃？

实验三 总酸度的测定

一、实验目的

1. 了解总酸度测定的原理及意义。

2. 掌握测定总酸度的方法。

二、实验原理

样品中的有机酸用已知浓度的标准碱溶液滴定时中和生成盐类。用酚酞作指示剂时，当滴定至终点（pH=8.2，指示剂显红色）时根据标准碱的消耗量，计算出样品的含酸量。所测定的酸度称总酸度或可滴定酸度，以该样品所含主要的酸来表示。

三、实验仪器与试剂

1. 仪器

250mL 容量瓶、烧杯、锥形瓶等。

2. 试剂

0.1mol/L 氢氧化钠标准溶液、1%酚酞乙醇溶液（酚酞指示剂）。

四、实验步骤

1. 称取 20g 捣碎均匀的样品置于小烧杯中，用约 150mL 新煮沸并冷却的蒸馏水将其移入 250mL 容量瓶中，加蒸馏水于刻度，混合均匀后，用棉花或滤纸过滤。

2. 吸取 20mL 滤液于锥形瓶中，加酚酞指示剂 2 滴，用 0.1mol/L 氢氧化钠标准溶液滴定至粉红色，滤液持续 30s 不褪色为终点，记录氢氧化钠溶液消耗量。每个样品重复滴定 3 次，取其平均值，同时做空白实验。

五、实验结果与计算

$$总酸度/\% = \frac{CVKV_2}{mV_1} \times 100\%$$

式中，m——样品的质量或体积，g 或 mL；V——滴定时消耗氢氧化钠溶液用量，mL；V_1——滴定时吸取样液的体积，mL；V_2——样品稀释液总体积，mL；C——氢氧化钠标准溶液浓度，mol/L；K——各种有机酸换算值（苹果酸 0.067、柠檬酸 0.064、酒石酸 0.075、醋酸 0.060、乳酸 0.090），即 1mmol 氢氧化钠相当于主要酸的质量（g）。

六、思考题

1. 食品中的酸是多种有机弱酸的混合物，用强碱进行滴定时，滴定突跃不够明显。特别是某些食品本身具有较深的颜色，使终点颜色变化不明显，影响滴定终点的判断。如何解决？

2. 总酸度的结果用样品中的代表性酸来计。一般情况下，哪些食品可以分别以柠檬酸、酒石酸、苹果酸计？蔬菜可以以苹果酸或乳酸计吗？

3. 样品浸渍、稀释用蒸馏水中为什么不能含有二氧化碳？

实验四　有效酸度——pH 值的测定

一、实验目的

1. 了解 pH 值测定的原理及意义。

2. 熟练使用 pH 计。

二、实验原理

利用 pH 计测定溶液的 pH 值，是将玻璃电极和甘汞电极插在被测样品试液中，组成一个电化学原电池，其电动势的大小与溶液的 pH 值的关系为

$$E = E^0 - 0.059\text{pH}(25℃)$$

式中，E——电动势；E^0——原电池电动势。

即在 25℃时，每相差一个 pH 值单位，就产生 59.1mV 电极电位，从而可通过对原电池电动势的测量，在 pH 计上直接读出被测样品试液的 pH 值。

三、实验仪器与试剂

1. 仪器

pH 计（pHS-3C 型）、复合电极组织捣碎机、烧杯等。

2. 试剂

（1）pH=4.02 标准缓冲溶液（20℃） 称取在（115±5）℃烘干 2~3h 的优级纯邻苯二甲酸氢钾 10.12g，溶于不含二氧化碳的蒸馏水中，稀释至 1000mL。

（2）pH=6.88 的标准缓冲溶液（20℃） 称取在（115±5）℃烘干 2~3h 的优级纯磷酸二氢钾 3.39g 和优级纯无水磷酸氢二钠 3.53g，溶于不含二氧化碳的蒸馏水中，稀释至 1000mL。

（3）pH=9.22 的标准缓冲溶液（20℃） 称取硼砂 3.80g 溶于不含二氧化碳的蒸馏水中，稀释至 1000mL。

四、实验步骤

1. 样品处理。对于新鲜的果蔬样品，将其各部位混合样捣碎，取均匀汁液测定。罐藏制品，将内容物倒入组织捣碎机中，加少量蒸馏水（一般 100g 样品加蒸馏水的量少于 20mL 为宜），捣碎均匀，过滤，取滤液进行测定。对于生肉和果蔬干制品，称取 10g（肉类去油脂）搅碎的样品，放入加有 100mL 新煮沸冷却的蒸馏水中，浸泡 15~20min，并不时搅拌，过滤，取滤液进行测定。对于牛乳、果汁等液体样品，可直接取样测定。对于布丁、土豆沙拉等半固体样品，可以在 100g 样品中加入 10~20mL 蒸馏水，搅拌均匀成试液。

2. 仪器校正。开启 pH 计电源，预热 30min，连接复合电极。选择适当的 pH 缓冲溶液，测量缓冲溶液的温度，调节温度补偿旋钮至实际温度。将电极浸入缓冲溶液中，调节定位旋钮，使 pH 计显示的 pH 值与缓冲溶液的 pH 值相符。校正完后定位调节旋钮不可再旋动，否则必须重新校正。

3. 样品测定。用新鲜蒸馏水冲洗电极和烧杯，再用样品试液洗涤电极和烧杯，然后将电极浸入样品试液中，轻轻摇动烧杯，使试液均匀。调节温度补偿旋钮至被测样品试液的温度，pH 计显示的 pH 值即为被测样品试液的 pH 值。测量完毕后，将电极和烧杯洗干净，妥善保存。

五、注意事项

1. 样品试液制备后，立即测定，不宜久存。
2. 久置的复合电极初次使用时，一定要先在饱和 KCl 中浸泡 24h 以上。

六、思考题

1. 有效酸度和总酸度的含义有何不同？
2. 不同状态的样品，测定有效酸度的前处理有何区别？

实验五 挥发酸的测定

一、实验目的

1. 了解挥发酸测定的意义。
2. 掌握挥发酸测定的原理和方法。

二、实验原理

挥发酸可用水蒸气蒸馏使之分离，加入磷酸使结合的挥发酸离析。挥发酸经冷凝收集后，用标准碱液滴定。根据消耗标准碱液的浓度和体积计算挥发酸的含量。

三、实验仪器与试剂

1. 仪器

水蒸气蒸馏装置如图 3-1 所示。

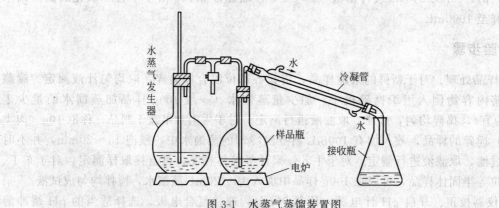

图 3-1 水蒸气蒸馏装置图

2. 试剂

0.01mol/L 氢氧化钠标准溶液、1%酚酞乙醇溶液（酚酞指示剂）、10%磷酸溶液（称取 10.0g 磷酸，用无二氧化碳的蒸馏水溶解并稀释至 100mL）。

四、实验步骤

1. 准确称取均匀样品 2.00～3.00g（根据挥发酸含量的多少而增减），用 50mL 煮沸过的蒸馏水洗入 250mL 烧瓶中。加入 10%磷酸 1mL。连接水蒸气蒸馏装置，加热蒸馏至馏液达 300mL。在相同条件下做一空白实验。（蒸汽发生瓶内的水必须预先煮沸 10min，以除去二氧化碳）。

2. 将馏液加热至 60～65℃，加入酚酞指示剂 3～4 滴，用 0.1mol/L 氢氧化钠标准溶液滴定至微红色，馏液 30s 不褪色为终点。

五、实验结果与计算

$$挥发酸含量（以醋酸计）/\% = \frac{C(V_1-V_2)}{m} \times 0.06 \times 100\%$$

式中，C——氢氧化钠标准溶液的浓度，mol/L；V_1——样液滴定时氢氧化钠标准溶液用量，mL；V_2——空白滴定时氢氧化钠标准溶液用量，mL；m——样品质量，g；0.06——1mmol 醋酸质量，g/mmol。

六、思考题

1. 食品中挥发性有机酸有哪些？
2. 准备测定挥发性酸的样液时加入 10% 磷酸的目的是什么？

实验六　脂肪的测定

方法1　索氏抽提法

一、实验目的

1. 了解食品中最常用的粗脂肪含量的测定方法，掌握索氏抽提法测定脂肪的原理。
2. 掌握索氏抽提法测定脂肪的基本操作要点及方法，学习安装和使用索氏提取器。

二、实验原理

根据脂肪能溶于乙醚等有机溶剂的特性，将样品置于连续抽提器——索氏提取器中，用无水乙醚或石油醚等溶剂进行反复萃取，使粗脂肪与食品中的其他成分分离，粗脂肪转移至有机溶剂中，提取样品中的脂肪后，将粗脂肪中的有机溶剂蒸发去除，回收溶剂，所得的残留物即为脂肪。因为提取物中除脂肪外，还含有色素、蜡、树脂、游离脂肪酸等物质，所以又称为粗脂肪。

三、实验仪器与试剂

1. 仪器

分析天平（0.001g）、架盘天平、电热恒温箱、烘干用铅盒、电热恒温水浴锅、粉碎机、研钵、直径 1.00mm 圆孔筛、干燥器、滤纸筒、索氏提取器一套（在 105℃ 烘干，其中抽提瓶烘至恒重）、广口瓶、脱脂棉线、脱脂棉、称量皿、直径 15mm 定量滤纸、滤纸筒、铜镊子、铜匙、小漏斗、鼓风机等。

2. 试剂

（1）无水乙醚（不含过氧化物）或石油醚（沸程 30~60℃）；
（2）脱脂细砂或海砂　粒度 0.65~0.85mm，二氧化硅的质量分数不低于 99%。

四、实验步骤

1. 滤纸筒的制备。用直径约 2cm 的试管为模型，将滤纸以试管壁为基础，折叠成低端封口的滤纸筒,筒内底部放一小片脱脂棉。在105℃中烘至恒重,置于干燥器中备用。

2. 索氏提取器的准备。索氏提取器由三部分组成,回流冷凝管、抽提筒、提脂瓶(图3-2)。提脂瓶在使用前需烘干并称至恒重,其他要干燥。将索氏提取器各部位充分洗涤并用蒸馏水清洗后烘干。提脂瓶在(105±2)℃的烘箱内干燥至恒重(前后两次称量差不超过2mg)。记录提脂瓶质量 m_0。

3. 样品处理。精确称取烘干磨细的样品2.00~5.00g,放入已称重的滤纸筒(如果是半固体或液体样品,一般需要称取5.00~10.00g于蒸发皿中,加约20g脱脂细砂或海砂,搅匀后在水浴上蒸干,再于100~105℃烘干,研细,全部移入滤纸筒内,用蘸有乙醚的棉花擦净蒸发皿及附有样品的玻璃棒等所用器皿,并将棉花也放入滤纸筒内),封好上口。

4. 样品测定

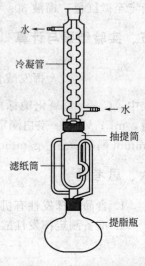

图 3-2 索氏提取器

(1) 抽提 将滤纸筒放入索氏提取器的抽提筒内,连接已干燥至恒重的提脂瓶,由提取器冷凝管上端加入无水乙醚或石油醚至瓶内体积的2/3处,通入冷凝水,将瓶底浸没在水浴(55℃左右)中加热,用一小团脱脂棉轻轻塞入冷凝管上口。

(2) 抽提温度的控制 在恒温水浴中抽提,水浴温度大约为50℃左右,水浴温度应控制在使提取液每6~8min回流一次为宜。

(3) 抽提时间的控制 抽提时间视试样中粗脂肪含量而定,一般样品提取6~12h,坚果样品提取约16h。提取结束时,用毛玻璃板或滤纸接取一滴提取液,如无油斑则表明提取完毕。若留下油迹说明抽提不完全。

(4) 提取完毕和回收乙醚 取下提脂瓶,回收无水乙醚或石油醚。待烧瓶内乙醚仅剩下1~2mL时,在水浴上赶尽残留的溶剂,于95~105℃下干燥2h后,置于干燥器中冷却至室温,称量。继续干燥30min后冷却称量,反复干燥至恒重(前后两次称量差不超过2mg)。记录脂肪和提脂瓶的恒重质量为 m_1。

五、实验结果与计算

1. 数据记录表

将实验结果记录于表3-3中。

表 3-3 实验结果记录表

样品的质量 m/g	提脂瓶的质量 m_0/g				脂肪和提脂瓶的质量 m_1/g			
	第1次	第2次	第3次	恒重值	第1次	第2次	第3次	恒重值

2. 计算公式

$$\text{脂肪}/\% = \frac{m_1 - m_0}{m} \times 100\%$$

式中,m_1——脂肪和提脂瓶的质量,g;m_0——提脂瓶的质量,g;m——样品的质量,g。

平行实验结果允许差：粮食、油料不超过0.4%，大豆不超过0.2%，求其平均值，即为测定结果。测定结果取小数点后一位。

六、注意事项

1. 索氏提取法适用于脂肪含量较高，结合态的脂肪含量较少，能烘干磨细，不宜吸湿结块的样品的测定。此法只能测定游离态脂肪，结合态脂肪需在一定条件下水解转变成游离态的脂肪方能测出。
2. 样品含水分会影响溶剂提取效果，而且溶剂会吸收样品中的水分造成非脂成分溶出。装样品的滤纸筒要严密，不能向外漏样品，也不要包得太紧影响溶剂渗透。放入滤纸筒时高度不要超过回流弯管，否则样品中的脂肪不能提尽，造成误差。
3. 对含多量糖及糊精的样品，要先以冷水使糖及糊精溶解，经过滤除去，将残渣连同滤纸一起烘干，再一起放入提取管中。
4. 抽提用的乙醚或石油醚要求无水、无醇、无过氧化物，挥发残渣含量低。
5. 提取时水浴温度不可过高，以每分钟从冷凝管滴下80滴左右，每小时回流6~12次为宜，提取过程应注意防火。
6. 抽提时，冷凝管上端最好连接一个氯化钙干燥管。这样，可防止空气中水分进入，也可避免乙醚挥发在空气中，如无此装置可塞一团干燥的脱脂棉球。
7. 提取是否完全，可凭经验，也可用滤纸或毛玻璃检查，由抽提管下口滴下的乙醚滴在滤纸或毛玻璃上，挥发后不留下油迹表明已抽提完全，若留下油迹说明抽提不完全。
8. 在挥发无水乙醚或石油醚时，切忌直接用火加热，应该用电热套，电水浴等。烘前应驱除全部残余的无水乙醚，因乙醚稍有残留，放入烘箱时，有发生爆炸的危险。
9. 反复加热会因脂类氧化而增重。质量增加时，以增重前的质量作为恒重。
10. 索氏提取法对大多数样品而言结果比较可靠，但需要的周期长，溶剂量大。

方法2 罗紫-哥特里法

一、实验目的

1. 了解罗紫-哥特里法测定脂肪的原理。
2. 掌握罗紫-哥特里法测定脂肪的方法。

二、实验原理

利用氨-乙醇溶液破坏乳脂肪的胶体性状及脂肪球膜，使非脂成分溶解于氨-乙醇溶液中，而脂肪游离出来，再用乙醚-石油醚提取出脂肪，蒸馏去除溶剂后，残留物即为乳脂肪。

三、实验仪器与试剂

1. 仪器

提脂瓶等。

2. 试剂

25%氨水（相对密度0.91）、96%乙醇、乙醚（不含过氧化物）、石油醚（沸程30~60℃）。

四、实验步骤

取一定量样品（牛奶吸取 10.00mL，乳粉精密称取约 1g，用 10mL 60℃水，分数次溶解）于提脂瓶中，加入 1.25mL 25％氨水，充分混匀，置 60℃水浴中加热 5min，再振摇 2min，加入 10mL 96％乙醇，充分摇匀，于冷水中冷却后，加入 25mL 乙醚，振摇半分钟，加入 25mL 石油醚，再振摇半分钟，静置 30min，待上层液澄清时，读取醚层体积，放出一定体积醚层于恒重的烧瓶中，蒸馏回收乙醚和石油醚，残余醚完全挥发后，放入 100～105℃烘箱中干燥 1.5h，取出，放入干燥器中冷却至室温后称重，重复操作直至恒重。

五、实验结果与计算

$$脂肪/\% = \frac{(m_2-m_1)}{m\frac{V_1}{V}} \times 100\%$$

式中，m_2——提脂瓶和脂肪质量，g；m_1——提脂瓶质量，g；m——样品质量，g；V——醚层总体积，mL；V_1——测定时所取醚层体积，mL。

六、注意事项

1. 乳类脂肪虽然也属游离脂肪，但因脂肪球被乳中酪蛋白钙盐包裹，又处于高度分散的胶体分散系中，故不能直接被乙醚、石油醚提取，需预先用氨水处理，故此法也称为碱性乙醚提取法。
2. 本法适用于各种液状乳（生乳、加工乳、部分脱脂乳、脱脂乳等）、各种炼乳、奶粉、奶油及冰淇淋等能在碱性溶液中溶解的乳制品也适用于豆乳或加水呈乳状的食品。
3. 若无提脂瓶时，可用体积 100mL 的具塞量筒替用，待分层后读数，用移液管吸出一定量醚层。
4. 加氨水后，要充分混匀，否则会影响下步醚对脂肪的提取。
5. 操作时加入乙醇的作用是沉淀蛋白质以防止乳化，并溶解醇溶性物质，使其留在水中，避免进入醚层，影响结果。
6. 加入石油醚的作用是降低乙醚极性，使乙醚与水不混溶，只抽提出脂肪，并可使分层清晰。

七、思考题

1. 请问乙醚、石油醚、氨-乙醇混合溶剂在测定脂肪时各有什么特点？
2. 阐述脂肪测定时索氏抽提法和罗紫-哥特里法适用范围？
3. 罗紫-哥特里法测定已结块的乳粉的脂肪，其结果会偏低还是偏高？

实验七　还原糖的测定

一、实验目的

1. 了解斐林试剂热滴定测定还原糖的原理。

2. 能够准确测定果蔬中还原糖的含量。

二、实验原理

还原糖是指含有自由醛基或酮基的单糖和某些二糖。在碱性溶液中，还原糖将 Cu^{2+}、Hg^{2+}、Fe^{3+}、Ag^{+} 等金属离子还原，而糖本身被氧化和降解。

斐林试剂是氧化剂，由甲、乙两种溶液组成。甲液含硫酸铜和亚甲基蓝（氧化还原指示剂）；乙液含氢氧化钠、酒石酸钾钠和亚铁氰化钾。将一定量的甲液和乙液等体积混合，立即生成天蓝色的氢氧化铜沉淀，这种沉淀很快与酒石酸钾钠反应，生成深蓝色的可溶性的酒石酸钾钠铜络合物；在加热条件下，用样液滴定，样液中的还原糖与酒石酸钾钠铜反应，生成红色的氧化亚铜沉淀，氧化亚铜沉淀再与试剂中的亚铁氰化钾反应生成可溶性无色化合物，便于观察滴定终点。滴定时以亚甲基蓝为氧化-还原指示剂。亚甲基蓝氧化能力比二价铜弱，待二价铜离子全部被还原后，稍过量的还原糖可使蓝色的氧化型亚甲基蓝还原为无色的还原型亚甲基蓝，即达滴定终点。根据消耗样液量可计算出还原糖含量。

三、实验仪器与试剂

1. 仪器

容量瓶、蒸发皿、锥形瓶、玻璃珠等。

2. 试剂

（1）碱性酒石酸铜甲液　称取 15g 硫酸铜（$CuSO_4 \cdot 5H_2O$）及 0.05g 亚甲基蓝，溶于水中并稀释到 1000mL。

（2）碱性酒石酸铜乙液　称取 50g 酒石酸钾钠及 75g 氢氧化钠，溶于水中，再加入 4g 亚铁氰化钾，完全溶解后，用水稀释至 1000mL，贮存于橡皮塞玻璃瓶中。

（3）乙酸锌溶液　称取 21.9g 乙酸锌，加 3mL 冰醋酸，加水溶解并稀释到 100mL。

（4）10.6% 亚铁氰化钾溶液　称取 10.6g 亚铁氰化钾溶于水并稀释至 100mL。

（5）葡萄糖标准溶液　准确称取 1.0000g 经过 98～100℃ 干燥至恒重的无水葡萄糖，加水溶解后加入 5mL 盐酸（防止微生物生长），移入 1000mL 容量瓶中，用水稀释到 1000mL。

（6）1mol/L NaOH 标准溶液。

（7）15% Na_2CO_3 溶液　称取 15g 碳酸钠溶于水并稀释至 100mL。

（8）10% $Pb(Ac)_2$ 溶液　称取 10g 醋酸铅溶于水并稀释至 100mL。

（9）10% Na_2SO_4 溶液　称取 10g 硫酸钠溶于水并稀释至 100mL。

四、实验步骤

1. 样品处理

（1）新鲜果蔬样品　将样品洗净、擦干，并除去不可食部分。准确称取样品 10～25g（平均），研磨成浆状（对于多汁类果蔬样品可直接榨取果汁吸取 10～25mL 汁液），用约 100mL 水分数次将样品移入 250mL 容量瓶中，然后用 15% Na_2CO_3 溶液调整样液至微酸性，于 80℃ 水浴中加热 30min。冷却后滴加中性 10% $Pb(Ac)_2$ 溶液沉淀蛋白质等干扰物质，加至不再产生雾状沉淀为止。蛋白质沉淀后，再加入等量 10% Na_2SO_4 除去多余的铅盐，摇匀，用水定容至刻度，静置 15～20min 后，用干燥滤纸过滤，滤液备用。

（2）乳及乳制品、含蛋白质的冷食类　准确称取 2.5～5g 固体样品（或吸取 25.0～

50.0mL 液体样品），用 50mL 水分数次将样品溶解并移入 250mL 容量瓶中。摇匀后慢慢加入 5mL 乙酸锌溶液和 5mL 10.6%亚铁氰化钾溶液，加水至刻度，摇匀后静置 30min。用干燥滤纸过滤，弃去初滤液，收集滤液备用。

（3）汽水等含二氧化碳的饮料　吸取样液 100mL 于蒸发皿，在水浴上除去 CO_2 后，移入 250mL 容量瓶中，用水洗蒸发皿，洗液并入容量瓶定容、摇匀。

（4）酒精性饮料　吸取样液 100mL 于蒸发皿，用 1mol/L NaOH 中和至中性，在水浴上蒸发至原体积的 1/4 后，移入 250mL 容量瓶中，加 50mL 水，混匀。慢慢加入 5mL 乙酸锌溶液和 5mL 10.6%亚铁氰化钾溶液，加水至刻度，摇匀后静置 30min。用干燥滤纸过滤，弃去初滤液，收集滤液备用。

2. 碱性酒石酸铜溶液的标定

准确吸取碱性酒石酸铜甲液和乙液各 5mL，置于 250mL 锥形瓶中，加水 10mL，加玻璃珠 3 粒。从滴定管滴加约 9mL 葡萄糖标准溶液，加热使其在 2min 内沸腾，准确沸腾 30s，趁热以每 2s 1 滴的速度继续滴加葡萄糖标准溶液，直至溶液蓝色刚好褪去为止。记录消耗葡萄糖标准溶液的总体积。平行操作 3 次，取其平均值，按下式计算

$$F = CV$$

式中，F——10mL 碱性酒石酸铜溶液相当于葡萄糖的质量，mg；C——葡萄糖标准溶液的浓度，mg/mL；V——标定时消耗葡萄糖标准溶液的总体积，mL。

3. 样品溶液预测

准确吸取碱性酒石酸铜甲液和乙液各 5mL，置于 250mL 锥形瓶中，加水 10mL，加玻璃珠 3 粒，加热使其在 2min 内至沸，准确沸腾 30s，趁热以先快后慢的速度从滴定管中滴加样品溶液，滴定时要始终保持溶液呈沸腾状态。待溶液蓝色变浅时，以每 2s 1 滴的速度滴定至溶液蓝色刚好褪去为止。记录样品溶液消耗的体积。

4. 样品溶液测定

准确吸取碱性酒石酸铜甲液和乙液各 5mL，置于 250mL 锥形瓶中，加水 10mL，加玻璃珠 3 粒，从滴定管中加入比预测时样品溶液消耗总体积少 1mL 的样品溶液，加热使其在 2min 内沸腾，准确沸腾 30s，趁热以每 2s 1 滴的速度继续滴加样液，直至蓝色刚好褪去为止。记录消耗样品溶液的总体积。同法平行操作 3 次，取平均值。

五、实验结果与计算

$$还原糖（以葡萄糖计）/\% = \frac{F}{m\frac{V}{250} \times 1000} \times 100\%$$

式中，m——样品质量，g；F——10mL 碱性酒石酸铜溶液相当于葡萄糖的质量，mg；V——测定时平均消耗样品溶液的体积，mL；250——样品溶液的总体积，mL。

六、思考题

1. 斐林试剂甲液和乙液为什么要分别贮存，用时才混合？
2. 滴定为什么是在沸腾条件下进行？
3. 滴定时为什么不能随意摇动锥形瓶？

实验八 总糖的测定

一、实验目的

掌握直接滴定法测定总糖的原理和方法。

二、实验原理

样品经处理除去蛋白质等杂质后,加入盐酸,在加热条件下使蔗糖水解为还原性单糖,以直接滴定法测定水解后样品中的还原糖总量。

三、实验仪器与试剂

1. 仪器

容量瓶、锥形瓶、玻璃珠。

2. 试剂

(1) 6mol/mL 盐酸溶液。

(2) 0.1 甲基红乙醇溶液(甲基红指示剂) 称取 0.1g 甲基红,用 60%乙醇溶解并定容至 100mL。

(3) 20% 氢氧化钠溶液。

(4) 0.1% 转化糖标准溶液 称取在 105℃烘干至恒重的纯蔗糖 1.9000g,用水溶解并移入 1000mL 容量瓶中,定容,混匀。取 50mL 于 100mL 容量瓶中,加 6mol/L 盐酸 5mL,在 68~70℃水浴中加热 15min,取出于流动水下迅速冷却,加甲基红指示剂 2 滴,用 20% NaOH 溶液中和至中性,加水至刻度,混匀。此溶液每毫升含转化糖 1mg。

(5) 碱性酒石酸铜甲液 称取 15g($CuSO_4 \cdot 5H_2O$)及 0.05g 亚甲基蓝,溶于水并稀释到 1L。

(6) 碱性酒石酸铜乙液 称取 50g 酒石酸钾钠及 75g 氢氧化钠,溶于水,再加入 4g 亚铁氰化钾,完全溶解后,用水稀释至 1000mL,贮存于橡皮塞玻璃瓶中。

(7) 乙酸锌溶液 称取 21.9g 乙酸锌 [$Zn(CH_3COO)_2 \cdot 2H_2O$],加 3mL 冰醋酸,加水溶解并稀释至 100mL。

(8) 10.6% 亚铁氰化钾溶液 称取 10.6g 亚铁氰化钾 [$K_4Fe(CN)_6 \cdot 3H_2O$],溶于水,稀释至 100mL。

四、实验步骤

1. 样品处理

取适量样品,移入 250mL 容量瓶中,慢慢加入 5mL 乙酸锌溶液和 5mL 10.6% 亚铁氰化钾溶液,加水至刻度,摇匀后静置 30min,用干燥滤纸过滤,弃去初滤液,收集滤液备用。

吸取处理后的样液 50mL 于 100mL 容量瓶中,加入 5mL 6mol/L 盐酸溶液,置 68~70℃水浴中加热 15min,取出后迅速冷却,加甲基红指示剂 2 滴,用 20% NaOH 溶液中和至中性,加水至刻度,混匀。

2. 碱性酒石酸铜溶液的标定

准确吸取碱性酒石酸铜甲液和乙液各 5mL，置于 250mL 锥形瓶中，加水 10mL，玻璃珠 3 粒。从滴定管滴加约 9mL 0.1% 转化糖标准溶液，加热使其在 2min 内沸腾，准确沸腾 30s，趁热以每 2s 1 滴的速度继续滴加 0.1% 转化糖标准溶液，直至溶液蓝色刚好褪去为止。记录消耗 0.1% 转化糖标准溶液的总体积。平行操作 3 次，取其平均值，按下式计算

$$F = CV$$

式中，F——10mL 碱性酒石酸铜溶液相当于转化糖的质量，mg；C——转化糖标准溶液的浓度，mg/mL；V——标定时消耗转化糖标准溶液的总体积，mL。

3. 样品溶液预测

准确吸取碱性酒石酸铜甲液和乙液各 5mL，置于 250mL 锥形瓶中，加水 10mL，玻璃珠 3 粒，加热使其在 2min 内沸腾，准确沸腾 30s，趁热以先快后慢的速度从滴定管中滴加样品溶液，滴定时要始终保持溶液呈沸腾状态，待溶液蓝色变浅时，以每 2s 1 滴的速度滴定，直至溶液蓝色刚好褪去为止。记录样品溶液消耗的体积。

4. 样品溶液测定

准确吸取碱性酒石酸铜甲液和乙液各 5mL，置于 250mL 锥形瓶中，加水 10mL，加玻璃珠 3 粒，从滴定管滴加入比预测时样品溶液消耗总体积少 1mL 的样品溶液，加热使其在 2min 内沸腾，准确沸腾 30s，趁热以每 2s 1 滴的速度继续滴加样液，直至蓝色刚好褪去为止。记录消耗样品溶液的总体积。同法平行操作 3 次，取平均值。

五、实验结果与计算

$$总糖(以转化糖计)/\% = \frac{F}{m \times \frac{50}{V_1} \times \frac{V_2}{100} \times 1000} \times 100\%$$

式中，F——10mL 碱性酒石酸铜溶液相当于转化糖的质量，mg；V_1——样品处理液总体积，mL；V_2——测定时消耗样品水解液体积，mL；m——样品质量，g。

六、思考题

1. 什么是转化糖？
2. 总糖测定可以用转化糖计，也可以用葡萄糖计吗？

实验九　蛋白质的测定

一、实验目的

1. 掌握微量凯式定氮法测定蛋白质的原理。
2. 了解微量定氮装置的原理及应用。
3. 认识并掌握改良凯氏定氮法的仪器和安装。
4. 掌握凯氏定氮法的操作技术，包括样品的消化处理、蒸馏、滴定及蛋白质含量计算等。
5. 了解水蒸气蒸馏法的原理和操作技术。

二、实验原理

待测含氮有机物样品与浓硫酸和催化剂共同加热消化，食品中有机物的碳和氢被氧化为二氧化碳和水逸出，蛋白质被分解为氨，样品中的有机氮转化为氨，氨与硫酸结合生成硫酸铵。用浓氢氧化钠溶液中和硫酸铵，生成氢氧化铵，加热又分解为氨，氨用硼酸吸收后，再用盐酸或硫酸标准溶液滴定生成的铵盐，根据标准酸的消耗量乘以蛋白质换算系数，可以得出蛋白质含量。

为了加速有机物质的分解反应，在消化时常加入促进剂，硫酸铜可用作催化剂，硫酸钾或硫酸钠可提高消化液的沸点，氧化剂如过氧化氢也能加速反应。

1. 有机物中的氮在强热和 $CuSO_4$、浓 H_2SO_4 作用下，消化生成 $(NH_4)_2SO_4$，反应式为

$$2NH_2(CH_2)_2COOH + 13H_2SO_4 \xrightarrow{\triangle} (NH_4)_2SO_4 + 6CO_2\uparrow + 12SO_2\uparrow + 16H_2\uparrow$$

2. 在凯氏定氮器中与碱作用，通过蒸馏释放出 NH_3，收集于 H_3BO_3 溶液中，反应式为

$$(NH_4)_2SO_4 + 2NaOH \xrightarrow{\triangle} 2NH_3\uparrow + 2H_2O + Na_2SO_4$$

$$2NH_3 + 4H_3BO_3 =\!=\!= (NH_4)_2B_4O_7 + 5H_2O$$

3. 用已知浓度的 HCl 标准溶液滴定，根据 HCl 消耗的量计算出氮的含量，然后乘以相应的换算因子，即得蛋白质的含量，反应式为

$$(NH_4)_2B_4O_7 + 2HCl + 5H_2O =\!=\!= 2NH_4Cl + 4H_3BO_3$$

三、实验仪器与试剂

1. 仪器

微量凯氏定氮蒸馏装置，如图3-3所示。

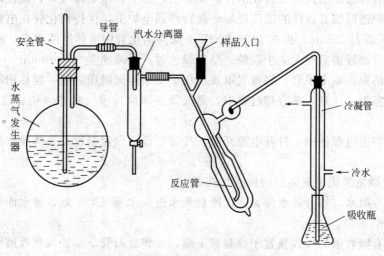

图3-3 微量凯氏定氮蒸馏装置

分析天平（0.0001g、0.01g）、药匙、研钵、容量瓶（50mL）、称量瓶、干燥器、玻璃棒、量筒（10mL）、移液管、吸量管（1mL、2mL）、小口瓶、锥形瓶（50～250mL）、酸式滴定管（25mL或10mL）、凯氏烧瓶、圆底烧瓶、电炉、石棉网、洗耳球、胶管、玻璃管、

弹簧夹、铁架台、冷凝管、蝴蝶夹、滴管、棕色广口瓶、橡胶手套、粗纱手套、铁环、漏斗、HYP-1020二十孔消化炉、改良凯氏定氮装置、40目分样筛等。

2. 试剂

（1）4％硼酸吸收液　20g硼酸（分析纯）溶解于500mL热水中，即得4％硼酸水溶液（质量/体积），摇匀备用。

（2）甲基红-溴甲酚绿混合指示剂　5份0.2％溴甲酚绿95％乙醇溶液与1份0.2％甲基红乙醇溶液混合（临用时混合，存于棕色瓶中）。

（3）40％氢氧化钠溶液　40g化学纯氢氧化钠溶于蒸馏水中溶成100mL，配成40％水溶液（质量/体积）。

（4）浓硫酸　化学纯（含量98％、无氮）。

（5）加速剂　硫酸铜（$CuSO_4·5H_2O$）与硫酸钾以1：7（质量比）的配比混合，研磨成粉末，仔细混匀，过40目筛。

（6）0.01000mol/L盐酸标准溶液　4.2mL分析纯盐酸，注入1000mL蒸馏水，碳酸钠法标定盐酸

（7）标准硫酸铵溶液（0.3mg氮/mL）。

四、实验步骤

1. 样品的处理。准确称取半固体样品2～5g，液体样品2～5mL，精确至0.0001g，干净无损地小心移入清洗洁净的消化管中，加入加速剂5～16g及浓硫酸8～25mL，供进入消化炉用。同时做空白试剂。

2. 样品消化操作步骤

（1）在已经精密称取了样品的凯氏烧瓶中，加入加速剂5～16g，再加入浓硫酸8～25mL。

（2）将装有样品的凯氏烧瓶放在消化炉支架上，套上并压下毒气罩，锁住两面拉钩。

（3）把支架连同装有试样的凯氏烧瓶一起转移到电炉上，保持消化管在电炉中心，设定温度，先300℃保持20min，再在420～500℃下保持消化管中液体连续沸腾，沸酸在瓶颈部下冷凝回流。待溶液消煮至无微小碳粒、呈蓝绿色时，继续消煮30～40min。

（4）消化结束，戴上手套，将毒气罩及消化炉支架连同凯氏烧瓶一同移回消化炉支架托座上，冷却至室温。注意，在冷却过程中，毒气罩必须保持吸气状态（切忌放入水中冷却）防止废气溢出。

接通消化炉上电源插座，打开电源开关，按需要设定预置温度。具体操作按照仪器操作说明进行。

3. 改良式微量凯氏定氮装置的检查与洗涤

（1）接通冷凝水，打开进水弹簧夹，使自来水进入水蒸气发生器，待水面稍低于球颈部转弯处即可（图3-4）。

（2）将装有吸收液的吸收瓶置于冷凝管下端，并将冷凝管下端插入吸收液中。

（3）打开进样弹簧夹，将样品溶液由进样漏斗注入到蒸馏室中，用少量水冲洗进样漏斗，加入氢氧化钠，立即夹紧进样弹簧夹，并用少量水将漏斗密封。

（4）夹紧废液排出口的弹簧夹，加热将水蒸气发生器内的水煮沸，从蒸馏室内溶液沸腾开始计时，蒸馏10min，移动吸收瓶，使冷凝管下端离开液面，再继续蒸馏1min。然后用少量蒸馏水冲洗冷凝管下端外部。

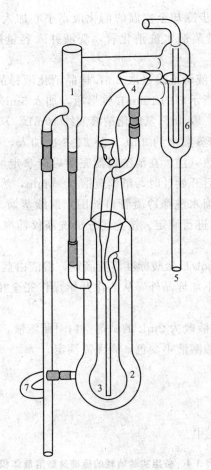

图 3-4 改良式微量凯氏定氮蒸馏仪
1—安全连接管；2—水蒸气发生器；3—蒸馏室；4—进样漏斗；5—吸收瓶；6—指形冷凝管；7—排液管

(5) 移去火源后，蒸馏室内的溶液立即流入到水蒸气发生器内，打开排废液弹簧夹，经排液管排出。

(6) 再向水蒸气发生器内加入自来水，并将装有蒸馏水的锥形瓶（吸收瓶）置于冷凝管下端，并将冷凝管下端插入蒸馏水中，加热至水蒸气发生器内水沸腾，移去火源，锥形瓶内蒸馏水即被吸入蒸馏室内，再逆流到水蒸气发生器内，打开排废液弹簧夹，经排液管排出。如此反复洗涤 2~3 次。指示剂不变色为止。

4. 标准品的蒸馏和滴定练习（标准硫酸铵溶液，0.3mg 氮/mL）。仪器洗好后，取一100mL 锥形瓶，加入 5~10mL 的 4% 硼酸吸收液（加有混合指示剂 1~3d，显淡葡萄紫色），并使冷凝管下端的玻璃管口插入硼酸溶液中，旋松弹簧夹，用 2mL 移液管准确向蒸馏室中加入 2mL 硫酸铵溶液，将弹簧夹放回。向玻璃杯中加入 40%NaOH 溶液 8mL，旋松弹簧夹，使 NaOH 溶液缓慢地放入反应室中，并留少量液体做水封。点燃酒精灯加热，等锥形瓶中的硼酸溶液由紫红色转变为鲜绿色后开始计时，继续蒸馏 3min，然后移动锥形瓶使液面离开冷凝管口约 1cm，继续蒸馏 1min。并用少量蒸馏水洗涤冷凝管口外围，移去锥形瓶。立即用 0.01000mol/L 盐酸标准溶液进行滴定，如果用滴定结果计算出的标准硫酸铵中的氮含量接近于 0.3mg/mL，则说明整个实验操作过程正确，可以进行下一步的样品蒸馏测定。

5. 样品蒸馏测定。取上步冷却至室温的消化液，小心加入 20mL 的蒸馏水，无损失移入 100mL 容量瓶中，用少量蒸馏水洗消化管，洗液并入容量瓶中，并定容至刻度，混匀备用。

仪器洗好后，用 2mL 移液管准确量取 2mL 样品消化液样品至加样口，加入蒸馏室中，关闭加样口，另取一装硼酸指示剂的 100mL 锥形瓶，加入 5mL 硼酸溶液，并使冷凝管下端的玻璃管口插入硼酸溶液中，取 40% 氢氧化钠溶液约 10mL，从加样口缓慢加入，当未加完时关闭（留水作液封），并加蒸馏水约 3mL，分 2、3 次加入，留少量水作液封。将加热器重新放在水蒸气发生器下加热（注：在清洗仪器完毕后应拿走加热器），待锥形瓶中的硼酸溶液由紫红色转变为鲜绿色后开始计时，继续蒸馏 3～5min，然后移动锥形瓶使液面离开冷凝管口约 1cm，并用少量蒸馏水洗涤冷凝管口外围，继续蒸馏 1min，移去锥形瓶。立即用 0.01000mol/L 盐酸标准溶液进行滴定。按上述方法洗涤仪器准备下一次蒸馏。重复蒸馏和滴定三次。

样品滴定：以 0.01000mol/L 盐酸标准溶液滴定，溶液由蓝绿色变为灰紫色为终点。

同时作一空白实验（除不加样品外，从消化开始操作完全相同），记录空白实验盐酸溶液用量。

将 2mL 消化好的样品溶液改为 2mL 的试剂空白对照溶液，同上操作，重复三组。空白测量中，如果锥形瓶中的硼酸溶液不变色，则无需滴定。

五、实验结果与计算

1. 实验数据记录

将实验结果记录在表 3-4 中。

表 3-4 各组实验消耗的标准盐酸溶液体积   单位：mL

项目	第一次	第二次	第三次	平均值
样品				
空白				
标准硫酸铵				
计算结果分析				

2. 计算公式

$$X = \frac{(V_1 - V_2)C \times 0.0140}{\frac{m}{100} \times 2} F \times 100\%$$

式中，X——样品蛋白质含量，g/100g；V_1——样品滴定消耗盐酸标准溶液体积，mL；V_2——空白滴定消耗盐酸标准溶液体积，mL；C——盐酸标准滴定溶液浓度，mol/L；0.0140——1.0mL 盐酸 $[c(HCl) = 1.000\text{mol/L}]$ 标准滴定溶液相当的氮的质量，g；m——样品的质量，g；F——氮换算为蛋白质的系数，一般食物为 6.25，乳制品为 6.38，面粉为 5.70，高粱为 6.24，花生为 5.46，米为 5.95，大豆及其制品为 5.71，肉与肉制品为 6.25，大麦、小米、燕麦、裸麦为 5.83，芝麻、向日葵 5.30。

计算结果保留三位有效数字。

六、注意事项

凯氏定氮法的注意事项及说明如下。

1. 凯氏定氮法的优点是适用范围广，可用于食品及动植物的各种组织和器官等组成复杂样品的测定，只要细心操作都能得到精确的结果。其缺点是操作比较复杂，含有大量碱性氨基酸的蛋白质测定结果偏高。样品应是均匀的，固体样品应预先研细混匀，液体样品应振摇或搅拌均匀。

2. 消化时，若样品含糖高或含脂较多时，注意控制加热温度，以免大量泡沫喷出凯氏烧瓶，造成样品损失。可加入少量辛醇或液体石蜡，或硅消泡剂减少泡沫产生。

3. 注意消化用的玻璃管轻拿轻放，不要打破。消化前应注意旋转消化玻璃管（凯氏烧瓶），将附在瓶壁上的碳粒冲下，对样品彻底消化。若样品不易消化至澄清透明，可将凯氏烧瓶中溶液冷却，加入数滴过氧化氢后，再继续加热消化至完全。

4. 硼酸吸收液的温度不应超过 40℃，否则氨吸收减弱，造成检测结果偏低。可把接收瓶置于冷水浴中。

5. 在重复性条件下获得两次独立测定结果的绝对差值不得超过算术平均值的 10%。

6. 样品放入消化玻璃管内时，不要沾附颈上，万一沾附可用少量水冲下，以免被检样消化不完全，结果偏低。消化时如不容易呈透明溶液，可将消化玻璃管放冷后，慢慢加入 30% 过氧化氢 2~3mL，促使氧化。

7. 如硫酸缺少，过多的硫酸钾会引起氨的损失，这样会形成硫酸氢钾，而不与氨作用，因此当硫酸被过多消耗或样品中脂肪含量过高时，要增加硫酸的量。

8. 加入硫酸钾的作用是为增加溶液的沸点；硫酸铜为催化剂，硫酸铜在蒸馏时作碱性反应的指示剂。

9. 混合指示剂在碱性溶液中呈绿色，在中性溶液中呈灰色，在酸性溶液中呈红色。如果没有溴甲酚绿，可单独使用 0.1% 甲基红乙醇溶液。

10. 氨是否完全蒸馏出来，可用 pH 试纸检测馏出液是否为碱性。普通实验室的空气中常含有少量的氨，会影响结果，所以操作应在单独洁净的房间中进行，并尽可能快地对硼酸吸收液进行滴定。

11. 以硼酸为氨的吸收液，可省去标定碱液的操作，且硼酸的体积要求并不严格，亦可免去用移液管，操作比较简便。

12. 向蒸馏瓶中加入浓碱时，往往出现褐色沉淀物，这是由于分解促进碱与加入的硫酸铜反应，生成氢氧化铜，经加热后又分解生成氧化铜的沉淀。有时铜离子与氨作用，生成深蓝色的结合物 $[Cu(NH_3)_4]^{2+}$。

13. 蒸馏前，必须检查蒸馏装置各个连接处，保证不漏气。在蒸馏时，蒸汽发生要均匀充足，蒸馏过程中不得停火断汽，否则将发生倒吸。

14. 加碱要足量，操作要迅速。漏斗应采用水封措施，以免氨逸出而损失。

七、思考题

1. 凯氏定氮法测定蛋白质的原理及操作过程是什么？

2. 蒸馏时为什么要加入氢氧化钠溶液？加入量对测定结果有何影响？
3. 实验操作过程中，影响测定准确性的因素有哪些？

实验十　氨基酸总量的测定

方法1　甲醛滴定法

一、实验目的

1. 了解甲醛滴定法测定氨基酸总量的原理。
2. 熟练使用pH计，初步掌握操作要点。

二、实验原理

氨基酸含有酸性的—COOH，也含有碱性的—NH_2。它们互相作用使氨基酸成为中性的内盐。加入甲醛溶液时，—NH_2与甲醛结合，其碱性消失。这样就可以用碱来滴定—COOH，并用间接的方法测定氨基酸的含量。用碱完全中和—COOH时的pH值约为8.5～9.5，可以利用pH计来指示终点。

水溶液中的氨基酸为兼性离子，因而不能直接用碱滴定氨基酸的羧基。甲醛可与氨基酸上的NH_3^+结合，形成—NH—CH_2OH、—N(CH_2—OH$)_2$等羟甲基衍生物，使NH_3^+上的H^+游离出来，这样就可以用碱滴定NH_3^+放出H^+，测出氨基氮，从而计算氨基酸的含量。

若样品中只含有单一的已知氨基酸，则可由此法滴定的结果算出氨基酸的含量。若样品中含有多种氨基酸（如蛋白质水解液），则不能由此法算出氨基酸的含量。利用甲醛滴定法可以用来测定蛋白质的水解程度。随着蛋白质水解程度的增加，滴定值也增加，当蛋白质水解完成后，滴定值不再增加。

脯氨酸与甲醛作用后，生成的化合物不稳定，导致滴定结果偏低；酪氨酸含酚基结构，导致滴定结果偏高。

三、实验仪器与试剂

1. 仪器

pH计、复合玻璃电极、磁力搅拌器等。

2. 试剂

(1) 0.5%酚酞乙醇溶液　称0.5g酚酞溶于100mL 60%乙醇溶液中。
(2) 0.05%溴麝香草酚蓝溶液　取0.05g溴麝香草酚蓝溶于100mL 20%乙醇溶液中。
(3) 1%甘氨酸溶液　取1g甘氨酸溶于100mL蒸馏水。
(4) 0.05mol/L氢氧化钠标准溶液。
(5) 20%中性甲醛溶液　取甲醛溶液50mL，加0.5%酚酞指示剂约3mL，滴加0.1mol/L氢氧化钠溶液，使溶液呈微粉红色，临用前中和。

四、实验步骤

吸取含氨基酸约20mg的样品溶液于100mL容量瓶中，加水至标线，混匀后吸取

20.0mL 置于 200mL 烧杯中，加水 60mL，开动磁力搅拌器，用 0.05mol/L 氢氧化钠标准溶液滴定至 pH 计指示 pH 为 8.2，记录消耗的氢氧化钠标准溶液的体积。加入 10.0mL 甲醛溶液，混匀。再用 0.05mol/L 的氢氧化钠标准溶液继续滴定至 pH 为 9.2，记录消耗氢氧化钠标准溶液的体积（V_1）。同时取 80mL 蒸馏水置于另一 200mL 烧杯中，先用 0.05mol/L 氢氧化钠标准溶液滴至 pH 为 8.2（此时不记碱耗量），再加入 10.0mL 甲醛溶液，混匀。用 0.05mol/L 的氢氧化钠标准溶液继续滴定至 pH 为 9.2，作为空白实验。记录消耗氢氧化钠标准溶液的体积（V_2）。取平均值，计算甘氨酸氨基氮的回收率。

取 3 只 100mL 锥形瓶，按表 3-5 加入试剂。混匀后用标准 0.100mol/L 氢氧化钠溶液滴定至紫色。记录氢氧化钠溶液的用量，取平均值，计算每毫升甘氨酸溶液中含有氨基氮的质量（mg）。

表 3-5 加入试剂列表

试剂 \ 锥形瓶编号	样品 1	样品 2	空白
1% 甘氨酸溶液或样品/mL	2.0	2.0	
蒸馏水/mL	5.0	5.0	7.0
20% 中性甲醛溶液/mL	5.0	5.0	5.0
0.05% 溴麝香草酚蓝溶液/滴	2	2	2
0.5% 酚酞乙醇溶液/滴	4	4	4

五、实验结果与计算

$$氨基酸态氮/\% = \frac{(V_1-V_2)C \times 0.014}{m \times 20/100} \times 100\%$$

式中，V_1——样品稀释液在加入甲醛后滴定至终点（pH 9.2）所消耗的氢氧化钠标准溶液的体积，mL；V_2——空白实验在加入甲醛后滴定至终点（pH 9.2）所消耗的氢氧化钠标准溶液的体积，mL；C——氢氧化钠标准溶液的浓度，mol/L；m——测定用样品溶液相当于样品的质量，g；0.014——氮的毫摩尔质量，mg/mol。

六、思考题

1. 哪些因素会影响测定结果？
2. 甲醛法测定氨基酸含量的原理是什么？
3. 为什么氢氧化钠溶液滴定氨基酸的 NH_3^+ 上的 H^+，不能用一般的酸碱指示剂？

方法 2 茚三酮法

一、实验目的

掌握茚三酮法测定氨基酸总量的方法。

二、实验原理

氨基酸在碱性溶液中能与茚三酮作用，生成蓝紫色化合物（除脯氨酸外均有此反应），

可用吸光光度法测定，反应式如下

茚三酮　　　　　水合茚三酮　　　　　还原茚三酮

还原茚三酮　　水合茚三酮　　　　　蓝紫色化合物

该蓝紫色化合物的颜色深浅与氨基酸含量成正比，其最大吸收波长为570nm，故据此可以测定样品中氨基酸含量。

三、实验仪器与试剂

1. 仪器

分光光度计等。

2. 试剂

（1）2%茚三酮溶液　称取茚三酮1g于盛有35mL热水的烧杯中使其溶解，加入40mg氯化亚锡（$SnCl_2 \cdot H_2O$），搅拌过滤（作防腐剂）。滤液置冷暗处过夜，加水至50mL，摇匀备用。

（2）pH 8.04 磷酸缓冲溶液　准确称取磷酸二氢钾（KH_2PO_4）4.5350g于烧杯中，用少量蒸馏水溶解后，定量转入500mL容量瓶中，用水稀释至标线，摇匀备用。

准确称取磷酸氢二钠（Na_2HPO_4）11.9380g于烧杯中，用少量蒸馏水溶解后，定量转入500mL容量瓶中，用水稀释至标线，摇匀备用。

取上述配好的磷酸二氢钾溶液10.0mL与190mL磷酸氢二钠溶液混合均匀即为pH 8.04的磷酸缓冲溶液。

（3）氨基酸标准溶液　准确称取干燥的氨基酸（如异亮氨酸）0.2000g于烧杯中，先用少量水溶解后，定量转入100mL容量瓶中，用水稀释至标线，摇匀。准确吸取此溶液10.0mL于100mL容量瓶中，加水至标线，摇匀。此为200μg/mL氨基酸标准溶液。

四、实验步骤

1. 标准曲线绘制

准确吸取200μg/mL的氨基酸标准溶液0.0mL、0.5mL、1.0mL、1.5mL、2.0mL、2.5mL、3.0mL（相当于0μg、100μg、200μg、300μg、400μg、500μg、600μg氨基酸），分别置于25mL容量瓶或比色管中，各加水补充至体积为4.0mL，然后加入2%茚三酮溶液和磷酸缓冲溶液各1mL，混合均匀，于水浴上加热15min，取出迅速冷至室温，加水至标线，摇匀。静置15min后，在570nm波长下，以空白试剂为参比液测定其余各溶液的吸光度A。以氨基酸的质量（μg）为横坐标，吸光度A为纵坐标，绘制标准曲线。

2. 样品的测定

吸取澄清的样品溶液 1~4mL，按标准曲线绘制步骤，在相同条件下测定溶液的吸光度 A，用测得的 A 值在标准曲线上即可查得对应的氨基酸质量（μg）。

五、实验结果与计算

$$氨基酸含量(\mu g/100g)=c/m\times 1000\times 100\%$$

式中，c——从标准曲线上查得的氨基酸的质量，μg；m——样品溶液相当于样品的质量，g。

六、注意事项

1. 通常采用样品处理方法：准确称取粉碎样品 5~10g 或吸取液体样品 5~10mL，置于烧杯中，加入 50mL 蒸馏水和 5g 左右活性炭，加热煮沸，过滤，用 30~40mL 热水洗涤活性炭，收集滤液于 100mL 容量瓶中，加水至标线，摇匀备测。

2. 茚三酮受阳光、空气、温度、湿度等影响而被氧化呈淡红色或深红色，使用前须进行纯化，方法如下：

取 10g 茚三酮溶于 40mL 热水中，加入 1g 活性炭，振摇 1min，静置 30min，过滤。将滤液放入冰箱中过夜，即出现蓝紫色结晶，过滤，用 2mL 冷水洗涤结晶，置干燥器中干燥，装瓶备用。

七、思考题

1. 哪些因素会影响测定结果？
2. 甲醛法、茚三酮法测定氨基酸含量，哪一个测定结果更精确？

实验十一　维生素 C 含量的测定

方法 1　2,6-二氯靛酚染色法

一、实验目的

1. 了解测定维生素 C 的意义。
2. 掌握测定维生素 C 的方法和原理。

二、实验原理

还原型维生素 C 可以还原 2,6-二氯靛酚染料。该染料在酸性介质中呈浅红色，被还原后红色消失。还原型维生素 C 还原染料后，本身被氧化成脱氢抗坏血酸。在无杂质干扰时，一定量的样品提取液还原染料的量与样品中所含还原型抗坏血酸的量成正比，根据染料用量就可计算样品中还原型抗坏血酸含量。

三、实验仪器与试剂

1. 仪器

高速组织捣碎机、分析天平等。

2. 试剂

(1) 1%草酸溶液　称取10g草酸（$C_2H_2O_4 \cdot 2H_2O$）溶解于水并稀释至1L。

(2) 2%草酸溶液　称取20g草酸溶解于水并稀释至1L。

(3) 1%淀粉溶液　称1g淀粉溶解于100mL水中加热煮沸，边加热边搅拌。

(4) 6%碘化钾溶液　称6g碘化钾溶解于100mL水中。

(5) 0.001mol/L碘酸钾标准溶液　精确称取干燥的碘酸钾0.3567g，用水稀释至100mL，取出1mL，用水稀释至100mL，此溶液1mL相当于抗坏血酸0.088mg。

(6) 抗坏血酸标准溶液　准确称取20mg抗坏血酸，溶于1%草酸中并定容至100mL，置冰箱中保存。用时取出5mL，置于50mL容量瓶中，用1%草酸溶液定容，配成0.02mg/mL的标准使用液。

标定。吸取标准使用液5mL于锥形瓶中，加入6%的碘化钾溶液0.5mL，1%淀粉溶液3滴，再以0.001mol/L碘酸钾标准溶液滴定，滴定终点为淡蓝色。

计算

$$C = \frac{V_1 \times 0.088}{V_2}$$

式中，C——抗坏血酸标准溶液的浓度，mg/mL；V_1——滴定时消耗0.001mol/L碘酸钾标准溶液的体积，mL；V_2——滴定时所取抗坏血酸标准溶液的体积，mL；0.088——1mL 0.001mol/L碘酸钾标准溶液相当于抗坏血酸的量，mg/mL。

(7) 2,6-二氯靛酚钠溶液　称取52mg碳酸氢钠（$NaHCO_3$）溶解在200mL沸水中，然后再称取50mg 2,6-二氯靛酚钠溶于上述碳酸氢钠溶液中。冷却，保存在冰箱中过夜。次日过滤于250mL棕色容量瓶中，定容。

标定。吸取5mL抗坏血酸标准溶液，加1%草酸溶液5mL，摇匀，用2,6-二氯靛酚钠溶液滴定至溶液呈粉红色且15s不褪色为止。

$$T = \frac{CV_1}{V_2}$$

式中，T——每毫升2,6-二氯靛酚钠溶液相当于抗坏血酸的质量，mg/mL；C——抗坏酸的浓度，mg/mL；V_1——抗坏血酸标准溶液的体积，mL；V_2——消耗2,6-二氯靛酚钠的体积，mL。

四、实验步骤

1. 样液制备

(1) 鲜样制备　称100g鲜样，放入高速组织捣碎机中，加2%草酸100mL迅速捣成匀浆。取10～40g匀浆，用2%草酸定容至100mL容量瓶中，（若有泡沫可加入2滴辛醇除去），摇匀放置10min过滤。若滤液有颜色，可按每克样品加0.4g白陶土脱色后再过滤。

(2) 多汁果蔬样品制备　榨汁后，用棉花快速过滤，直接量取10～20mL汁液（含抗坏血酸1～5mg），立即用2%草酸浸提剂定容至100mL，待测。

2. 测定

吸取5mL或10mL滤液于100mL锥形瓶中，用已标定过的2,6-二氯靛酚钠溶液滴定，直到溶液呈粉红色15s不褪色为止。同时做空白实验。

五、实验结果与计算

$$X/\% = \frac{T(V-V_0)}{m} \times 100\%$$

式中，X——样品中维生素 C 的含量，mg/100g；V——滴定样液时消耗染料溶液的体积，mL；V_0——滴定空白时消耗染料溶液的体积，mL；T——1mL 染料溶液相当于抗坏血酸溶液的量，mg/mL；m——滴定时所取滤液中含有样品的质量，g。

六、注意事项

1. 本方法适用于水果、蔬菜及其加工制品中还原型抗坏血酸的测定（不含二价铁、二价锡、二价铜、亚硫酸盐或硫代硫酸盐）。
2. 动物性样品须用 10％三氯醋酸代替草酸溶液提取。
3. 2,6-二氯靛酚钠溶液应贮于棕色瓶中冷藏，每星期应标定一次。

方法 2 碘滴定法

一、实验目的

掌握碘滴定法测定食品中维生素 C 的方法。

二、实验原理

维生素 C 也称抗坏血酸，它具有较强的还原性，对光敏感，氧化后的产物称为脱氢抗坏血酸，仍然具有生理活性。进一步水解则生成 2,3-二酮古洛糖醛酸，失去生理作用。在食品中，这三种形式均有存在，但主要是还原性抗坏血酸与脱氢抗坏血酸。它们在人体中的生理效应大体相等。因此，许多国家的食品成分表中均以这两种成分的总量来表示食品中维生素 C 的总含量。维生素 C 广泛存在于植物组织中，在新鲜的水果、蔬菜，特别是枣、辣椒、苦瓜、柿子叶、猕猴桃、柑橘等食品中含量尤为丰富。另外，作为与食品品质相关成分的测定，目的在于评价栽培、收获、流通、加工等各阶段中的品质变化，此时需要分别求出还原性抗坏血酸和脱氢抗坏血酸的含量与二者之间的比例。

利用 2,6-二氯靛酚滴定法或碘滴定法可以测定还原性抗坏血酸的含量，利用荧光法或 2,4-二硝基苯肼可以测定样品中维生素 C 的总含量。

还原性维生素 C（抗坏血酸）的测定是利用碘和还原性维生素 C 反应，根据消耗的碘的量，可以计算出被测物质中还原性维生素 C 的含量。

其反应如下

抗坏血酸 + I_2 → 脱氢抗坏血酸 + HI

用本方法只能测定还原性维生素 C，不能测定脱氢抗坏血酸及结合态抗坏血酸，这是本法的缺点。

三、实验仪器与试剂

1. 仪器

研钵、滴定管、容量瓶等。

2. 试剂

8％HAc溶液、0.2％淀粉溶液、待标定的标准碘溶液、标准硫代硫酸钠溶液、1％硫酸铜溶液等。

四、实验步骤

1. 样品中维生素C的提取

准备称取20g左右辣椒或者猕猴桃放入研钵中，分次加入10mL 8％HAc溶液，边加边研磨（为增加研磨效果，可在研钵中加入一小勺清洁的砂子），直至研碎为止。将提取液用脱脂棉滤入250mL容量瓶中（尽量不将固形物倒进漏斗），研钵中固形物再加10mL 8％HAc溶液如前法提取，共提取三次。最后一次将残渣全部移到漏斗中，并用少量醋酸溶液冲洗漏斗、玻璃棒、研钵，各次提取液和洗液均滤入同一容量瓶中，用8％HAc溶液稀释至刻度，摇匀。提取液如有颜色妨碍滴定终点观察时，须用吸附剂脱色。每10mL溶液中加约5g陶土，于250mL锥形瓶中摇2min，过滤，取清液进行滴定。对于辣椒样品，若做好过滤操作，滤液应为澄清透明。

2. 标准碘溶液的标定

吸取硫代硫酸钠（$Na_2S_2O_3$）标准溶液25.00mL，置于250mL锥形瓶中，加入25mL水、5mL 0.2％淀粉溶液（做指示剂），用待标定的标准碘溶液滴定至溶液恰呈稳定的蓝色，即为终点。平行三次，计算标准碘溶液的浓度。

3. 维生素C含量的测定

（1）准确吸取提取液25.00mL放入250mL锥形瓶中，加0.2％淀粉溶液5mL，用已标定的碘溶液滴定至稳定的蓝色即为终点。记下消耗的I_2的体积。平行三次。

（2）空白实验　另取提取液10mL放入另一锥形瓶中，加1mL 1％硫酸铜溶液，补充10mL水防止蒸干，放在电热板上在110℃加热沸腾1～5min（破坏维生素C），冷却后加入0.2％淀粉溶液5mL，用已标定的标准碘溶液滴定。

五、实验结果与计算

$$维生素 C/(mg/100g) = \frac{(V-V_0)CM}{W} \times 100\%$$

式中，V——滴定样品用去的标准碘溶液的体积，mL；V_0——空白实验用去的标准碘溶液的体积，mL；C——标准碘溶液的浓度，mol/L；M——维生素C的分子量；W——称取样品质量，g。

六、注意事项

1. 样品中维生素C也可用2％草酸作提取剂，但考虑草酸与醋酸相比，毒性大些，故用醋酸。2％草酸和8％醋酸可抑制抗坏血酸氧化酶。

2. 维生素C在空气中及碱性环境中容易被氧化，故操作过程尽可能快，取样后应迅速浸于2～3mL的醋酸中，以免维生素C被氧化损失。

3. 做空白实验时，维生素C的破坏须彻底。

4. 标准碘溶液放在滴定管中太久，因挥发浓度会降低，故须随用随取。

5. 过滤操作要准确，过滤前先润湿脱脂棉，令其紧贴漏斗。过滤时，一次倒液不能太多。

6. 因抗坏血酸与去氢抗坏血酸二者之间是可逆的氧化还原反应，如需要测定二者的总量，可通入硫化氢气体将去氢抗坏血酸还原，再通入二氧化碳除去硫化氢后按上述方式操作，或者采用2,4-二硝基苯肼法、荧光法测定维生素C的总量。

七、思考题

1. 维生素C提取过程中，加入草酸/硼砂的目的是什么？
2. 两种方法测定的维生素C有何不同？

实验十二　氯化钠的测定

方法1　硝酸银滴定法

一、实验目的

1. 了解Cl^-或NaCl含量测定的原理。
2. 掌握NaCl含量测定的方法。

二、实验原理

在中性溶液中，用硝酸银标准溶液滴定样品中的Cl^-，生成难溶于水的氯化银沉淀。当溶液中的Cl^-完全作用后，稍过量的硝酸银即与铬酸钾指示剂反应，生成橘红色的铬酸银沉淀，由硝酸银标准溶液的消耗量计算出Cl^-的含量。

三、实验仪器与试剂

1. 仪器

10mL微量滴定管等。

2. 试剂

5%铬酸钾指示剂、1%氢氧化钠溶液、1%酚酞指示剂、5%碳酸钠溶液、硝酸溶液（1+4）、硝酸溶液（1+9）、0.5%荧光黄乙醇溶液（荧光黄指示液）、浓硝酸等。

其他试剂：

(1) 0.5%淀粉指示剂　称取0.5g可溶性淀粉，加入5mL水，搅匀后缓缓倾入95mL沸水中，随加随搅拌，煮沸2min，放冷，稀释至100mL备用。

(2) 0.1mol/L硝酸银标准溶液　称取17.5g硝酸银，加入适量水使之溶解，并稀释至1000mL，混匀，避光保存。

① 标定　精密称取约 0.2g 在 270℃ 干燥至恒量的基准氯化钠,加入 50mL 水使之溶解。加入 5mL 0.5% 淀粉指示剂,边摇动边用硝酸银标准溶液避光滴定,近滴定终点时加入 3 滴荧光黄指示液,继续滴定至混浊液由黄色变为粉红色。

② 计算

$$C(AgNO_3) = \frac{m}{V \times 0.05844}$$

式中,C——硝酸银标准溶液的浓度,mol/L;m——基准氯化钠的质量,g;V——硝酸银溶液的用量,mL;0.05844——与 1.00mL 硝酸银标准溶液相当的氯化钠的质量。

四、实验步骤

1. 样品处理

(1) 干灰化法　称取样品 5g,置于铂坩埚中,用 20mL 碳酸钠溶液润湿。然后蒸干、炭化,在 ≤500℃ 的温度下充分灼烧。用热水提取、过滤、洗涤,滤液及洗液均收集于 100mL 容量瓶中。残渣转入铂坩埚中,再行灼烧。以硝酸溶液（1+4）溶解灰分,过滤、充分洗涤,洗液合并于容量瓶中,用水定容至刻度。

为避免一部分氯挥发散失,在允许的情况下,样品可直接用水提取。如蔬菜类及其罐头制品,可按总酸测定的方法准备滤液。

(2) 湿法消化　准确称取样品 5g,置于凯氏烧瓶中,加入浓硝酸 20mL,加热消化至溶液澄清透明,冷却后用硝酸溶液（1+9）定容至 100mL,静置,上层清液备用。

2. 酱油类样品制备

准确吸取 5mL 样品,置于 100mL 容量瓶中,加水至刻度,混匀。

3. 样品测定

准确吸取适量样品（酱油稀释液取 2mL）,置于烧杯中,加水至 100mL。若试液为酸性,则加入酚酞指示剂 1~2 滴,用氢氧化钠中和。加入铬酸钾指示剂 1mL,混匀。用 0.1mol/L 硝酸银标准溶液滴定至溶液出现橘红色即为终点。量取 100mL 蒸馏水,同时做试剂空白实验。

五、实验结果与计算

$$X_1 = \frac{(V_1 - V_0)C \times 0.03545}{mu} \times 100$$

$$X_2 = \frac{(V_1 - V_0)C \times 0.05845}{mu} \times 100$$

式中,X_1——样品中氯的质量分数,%（或质量浓度 g/100mL）;X_2——样品中氯化钠的质量分数,%（或质量浓度 g/100mL）;V_1——试样消耗硝酸银标准溶液的体积,mL;V_0——空白试剂消耗硝酸银标准溶液的体积,mL;C——硝酸银标准溶液的浓度,mol/L;m——样品质量（或体积）,g（或 mL）;u——分取倍数,即测定用样液体积/样液总体积。

六、注意事项

1. 本方法测定的酸度范围为 pH 值 6.3~10,当样品溶液的 pH 值过高或过低时,应先用酸或碱调节,再进行滴定。

2. 由于滴定时生成的氯化银沉淀容易吸附溶液中的 Cl^-,使溶液中的 Cl^- 浓度降低,终点提前到达，故滴定时必须剧烈摇动，使被吸附的 Cl^- 释放出来以减少误差。

3. 不能在含有氨或其他能与 Ag^+ 生成配合物的物质的存在下进行滴定，以免 AgCl 和铬酸银的溶解度增大而影响测定结果。

方法 2 电位滴定法

一、实验目的

1. 了解 Cl^- 或 NaCl 含量测定的原理。
2. 掌握电位滴定法测定 NaCl 含量的方法。

二、实验原理

经酸消化后的样品溶液，插入银电极和饱和甘汞电极组成工作电池，在磁力搅拌器的搅拌下，用硝酸银标准溶液滴定溶液中的 Cl^-。绘制与滴定量相对应的电位变化曲线（$E\text{-}V$ 曲线），所得曲线的拐点即为滴定终点。由硝酸银标准溶液的用量和浓度可计算出样品中氯的含量。

三、实验仪器与试剂

1. 仪器

自动电位滴定仪、银电极（指示电极）、饱和甘汞电极（参比电极）等。

2. 试剂

硝酸银标准溶液 $[c(AgNO_3) = 0.05\text{mol/L}]$ 等。

四、实验步骤

1. 样品处理

同硝酸银滴定法。

2. 样品测定

准确吸取样品清液 20mL 于小烧杯中，加水 20mL，硝酸溶液（1+9）50mL。插入电极，开动搅拌器。用硝酸银标准溶液以适宜的速度进行滴定，记录加入硝酸银的体积 V（mL）和相应的电动势 $E(V)$ 的数据，绘制 $E\text{-}V$ 曲线。滴定终点通过图解法从电位滴定曲线上确定。

五、实验结果与计算

$$Cl^-/\% = \frac{CV \times 0.03545}{mu} \times 100\%$$

$$NaCl/\% = \frac{CV \times 0.05845}{mu} \times 100\%$$

式中，C——硝酸银标准溶液的浓度，mol/L；V——硝酸银标准溶液的用量，mL；m——样品质量，g；u——分取倍数，即测定用样液体积/样液总体积；0.03545——与 1.00mol 硝酸银标准溶液相当的氯离子的质量；0.05845——与 1.00mol 硝酸银标准溶液相当的氯化钠的质量。

六、注意事项

1. 滴定开始时，每次所加滴定剂的体积可以多些，但在计量点附近时，每加 0.1～0.2mL 滴定剂就要测定一次电位值。

2. 确定滴定终点的方法

（1）如果滴定曲线对称而且电位突跃部分陡直，可直接由电位突跃的中点确定滴定终点。

（2）如果电位突跃不陡又不对称，则可绘制一次微商曲线，即 $\Delta E/\Delta V$-V 曲线，曲线的最高点对应于滴定终点，但有一定的误差。如果做二次微商曲线，以二次微商等于零的一点作为滴定终点就更为准确。

七、思考题

1. 哪些因素对硝酸银滴定法测定氯化钠的结果有影响？如何避免？
2. 硝酸银滴定法测定氯化钠时，滴定时需要剧烈摇动吗？为什么？

实验十三　碘含量的测定

一、实验目的

1. 了解碘含量测定的原理。
2. 掌握氯仿萃取比色法测定碘含量的方法。

二、实验原理

样品在碱性条件下灰化，碘被有机物还原成碘离子，碘离子与碱金属离子结合成碘化物，该化合物不会因高温灰化而使碘升华。碘化物在酸性条件下被重铬酸钾氧化析出游离碘，碘溶于氯仿后呈粉红色，根据颜色的深浅比色测定碘的含量。

三、实验仪器与试剂

1. 仪器

分光光度计、烘箱、烧杯、容量瓶等。

2. 试剂

10mol/L KOH 溶液、0.02mol/L 重铬酸钾溶液、浓硫酸、氯仿等。

碘标准溶液：称取 0.1308g 105℃ 烘干 1h 的碘化钾于烧杯中，加少量水溶解，移入 1000mL 容量瓶中，加水定容至刻度，此溶液含碘 100μg/mL，使用时稀释成 10μg/mL。

四、实验步骤

1. 样品处理

将样品调成匀浆状，称取 2～4g 于坩埚中，加入 10mol/L KOH 溶液 5mL，先在烘箱中烘干后，移入高温炉中于 600℃ 灰化呈白色灰烬。取出冷却后加水 10mL，加热溶解，并过滤到 50mL 容量瓶中，再用 30mL 热水分次洗涤过滤于 50mL 容量瓶中，用水定容至刻度。

2. 标准曲线绘制

准确吸取 10μg/mL 碘标准液 0.0mL、2.0mL、4.0mL、6.0mL、8.0mL、10.0mL 分别置于 125mL 分液漏斗中，加水至 40mL，再加入浓硫酸 2.0mL，0.02mol/L 重铬酸钾溶液 15mL，摇匀后静置 30min，加入氯仿 10mL，振摇 1min，静置分层后用棉花将氯仿层过滤至 1cm 比色皿中，用分光光度计于 510nm 波长处测定吸光度，并绘制标准曲线。

3. 样品测定

根据样品含碘量的高低，吸取一定量样液置于 125mL 分液漏斗中，以下步骤同标准曲线绘制，测定样液吸光度，在标准曲线上查出相应的碘含量。

五、实验结果与计算

$$碘含量/(\mu g/100g) = \frac{CV_0}{mV} \times 100\%$$

式中，C——在标准曲线上查得的测定用样液中的碘质量，μg；V——测定时吸取样液的体积，mL；V_0——样液总体积，mL；m——样品质量，kg。

六、注意事项

1. 样品灰化后一定要以热水分数次洗涤并过滤，以避免碘的损失。
2. 吸取样液量要合适，保证其吸光度值尽量在标准曲线内。

七、思考题

1. 样品在什么条件下灰化，碘才能被有机物还原成碘离子？
2. 为什么样品灰化后一定要以热水分数次洗涤并过滤？

实验十四 硒的测定

一、实验目的

1. 了解荧光法测定硒的原理。
2. 掌握硒测定方法。

二、实验原理

样品经混合酸消化后，硒化合物被氧化为四价无机硒（Se^{4+}），与 2,3-二氨基萘（2,3-Diaminonaphthalene，DAN）反应生成 4,5-苯并芘硒脑，其荧光强度与硒的浓度在一定条件下成正比。用环己烷萃取后于激发波长 376nm、520nm 处测定荧光强度，与绘制的标准曲线比较定量。

三、实验仪器与试剂

1. 仪器

荧光分光光度计等。

2. 试剂

环己烷、硝酸、高氯酸、盐酸、氢溴酸、盐酸溶液（1+9）、氨水（1+1）、10%盐酸羟胺溶液、混合酸（硝酸-高氯酸）（2+1）。

其他试剂：

(1) 去硒硫酸（5+95） 取5mL去硒硫酸，加于95mL水中。

(2) 去硒硫酸 取200mL硫酸，加于200mL水中，再加30mL氢溴酸，混匀，置沙浴上加热蒸去硒与水至出现浓白烟，此时体积应为200mL。

(3) 0.2mol/L EDTA 溶液 称取37g EDTA二钠盐，加水并加热溶解，冷却后稀释至500mL。

(4) 2,3-二氨基萘（1g/L，需在暗室中配制） 称取200mg DAN（纯度95%～98%）于一具塞锥形瓶中，加0.1mol/L盐酸溶液200mL，振摇15min使其全部溶解。加40mL环己烷，继续振摇5min，将此液转入分液漏斗中，待溶液分层后，弃去环己烷层，收集DAN层溶液。如此用环己烷纯化DAN直至环己烷中的荧光数值降至最低时为止（纯化次数视DAN纯度不同而定，一般约需纯化3～4次）。将提纯后的DAN贮存于棕色瓶内，约加1cm厚的环己烷覆盖溶液表面。置冰箱内保存。

(5) 硒标准贮备液 精确称取100.0mg元素硒（光谱纯），溶于少量硝酸中，加2mL高氯酸，置沸水浴中加热3～4h，冷却后加入8.4mL盐酸，再置沸水浴中加热2min，准确稀释至1000mL。此贮备液的浓度为100μg/mL。

(6) 硒标准使用液 将标准贮备液用0.1mol/L盐酸稀释至含硒0.05μg/mL，于冰箱内保存。

(7) 0.02%甲酚红指示剂 称取50mg甲酚红溶于水中，加氨水（1+1）1滴，待甲酚红完全溶解后加水稀释至250mL。

(8) EDTA混合液 取0.2mol/L EDTA和盐酸羟胺溶液各5mL，混匀后再加甲酚红指示剂5mL，用水稀释至1L。

四、实验步骤

1. 样品处理及消化

(1) 粮食 样品用水洗三次，60℃烘干，用不锈钢磨磨成粉，贮于塑料瓶中，放一小包樟脑精，密封保存，备用。

(2) 蔬菜及其他植物性食物 取可食部分用水冲洗三次后用纱布吸去水滴，用不锈钢刀切碎，取混合均匀的样品于60℃烘干，称量、粉碎，备用。

(3) 称取0.5～2.0g样品（含硒量0.01～0.5μg）于磨口锥形瓶内，加10mL去硒硫酸，样品润湿后，再加20mL混合酸放置过夜。次日于沙浴上逐渐加热，当激烈反应发生后（此时溶液变无色），继续加热至产生白烟，溶液逐渐变为淡黄色即为终点。

2. 测定

于样品消化液中加20mL EDTA混合液，用氨水（1+1）或盐酸调至溶液呈淡红橙色（pH值为1.5～2.0）。以下步骤在暗室中进行：加3mL DAN试剂，混匀，置沸水浴中加热5min，取出立即冷却，加3mL环己烷，振摇4min，将全部溶液移入分液漏斗中，待分层后弃去水层，环己烷层转入具塞试管中，小心勿使环己烷中混入水滴，于激发波长376nm、发射波长520nm处测定苯硒脑的荧光强度。

3. 标准曲线的绘制

准确吸取硒标准使用液 0mL、0.2mL、1.0mL、2.0mL、4.0mL，加水至 5mL，按样品测定步骤进行操作，硒含量在 $0.5\mu g$ 以下时荧光强度与硒含量呈线性关系。在常规测定样品时，每次只需做空白试剂及与样品含硒量相近的标准管（双份）即可。

五、实验结果与计算

$$X = \frac{C-B}{A-B} S \frac{1}{m}$$

式中，X——样品中硒的含量，$\mu g/g$；A——标准管荧光读数；B——空白管荧光读数；C——样品管荧光读数；S——标准管硒含量，μg；m——样品质量，g。

六、思考题

1. 湿法消化样品的优缺点有哪些？
2. 加入 DAN 试剂的作用是什么？

实验十五　亚硝酸盐的测定

一、实验目的

1. 了解盐酸萘乙二胺法测定亚硝酸盐的原理和意义。
2. 掌握亚硝酸盐测定的方法。

二、实验原理

亚硝酸盐在酸性条件下，与对氨基苯磺酸发生重氮化反应生成重氮盐，此重氮盐再与盐酸萘乙二胺发生偶合反应，生成紫红色偶氮化合物。其颜色深浅与亚硝酸含量成正比，故可比色测定。

三、实验仪器与试剂

1. 仪器

分光光度计、组织捣碎机等。

2. 试剂

（1）饱和硼砂溶液　5g 硼酸钠（$Na_2B_4O_7 \cdot 10H_2O$）溶于 100mL 热的重蒸水中，冷却备用。

（2）亚铁氰化钾溶液　称取 106g 亚铁氰化钾溶于水，并稀释至 1000mL。

（3）乙酸锌溶液　称取 220g 乙酸锌，加 30mL 冰醋酸溶于水，并稀释至 1000mL。

（4）果蔬抽提液　溶解 50g 氯化汞和 50g 氯化钡于 1000mL 重蒸水中，用浓盐酸调整 pH 值为 1。

（5）氢氧化铝乳液　溶解 125g 硫酸铝于 1000mL 重蒸水中，滴加氨水使氢氧化铝全部沉淀（使溶液呈微碱性）。用蒸馏水反复洗涤，真空抽滤，直至洗液分别用氯化钡、硝酸银溶液检验不发生混浊。取下沉淀物，加适量重蒸水使之呈薄糊状，搅拌均匀备用。

(6) 0.4%对氨基苯磺酸溶液 称取0.4g对氨基苯磺酸,溶于100mL 20%的盐酸溶液中,避光保存。

(7) 0.2%盐酸萘乙二胺溶液 称取0.2g盐酸萘乙二胺,溶于100mL重蒸水中。

(8) 亚硝酸钠标准溶液(5μg/mL) 精确称取0.1000g亚硝酸钠(优级纯),以重蒸水定容到500mL。再吸取此溶液25mL于1000mL容量瓶,以重蒸水定容到1000mL,此溶液每毫升含亚硝酸钠5μg。

四、实验步骤

1. 样品处理

(1) 肉制品(红烧肉类除外) 称取经搅拌混合均匀的样品5g于50mL烧杯中,加入饱和硼砂溶液12.5mL,以玻璃棒搅拌,然后以70℃左右的重蒸水300mL,将其冲洗入500mL容量瓶中,置沸水浴中加热15min,取出,加入5mL亚铁氰化钾溶液,摇匀,再加5mL乙酸锌溶液,以沉淀蛋白质。冷却到室温后用重蒸水定容到刻度,摇匀,放置片刻,除去上层脂肪,清液用滤纸过滤,滤液必须清澈,供测定用。

(2) 果蔬类产品 样品用组织捣碎机打浆。称取适量浆液(视试样中硝酸盐含量而定,如青刀豆取10g,桃子、菠萝取30g),置于500mL容量瓶中。加200mL水,摇匀,再加100mL果蔬抽提液(如滤液有白色悬浮液,可适当减少)。振摇1h,加2.5mol/L氢氧化钠溶液40mL,用重蒸水定容后立即过滤。然后取60mL滤液于100mL容量瓶中,加氢氧化铝乳液至刻度。用滤纸过滤,滤液应无色透明。

2. 亚硝酸钠标准曲线的绘制

精确吸取亚硝酸钠标准溶液(5μg/mL) 0.0mL、0.2mL、0.4mL、0.6mL、0.8mL、1.0mL、1.5mL、2.0mL、2.5mL(各含0μg、1μg、2μg、3μg、4μg、5μg、7.5μg、10μg、12.5μg亚硝酸钠)于一组50mL容量瓶中,各加水至25mL,分别加2mL 0.4%对氨基苯磺酸溶液,摇匀。静置3~5min后,加入1mL 0.2%盐酸萘乙二胺溶液,并用重蒸水定容到50mL,摇匀,静置15min后,用20mm比色皿,在540nm波长下测定吸光度,以蒸馏水为空白。以测得的各比色液的吸光度对应的亚硝酸浓度作曲线。

3. 亚硝酸盐的测定

取40mL待测样液于50mL容量瓶中,加2mL 0.4%对氨基苯磺酸溶液,摇匀。静置3~5min后,加入1mL 0.2%盐酸萘乙二胺溶液,比色测定,记录吸光度。从标准曲线上查得相应的亚硝酸钠浓度(μg/mL),计算试样中亚硝酸盐(以亚硝酸钠计)的含量。

五、实验结果与计算

1. 肉制品中亚硝酸盐含量

$$肉制品中亚硝酸盐含量/(mg/kg) = \frac{X \times \frac{1}{1000} \times 1000}{m \times \frac{40}{500} \times \frac{1}{50}}$$

式中,X——测得的吸光度值在标准曲线上对应的亚硝酸钠质量浓度,μg/mL;m——样品质量,g。

2. 红烧肉、果蔬类产品中亚硝酸盐含量

$$红烧肉、果蔬类产品中亚硝酸盐含量/(mg/kg) = \frac{X \times \frac{1}{1000} \times 1000}{m \times \frac{60}{500} \times \frac{40}{100} \times \frac{1}{50}}$$

式中，X——测得的吸光度值在标准曲线上对应的亚硝酸钠质量浓度，$\mu g/mL$；m——样品质量，g。

六、思考题

1. 样品处理时，添加硼酸的作用是什么？
2. 在取样过滤后为什么要对亚硝酸盐立即进行测定？

实验十六　多酚类物质总量的测定

一、实验目的

1. 了解多酚类物质测定的原理。
2. 掌握多酚类物质测定的方法。

二、实验原理

过量酒石酸铁在茶多酚溶液中与茶多酚反应生成稳定的紫褐色络合物，溶液颜色的深浅与溶液中茶多酚的含量成正比。因此可通过比色法定量测定茶多酚。研究表明，以儿茶酚作为测定标准物可以较好代表茶多酚，一般可用儿茶酚来制作标准曲线。

三、实验仪器与试剂

1. 仪器
分光光度计、水浴锅、容量瓶、移液管、分析天平、锥形瓶、滴瓶等。
2. 试剂
(1) 酒石酸铁溶液　称取硫酸亚铁（$FeSO_4 \cdot 7H_2O$）1g 和含 4 个结晶水的酒石酸钾钠 5g，混合后加蒸馏水溶解，定容到 1000mL。
(2) pH 7.5 的磷酸盐缓冲液　称取磷酸氢二钠（$Na_2HPO_4 \cdot 12H_2O$）60.2g 和磷酸二氢钠（$NaH_2PO_4 \cdot 2H_2O$）5.00g，混合后加蒸馏水溶解，定容到 1000mL。

四、实验步骤

1. 样品试液制备
准确称取磨碎并混匀的茶叶样品 1g 于 200mL 锥形瓶中，加入沸水 80mL，在沸水浴中保温浸提 30min，然后过滤、洗涤，滤液和洗涤液合并转入 100mL 容量瓶中，冷却后加蒸馏水定容。

2. 测定
吸取样品试液 1mL 置于 25mL 容量瓶中，加入蒸馏水 4mL 和酒石酸铁溶液 5mL，摇匀，再加入 pH 7.5 的磷酸盐缓冲液稀释至刻度，以蒸馏水代替样品试液，加入同样的试剂作空白实验，选择 540nm 波长和 0.5cm 的比色杯测定吸光度。

五、实验结果与计算

$$茶多酚含量/\% = \frac{A \times 7.826 \times T}{1000 \times Vm} \times 100\%$$

式中，A——样品试液的吸光度；T——样品试液的总量，mL；V——测定时吸取的样品试液量，mL；m——称取茶叶样品的质量，g。

六、注意事项

1. 磷酸盐缓冲液在常温下易发霉，应当冷藏。
2. 酒石酸铁比色法是测定多酚物质总量的方法之一，并被认为是测定茶多酚精度较高的方法，这种方法也可适用于含有儿茶酚和无色花色素结构的多酚类物质的其他食品。酒石酸铁与单酚、二酚和三酚络合产物的颜色随着酚羟基的增加而加深，使测定结果偏高，可根据各种食品中多酚物质的种类选择合适的标准物质制作标准曲线，以克服这种误差。

七、思考题

1. 该方法测定的多酚物质的结果会偏高还是偏低？为什么？如何避免？
2. 磷酸盐缓冲液最好是现配现用，或者冷藏，为什么？

实验十七　黄酮类化合物含量的测定

一、实验目的

1. 了解总黄酮类化合物含量测定的原理。
2. 掌握总黄酮类化合物含量测定的方法。

二、实验原理

总黄酮类化合物可溶于甲醇而不溶于乙醚，以乙醚去除样品中的脂溶性杂质，再用甲醇提取样品中黄酮类化合物。黄酮类化合物与铝离子可生成有色络合物。该络合物在 500nm 波长下光吸收强度较强，吸收强度与络合物浓度成正比。本实验用维生素 P 作为总黄酮类化合物的标准物。

三、实验仪器与试剂

1. 仪器

紫外-可见光分光光度计、干样粉碎机、索氏提取器等。

2. 试剂

甲醇、5%亚硝酸钠溶液、乙醚、10%硝酸铝溶液、维生素 P、4%氢氧化钠溶液等。

四、实验步骤

1. 标准曲线绘制

准确称取在120℃、0.06MPa条件下干燥至恒量的黄酮标准样品（维生素P）200mg置于100mL容量瓶中，加入少许甲醇，在通风柜中略加热溶解，冷却后用甲醇定容、混匀。取10mL此溶液置于100mL容量瓶中，用蒸馏水定容、混匀。

取上述稀释液0.0mL、1.0mL、2.0mL、3.0mL、4.0mL、5.0mL、6.0mL分别置于25mL容量瓶中。各加入5%亚硝酸钠溶液1mL，混匀，于室温下静置6min，各加入10%硝酸铝溶液1mL，混匀后于室温下静置6min，各加入4%氢氧化钠溶液10mL，用蒸馏水定容，静置15min。

以第一瓶溶液为空白，其余在500nm波长下测定其吸光度，以质量浓度（mg/mL）为横坐标、吸光度为纵坐标，制作标准曲线。

2. 样液制备

鲜植物组织在45℃、0.06MPa条件下干燥至恒量，用干样粉碎机粉碎，准确称取约1g干样粉末，置于索氏提取器中，加入60mL乙醚，45℃回流至样品无色，冷却至室温，弃去乙醚，加入60mL甲醇，在80℃回流至提取液无色，冷却至室温。将甲醇提取液置于100mL容量瓶中，用甲醇定容，混匀后吸取10mL，置于100mL容量瓶中，用蒸馏水定容。

3. 总黄酮类化合物含量的测定

取上述样液3mL于25mL容量瓶后，剩余步骤与标准曲线绘制的实验步骤相同。

五、实验结果与计算

$$总黄酮类化合物含量/\% = \frac{Y \times 100 \times \frac{100}{10} \times \frac{25}{3}}{m \times 1000} \times 100\%$$

式中，Y——从标准曲线上获得的与样品吸光度对应的黄酮类化合物含量，g/mL；m——样品质量，g。

六、注意事项

1. 黄酮类化合物对光敏感，故在所有操作过程中应尽量避光。
2. 不同pH值条件下的黄酮溶液的颜色会有差异。

七、思考题

1. 为什么黄酮类化合物的测定过程应尽量避光？
2. 不同pH值条件下的黄酮溶液的颜色有差异吗？为什么？

实验十八　膳食纤维含量的测定

一、实验目的

1. 了解膳食纤维的概念和分类。

2. 掌握膳食纤维含量的测定方法。

二、实验原理

干燥试样经热稳定α-淀粉酶、蛋白酶和葡萄糖苷酶酶解消化去除蛋白质和淀粉后，经乙醇沉淀、抽滤，残渣用乙醇和丙酮洗涤，干燥称量，即为总膳食纤维（Total Dietany Fiber，TDF）残渣。另取干燥试样同样酶解，直接抽滤并用热水洗涤，残渣干燥称量，即得不溶性膳食纤维（Insoluble Dietany Fiber，IDF）残渣；滤液用1倍体积的乙醇沉淀、抽滤、干燥称量，得可溶性膳食纤维（Soluble Dietany Fiber，SDF）残渣。扣除各类膳食纤维中相应的蛋白质、灰分和试剂空白含量，即可计算出试样中总的、不溶性和可溶性膳食纤维含量。

测定的 TDF 为不能被α-淀粉酶、蛋白酶和葡萄糖苷酶酶解的碳水化合物聚合物，包括 IDF 和能被乙醇沉淀的高分子量的 SDF，如纤维素、半纤维素、木质素、果胶、部分回生淀粉及其他非淀粉多糖和美拉德反应产物等；不包括低分子量（聚合度3~12）的可溶性膳食纤维，如低聚果糖、低聚半乳糖、聚葡萄糖、抗性麦芽糊精以及抗性淀粉等。

三、实验仪器与试剂

1. 仪器

高脚烧杯、坩埚、真空抽滤装置、恒温振荡水浴箱、分析天平、马弗炉、烘箱（130℃±3℃）、干燥器（二氧化硅或同等的干燥剂）、pH 计、真空干燥箱、筛板（孔径0.3~0.5mm）等。

2. 试剂

78%乙醇、95%乙醇、丙酮、石油醚、重铬酸钾、0.05mol/L MES-TRIS 缓冲液、乙酸、盐酸、硫酸、氢氧化钠、热稳定α-淀粉酶、硅藻土等。

四、实验步骤

1. 试样制备

根据水分含量、脂肪含量和糖含量进行适当的处理及干燥，并粉碎、混匀过筛进行试样处理。

（1）脂肪含量<10%的试样　若试样水分含量较低（<10%），取试样直接反复粉碎至完全过筛。混匀，待用。若试样水分含量较高（≥10%），试样混匀后，称取适量试样（不少于50g），置于（70±1）℃真空干燥箱内干燥至恒重。将干燥后试样转至干燥器中，待试样温度降到室温后称量（mL）。根据干燥前后试样质量，计算试样质量损失因子。干燥后试样反复粉碎至完全过筛，置于干燥器中待用。若试样不宜加热，也可采取冷冻干燥法。

（2）脂肪含量≥10%的试样　需经脱脂处理。称取适量试样（不少于50g），置于漏斗中，按每克试样加入25mL石油醚的比例进行冲洗，连续3次。脱脂后将试样混匀再按上述操作进行干燥、称量，记录脱脂、干燥后试样质量损失因子。试样反复粉碎至完全过筛，置于干燥器中待用。

若试样脂肪含量未知，按先脱脂再干燥粉碎方法处理。

（3）糖含量≥5%的试样　需经脱糖处理。称取适量试样（不少于50g），置于漏斗中，按每克试样用95%乙醇溶液10mL的比例冲洗，弃乙醇溶液，连续3次。脱糖后将试样置于40℃烘箱内干燥过夜，称量（mL），记录脱糖、干燥后试样质量损失因子。试样反复粉碎至完全过筛，置于干燥器中待用。

2. 酶解

准确称取双份试样，约 1g（精确至 0.1mg），双份试样质量差 0.005g。将试样转置于 100~600mL 高脚烧杯中，加入 0.05mol/L MES-TRIS 缓冲液 40mL，用磁力搅拌直至试样完全分散在缓冲液中。同时制备两个空白样液与试样液进行同步操作，用于校正试剂对测定的影响。搅拌要均匀，避免试样结成团块，以防止试样在酶解过程中不能与酶充分接触。

（1）热稳定 α-淀粉酶酶解 向试样液中分别加入 50μL 热稳定 α-淀粉酶液缓慢搅拌，加盖铝箔，置于 95~100℃ 恒温振荡水浴箱中持续振摇，当温度升至 95℃ 开始计时，通常反应 35min。将烧杯取出，冷却至 60℃，打开铝箔盖，用刮勺轻轻将附着于烧杯内壁的环状物以及烧杯底部的胶状物刮下，用 10mL 水冲洗烧杯壁和刮勺。

如试样中抗性淀粉含量较高（>40%），可延长热稳定 α-淀粉酶酶解时间至 90min，如必要也可另加入 10mL 二甲亚砜帮助淀粉分散。

（2）蛋白酶酶解 将试样液置于（60±1）℃水浴中，向每个烧杯加入 100μL 蛋白酶溶液，盖上铝箔盖，开始计时，持续振摇，反应 30min。打开铝箔盖，边搅拌边加入 5mL 3mol/L 乙酸溶液，控制试样温度保持在（60±1）℃。用 1mol/L 氢氧化钠溶液或 1mol/L 盐酸溶液调节试样液 pH 至 1.5±0.2。

应在（60±1）℃时调 pH，因为温度降低会使 pH 升高。同时注意进行空白样液的 pH 测定，保证空白样液和试样液的 pH 一致。

（3）淀粉葡萄糖苷酶酶解 边搅拌边加入 100μL 淀粉葡萄糖苷酶液，盖上铝箔盖，继续于（60±1）℃水浴中持续振摇，反应 30min。

3. 膳食纤维含量测定

（1）TDF 的测定

① 沉淀 向每份试样酶解液中，按乙醇与试样液体积比 4:1 的比例加入预热至（60±1）℃的 95% 乙醇（预热后体积约为 225mL），取出烧杯，盖上铝箔盖，于室温条件下沉淀 1h。

② 抽滤 取已加入硅藻土并干燥称量的坩埚，用 15mL 78% 乙醇润湿硅藻土并展平，接上真空抽滤装置，抽去乙醇使坩埚中硅藻土平铺于滤板上。将试样乙醇沉淀液转移入坩埚中抽滤，用刮勺和 78% 乙醇将高脚烧杯中所有残渣转至坩埚中。

③ 洗涤 分别用 78% 乙醇 15mL 洗涤残渣 2 次，用 95% 乙醇 15mL 洗涤残渣 2 次，丙酮 15mL 洗涤残渣 2 次，抽滤去除洗涤液后，将坩埚连同残渣在 105℃ 烘干过夜。将坩埚置干燥器中冷却 1h，称量（包括处理后增坩质量及残渣质量），精确至 0.1mg。减去处理后坩埚质量，计算试样残渣质量。

④ 蛋白质和灰分的测定 取 2 份试样残渣中的 1 份按 GB 5009.5—2016《食品安全国家标准》食品中蛋白质的测定测定氮含量，以 6.25 为换算系数，计算蛋白质质量；另 1 份试样测定灰分，即在马弗炉中，525℃ 灰化 5h，于干燥器中冷却，精确称量坩埚总质量（精确至 0.1mg，减去处理后坩埚质量，计算灰分质量）。

（2）IDF 的测定 按上述方法称取试样、酶解。

抽滤洗涤：取已处理的坩埚，用 3mL 水润湿硅藻土并展平，抽去水分使坩埚中硅藻土平铺于滤板上。将试样酶解液全部转移至坩埚中抽滤，残渣用 70℃ 热水 10mL 洗涤 2 次，收集并合并滤液，转移至另一 600mL 高脚烧杯中，备测可溶性膳食纤维。残渣按上述方法洗涤、干燥、称量，记录残渣质量。

按上述方法测定蛋白质和灰分。

(3) SDF 的测定

① 计算滤液体积　收集不溶性膳食纤维抽滤产生的滤液，至已预先称量的 600mL 高脚烧杯中，通过称量"烧杯+滤液"总质量，扣除烧杯质量的方法估算滤液体积。

② 沉淀　按滤液体积加入 1 倍量预热至 60℃ 的 95％乙醇，室温下沉淀 1h。剩余测定按总膳食纤维测定步骤进行。

五、实验结果与计算

TDF、IDF、SDF 均按式(3-1)～式(3-4)计算。

试剂空白质量按式(3-1)计算

$$mB = mBR - mBP - mBA \tag{3-1}$$

式中，mB——试剂空白质量，g；mBR——双份试剂空白残渣质量均值，g；mBP——试剂空白残渣中蛋白质质量，g；mBA——试剂空白残渣中灰分质量，g。

试样中膳食纤维的含量按式(3-2)～式(3-4)计算

$$mR = mGR - mG \tag{3-2}$$

$$X = \frac{m\overline{R} - mP - mA - mB}{mf} \tag{3-3}$$

$$f = \frac{mC}{mD} \tag{3-4}$$

式中，mR——试样残渣质量，g；mGR——处理后坩埚质量及残渣质量，g；mG——处理后坩埚质量，g；X——试样中膳食纤维的含量，g/100g；$m\overline{R}$——双份试样残渣质量均值，g；mP——试样残渣中蛋白质质量，g；mA——试样残渣中灰分质量，g；mB——试剂空白质量，g；m——双份试样取样质量均值，g；f——试样制备时因干燥、脱脂、脱糖导致质量变化的校正因子；mC——试样制备前质量，g；mD——试样制备后质量，g。

如果试样没有经过干燥、脱脂、脱糖等处理，$f=1$。

TDF 质量的测定可以按照"TDF 测定"进行独立检测，也可分别按照"IDF 测定"和"SDF 测定"测定 IDF 和 SDF，根据公式 TDF = IDF + SDF 计算。

当试样中添加了抗性淀粉、抗性麦芽糊精、低聚果糖、低聚半乳糖、聚葡萄糖等符合膳食纤维定义却无法通过酶质量法检出的成分时，宜采用适宜方法测定相应的单体成分。

六、思考题

1. 哪些食物中的膳食纤维含量比较高？膳食纤维有哪几种？
2. 测定的总膳食纤维中，含有哪些成分？

第二部分　食品加工与贮藏中的分析检测

实验一　食品水分活度的测定

方法 1　用水分活度测定仪检测

一、实验目的

1. 了解食品中水分存在的状态及水分活度对食品保存性的影响。

2. 掌握水分活度测定仪的使用方法。
3. 掌握利用水分活度测定仪测定食品水分活度的方法。

二、实验原理

食品中的水可分为结合水和自由水。自由水能被微生物所利用，结合水则不能。食品中水分含量，不能说明这些水是否都能被微生物所利用，对食品的生产和保藏均缺乏科学的指导作用；而水分活度则反映食品与水的亲和能力大小，表示食品中所含的水分作为生物化学反应和微生物生长的可用价值。

水分活度近似地表示为在某一温度下溶液中水蒸气分压与纯水蒸气压之比。拉乌尔定律（Raoult's Law）指出，当溶质溶于水时，水分子与溶质分子变成定向关系从而减少水分子从液相进入气相的逸度，使溶液的蒸气压降低，稀溶液蒸气压降低度与溶质的摩尔分数成正比。水分活度也可用平衡时大气的相对湿度（Equilibrium Relative Humidity，ERH）来计算。故水分活度（A_w）可用下式表示

$$A_w = p/p_o = n_o/n_1 + n_o = ERH/100$$

式中，p——样品中水的分压；p_o——相同温度下纯水的蒸气压；n_o——水的物质的量；n_1——溶液的物质的量；ERH——样品周围大气的平衡相对湿度，%。

水分活度测定仪主要是在一定温度下利用仪器装置中的湿敏元件，根据食品中水蒸气压力的变化，从仪器表头上读出指针所示的水分活度。

三、实验仪器与试剂

1. 仪器
SJN5021型水分活度测定仪（无锡江宁机械厂）。
2. 试剂
（1）材料　苹果等水果块、市售蜜饯、面包、饼干等。
（2）其他试剂　氯化钡饱和溶液等。

四、实验步骤

当所用的水分活度测定仪不同时，按照仪器说明书进行操作。
1. 将等量的纯水及捣碎的样品（约2g）迅速放入测试盒，拧紧盖子密封，并通过转接电缆插入"纯水"及"样品"插孔。固体样品应碾碎成米粒大小，并摊平在盒底。
2. 把稳压电源输出插头插入"外接电源"插孔（如果不外接电源，则可使用直流电），打开电源开关，预热15min，如果显示屏上出现"E"，表示溢出，按"清零"按钮。
3. 调节"校正Ⅱ"电位器，使显示为100.00±0.05。
4. 按下"活度"开关，调节"校正Ⅰ"电位器，使显示为1.000±0.001。
5. 等测试盒内平衡半小时后（若室温低于25℃，则需平衡50min），按下相应的"样品测定"开关，即可读出样品的水分活度（A_w）值（读数时，取小数点后面三位数）。
6. 测量相对湿度时，将"活度"开关复位，然后按下相应"样品测定"开关，显示的数值即为所测空间的相对湿度。
7. 关机，清洗并吹干测试盒，放入干燥剂，盖上盖子，拧紧密封。

五、注意事项

1. 在测定前，仪器一般用标准溶液进行校正。

下面是几种常用盐饱和溶液在25℃时水分活度的理论值（如果不符，要更换湿敏元件）：

氯化钡（$BaCl_2 \cdot 2H_2O$）　　　0.901；

溴化钾（KBr）　　　　　　　　0.842；

氯化钾（KCl）　　　　　　　　0.807；

氯化钠（NaCl）　　　　　　　　0.752；

硝酸钠（$NaNO_3$）　　　　　　0.737。

2. 环境不同，应对理论值进行修正。不同温度下水分活度的校正数如表 3-6 所示。

3. 测定时切勿使湿敏元件沾上样品盒内样品。

4. 本仪器应避免测量含二氧化硫、氨气、酸和碱等腐蚀性样品。

5. 每次测量时间不应超过 1h。

表 3-6　不同温度下水分活度的校正数

温度/℃	校正数	温度/℃	校正数
15	−0.010	21	+0.002
16	−0.008	22	+0.004
17	−0.006	23	+0.006
18	−0.004	24	+0.008
19	−0.002	25	+0.010
20	±0.00		

方法 2　直接测定法测定食品水分活度

一、实验目的

掌握利用直接测定法测定食品水分活度的方法。

二、实验原理

食品的水分活度除了用水分活度测定仪直接测定，从仪表上读出水分活度外，还可采用坐标内插法来测定。这种方法并不需要特殊的仪器装置，可将一系列已知水分活度的标准溶液与仪器试样一起放入密闭的容器中，在恒温下放置一段时间，测定食品试样质量的增减，根据增减值绘出曲线图，从图上查出食品质量不变值，这个不变值就是该食品试样的水分活度 Aw。

三、实验仪器与试剂

1. 仪器：水分活度测定仪、康维容器（图 3-5）。

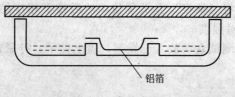

图 3-5　康维容器

2. 试剂

（1）材料 苹果块、饼干。

（2）其他试剂 标准饱和盐溶液，其标准饱和盐溶液的 A_W 值见表 3-7。

表 3-7 标准饱和盐溶液的 A_W 值

标准饱和盐溶液	A_W	标准饱和盐溶液	A_W
LiCl	0.11	$NaBr \cdot 2H_2O$	0.58
CH_3COOK	0.23	NaCl	0.75
$MgCl_2 \cdot 6H_2O$	0.33	KBr	0.83
K_2CO_3	0.43	$BaCl_2$	0.90
$Mg(NO_3)_2 \cdot 6H_2O$	0.52	$Pb(NO_2)_3$	0.97

四、实验步骤

1. 在康维容器（图 3-5）的外室放置标准饱和盐溶液，在内室的铝箔皿中加入 1g 左右的食品试样，试样先用分析天平称重，精确至 mg，记录初读数。

2. 在玻璃盖涂上真空脂密封，放入恒温箱，在 25℃保持 2h，准确称量试样，以后每半小时称一次，至恒重为止，算出试样的增减质量。

3. 若试样的 A_W 值大于标准饱和盐溶液的 A_W 值，则试样减重；反之则试样质量增加。因此要选择 3 种以上标准饱和盐溶液与试样一起分别进行实验，得出试样与各种标准饱和盐溶液平衡时质量的增减量。

4. 在坐标纸上以每克食品试样增减的质量（mg）为纵坐标，以水分活度 A_W 为横坐标作图，图 3-6 中，A 点是试样与 $MgCl_2 \cdot 6H_2O$ 标准饱和溶液平衡后质量减少 20.2mg/g 试样，B 点是试样与 $Mg(NO_3)_2 \cdot 6H_2O$ 标准饱和溶液平衡后质量减少 5.2mg/g 试样，C 点是试样与 NaCl 标准饱和溶液平衡后质量增加 9.8mg/g 试样，而这三种标准饱和溶液的 A_W 值分别为 0.33、0.52 和 0.75。把这三点连成一线，与横坐标相交于 D 点，D 点即为该试样的水分活度，A_W 值为 0.60。

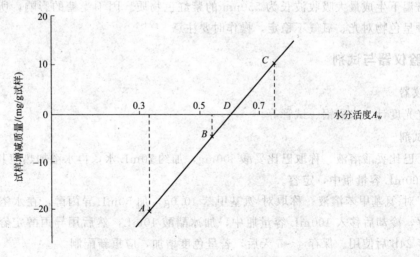

图 3-6 试样质量的增减与水分活度的关系

五、注意事项

1. 注意试样称重的精确度，否则会造成测定误差。
2. 预先估计试样 A_W 值的范围，以便正确地选用标准饱和盐溶液。
3. 若食品试样中含有酒精等易溶于水又具有挥发性的物质，则难以准确测定其 A_W 值。

六、思考题

1. 水分活度的测定有哪些方法？
2. 哪些因素会影响水分活度的测定结果？

实验二 美拉德反应初始阶段的测定

一、实验目的

1. 了解影响美拉德反应的因素。
2. 掌握美拉德反应中间产物 5-羟甲基糠醛（5-HMF）的测定方法。

二、实验原理

美拉德反应即蛋白质、氨基酸或胺与碳水化合物之间的相互作用。美拉德反应开始，以无紫外吸收的无色溶液为特征。随着反应的不断进行，溶液变成黄色，在近紫外区吸收增大，同时还有少量糖脱水变成 5-羟甲基糠醛（5-HMF），以及发生键断裂形成二羰基化合物和色素的初产物，最后生成类黑精色素。本实验利用模拟实验，即葡萄糖与甘氨酸在一定 pH 缓冲液中加热反应，一定时间后测定 5-HMF 的含量和在波长为 285nm 处的紫外吸光度。

5-HMF 的测定方法是根据 5-HMF 与对-氨基甲苯和巴比妥酸在酸性条件下的呈色反应，此反应常温下生成最大吸收波长为 550nm 的紫红色物质。因不受糖的影响，所以可直接测定。这种呈色物对光、氧气不稳定，操作时要注意。

三、实验仪器与试剂

1. 仪器

分光光度计、水浴锅、试管等。

2. 试剂

（1）巴比妥酸溶液　称取巴比妥酸 500mg，加约 70mL 水，再水浴加热使其溶解，冷却后转入 100mL 容量瓶中，定容。

（2）对-氨基甲苯溶液　称取对-氨基甲苯 10.0g，加 50mL 异丙醇，在水浴中慢慢加热使其溶解，冷却后移入 100mL 容量瓶中，加冰醋酸 10mL，然后用异丙醇定容。溶液置于暗处保存 24h 后使用。保存 4～5 天后，若呈色度增加，应重新配制。

（3）1mol/L 葡萄糖溶液。

（4）0.1mol/L 甘氨酸溶液。

四、实验步骤

1. 取 5 支试管,分别加入 5mL 1.0mol/L 葡萄糖溶液和 0.1mol/L 甘氨酸溶液,编号为 A_1、A_2、A_3、A_4、A_5。A_2 和 A_4 调 pH 到 9.0,A_5 加亚硫酸钠溶液。5 支试管置于 90℃ 水浴锅内并计时,反应 1h,取 A_1、A_2 和 A_5,冷却后测定它们在 258nm 处的紫外吸光度和 5-HMF 值。

2. 5-HMF 的测定。A_1、A_2、A_5 各取 2.0mL 于三支试管中,加对-氨基甲苯溶液 5mL。然后分别加入巴比妥酸溶液 1mL,另取一支试管加 2mL A_1 和 5mL 对-氨基甲苯溶液,但不加巴比妥酸溶液而加 1mL 水,将试管充分振动。试剂的添加要连续进行,在 1~2min 内加完,以加水的试管作参比,测定其在 550nm 处吸光度,通过吸光度比较 A_1、A_2、A_5 中 5-HMF 的含量可看出美拉德反应与哪些因素有关。

3. A_3、A_4 继续加热反应,直到看出有深颜色为止,记下出现颜色的时间。

五、注意事项

5-HMF 显色后会很快褪色,比色时一定要快。

六、思考题

1. 如何控制美拉德反应?
2. 用赖氨酸替代甘氨酸,反应速度如何?为什么?

实验三　美拉德反应

一、实验目的

1. 了解美拉德(Maillard)反应的基本原理和控制条件。
2. 掌握美拉德反应的测定原理、方法和步骤。

二、实验原理

在一定的条件下,还原糖与氨基酸可发生一系列复杂的反应,最终生成多种类黑精色素——褐色的含氮色素,并产生一定的风味,这类反应统称 Maillard 反应(也称羰氨反应)。Maillard 反应会对食品体系的色泽和风味产生较大影响。

三、实验仪器与试剂

1. 仪器

电子天平、恒温水浴锅、锡箔纸等。

2. 试剂

D-葡萄糖 50mg、L-天冬氨酸 50mg、L-赖氨酸 50mg、L-苯基丙氨酸 50mg、L-缬氨酸 50mg、L-甲硫氨酸 50mg、L-亮氨酸 50mg、L-脯氨酸 50mg、L-精氨酸 50mg。

四、实验步骤

1. 向 8 根装有 50mg D-葡萄糖的试管中添加 8 种不同的氨基酸(各管中添加量均为

50mg)，再加入 0.5mL 水，充分混匀。

2. 嗅闻每根试管，描述其风味并记录感官现象。

3. 用铝箔纸将每根试管盖起来，放入 100℃ 水浴中，加热 45min，再在水浴中冷却到 25℃，记录每根试管的气味（例如：巧克力味、马铃薯味、爆米花味等）。记录颜色 0 为无色，1 为亮黄色，2 为深黄色，3 为褐色。

按照以上步骤进行实验，将实验结果记录于表 3-8 中。

表 3-8 实验结果记录

试管编号		1	2	3	4	5	6	7	8
未加热	风味								
	感官								
加热后	风味								
	感官								

五、思考题

1. 导致食品体系发生褐变的常见因素有哪些？
2. 美拉德反应的机理是什么？
3. 食品加工中，哪些产品利用了美拉德反应？

实验四　淀粉糊化及酶法制备淀粉糖浆及其葡萄糖值的测定

一、实验目的

1. 了解淀粉糊化及酶法制备淀粉糖浆的基本原理。
2. 掌握淀粉双酶法制备淀粉糖浆的实验方法，以及酶的使用。
3. 熟悉淀粉水解产品的葡萄糖值测定方法。

二、实验原理

淀粉是由几百至几千个葡萄糖构成的天然高分子化合物，一般含直链淀粉 20%～30%，支链淀粉 70%～80%。可用酶法、酸法和酸酶法使淀粉水解成糊精、低聚糖和葡萄糖。淀粉糖浆或称液体葡萄糖（DE38～42），主要成分是葡萄糖、麦芽糖、麦芽三糖和糊精，是一种黏稠液体，甜味温和，极易为人体直接吸收，在饼干，糖果生产上广为应用。

将淀粉浆加热到 55～80℃ 时，淀粉发生糊化，糊化淀粉容易被酶水解。双酶法水解淀粉制淀粉糖浆，是先以 α-淀粉酶使淀粉中的 α-1,4 糖苷键水解生成小分子糊精、低聚糖和少量葡萄糖，然后再用糖化酶将糊精、低聚糖中的 α-1,6 糖苷键和 α-1,4 糖苷键切断，最后生成葡萄糖。

淀粉糖浆的分析方法是根据国家标准 GB/T 22428.1—2008，采用莱恩-艾农滴定法测定淀粉水解产品的还原力（RP）和葡萄糖值（DE），例如 DE 值为 42，表示淀粉糖浆中含 42% 的葡萄糖。

三、实验仪器与试剂

1. 仪器

400mL 烧杯、250mL 圆底烧瓶、容量瓶（100mL、500mL、1000mL）、移液管（1mL、5mL、25mL）、25mL 酸滴定管、250mL 碘量瓶、秒表、搅拌器、恒温水浴锅。

2. 试剂

(1) 材料　玉米淀粉、木薯淀粉、甘薯淀粉。

(2) 其他试剂　液化型 α-淀粉酶（酶活力 6000 单位/g），糖化酶（酶活力为 4 万～5 万单位/g），斐林溶液 A、B，亚甲基蓝指示剂，D-葡萄糖标准溶液，10%NaOH，5%碳酸钠，5%$CaCl_2$。

四、实验步骤

1. 淀粉糖浆的制备

100g 淀粉置于 400mL 烧杯中，加水 200mL，搅拌均匀，配成淀粉浆，用 5%碳酸钠调节 pH≈6.2～6.3，加入 2mL 5% $CaCl_2$ 溶液，于 90～95℃水浴上加热，并不断搅拌，淀粉浆由开始糊化直到完全成糊。加入液化型 α-淀粉酶 60mg，不断搅拌使其液化。并使温度保持在 70～80℃，搅拌 20min，取样分析淀粉水解产品的 DE 值。然后将烧杯移至电炉（隔石棉网）加热到 95℃至沸，灭活 10min。过滤，滤液冷却至 55℃，加入糖化酶 200mg，调节 pH≈4.5，于 60～65℃恒温水浴中糖化 3～4h（3h 取样分析控制 DE≈42）即为淀粉糖浆。若要得浓浆，可以进一步浓缩。

2. DE 值的测定

按国家标准 GB/T 22428.1—2008 方法测定。

(1) 混合斐林溶液的标定

① 吸取 25mL 混合斐林溶液于烧瓶中，加入 18mL D-葡萄糖标准溶液（0.600g 无水 D-葡萄糖加水配成 100mL 溶液），振荡后迅速升温，控制在 2min±15s 时间范围内沸腾，保持蒸汽充满烧瓶，以防空气进入，沸腾持续 2min 后，加入 1mL 亚甲基蓝指示剂，用 D-葡萄糖标准溶液滴定至蓝色消失，记下耗用的体积。

② 调整 D-葡萄糖的初加量为 0.3mL，其余步骤同上，但滴定过程要在 1min 内完成，整个沸腾的时间不超过 3min，记下耗用的体积 V。

③ 第三次滴定时，为达到时间上的要求，可调整 D-葡萄糖的初加量，其余步骤同上。D-葡萄糖标准溶液体积耗用量应在 19～21mL 之间，计算两次滴定的平均体积耗用量 V_1。

(2) 样品的制备　样品应混合均匀装入一个密封容器内，在容器内搅动，若表面有凝结，则应除去表面凝结部分。

(3) 样品的测定　吸取 25mL 混合斐林溶液于烧瓶中，滴加 10mL 配好的样品，加热使溶液在 2min±15s 内沸腾，并保持瓶内充满蒸汽，加 1mL 亚甲基蓝指示剂，再滴定至蓝色消失。如果在样品液未加入任何指示剂时蓝色已消失，那么就要降低样品液的浓度，重新滴定。但耗用的体积 V_1 应不大于 25mL。

样品大约还原力（ARP）的计算公式

$$ARP = F \times 100 \times 500 / V_1 \times m_0 = 300/m_0$$

式中，ARP——样品大约还原力，g/100g；F——$0.6 \times V_1/100 = 0.006 \times V_1$；$m_0$——500mL 样品液中样品质量，g。

所以，样品的质量可如下计算

$$m_0 = 300/ARP$$

称取 m_0 g 的样品，精确至 1mg，样品中还原糖含量在 2.85~3.15g 之间，重复标准样品的滴定，记下样品液的体积耗用量 V_2，V_2 应在 19~21mL 之间，否则调整样品浓度。

$$样品还原力(RP) = 300 \times V_1/(V_2 \times m)$$

式中，V_1——标准样品的体积耗用量，mL；V_2——样品体积耗用量，mL；m——500mL 样品液中样品质量，g。

$$DE = RP \times 100/DMC$$

式中，DE——样品葡萄糖值，g/100g；RP——样品的还原力，g；DMC——样品的干物质含量，%。

五、思考题

1. 为什么在测定 DE 值的整个滴定过程中，要保持沸腾，蒸汽始终充满烧瓶？
2. 当 D-葡萄糖标准溶液的体积耗用量不在 19~21mL 时，应采取哪些措施加以调整？

实验五　豆类淀粉和薯类淀粉的老化

一、实验目的

1. 了解利用淀粉老化制备粉丝的方法。
2. 了解粉丝质量感官评价的方法。

二、实验原理

淀粉加入适量水，加热搅拌糊化成淀粉糊，冷却或冷冻后，会变得不透明甚至凝结而沉淀，这种现象称为淀粉的老化。将淀粉拌水制成糊状物，用悬垂法或挤出法成型，然后在沸水中煮沸片刻，令其糊化，捞出水冷（老化），干燥即得粉丝。粉丝的生产就是利用淀粉老化这一特性。至今，对粉丝的物性测定暂无标准方法，也尚无统一的质量标准，一般对粉丝质量采用感官评价，诸如颜色、气味、光泽、透明度、粗细度、嚼劲及耐煮性等。消费者要求粉丝晶莹洁白、透明光亮、耐煮有筋道，价格低廉。

三、实验仪器与材料

1. 仪器

7~9mm 孔径的多孔容器（或分析筛）等。

2. 材料

绿豆粉或马铃薯和甘薯淀粉（1:1）或玉米和绿豆淀粉（7:3）。

四、实验步骤

1. 粉丝制备

将 10g 绿豆粉加入适量开水使其糊化，然后再加 90g 生绿豆淀粉，搅拌均匀至无块，不沾手，再用底部有 7~9mm 孔径的多孔容器（或分析筛）将淀粉糊状物漏入沸水锅中，煮沸 3min，使其糊化，捞出水冷 10min（或捞出置于-20℃冰箱中冷冻处理）。再捞出置于搪瓷盘中，于烘箱中干燥，即得粉丝。

2. 粉丝质量感官评价

将实验制得的粉丝，任意选出 5 个产品，编号为 1、2、3、4、5，用加权平均法对 5 个产品的质量进行感官评价，填于表 3-9 中，计算排列名次。

表 3-9 粉丝质量感官评价

样品\项目	颜色 (10分)	气味 (10分)	光泽 (10分)	透明度 (20分)	粗细度 (10分)	嚼劲 (20分)	耐煮性 (20分)	评价 (100分)
1								
2								
3								
4								
5								

评价地点：　　　　　　　　　　　　　　评价姓名：

五、思考题

1. 通过本实验，你认为可以采取哪些措施提高粉丝的质量？（从嚼劲、耐煮性、透明度三个方面加以分析）。
2. 哪些产品加工时不希望发生淀粉老化？

实验六　脂肪氧化的过氧化值及酸价的测定

一、实验目的

1. 了解油脂氧化的机理。
2. 掌握油脂过氧化值的测定方法。
3. 掌握油脂酸价的测定方法。

二、实验原理

脂肪氧化的初级产物是氢过氧化物，因此通过测定脂肪中氢过氧化物的量，可以评价脂肪的氧化程度。油脂中的游离脂肪酸用氢氧化钾标准溶液滴定，每克油消耗氢氧化钾的质量（mg），称为酸价。本实验通过油脂在不同条件下贮藏，并定期测定其过氧化值和酸价，了解影响油脂氧化的主要因素。与空白和添加抗氧化剂的油脂样品进行比较，观察抗氧化剂的性能。

实验中过氧化值的测定采用碘量法，即在酸性条件下，脂肪中的过氧化值与过量的 KI 反应生成 I_2，用 $Na_2S_2O_3$ 滴定生成的 I_2，求出每千克油脂中所含过氧化物的物质的量（mmol），称为脂肪的过氧化值（POV）。

酸价的测定是利用酸碱中和反应，测出脂肪中游离酸的含量。油脂的酸价以中和 1g 脂肪中游离酸所需消耗的氢氧化钾的质量（mg）表示。

三、实验仪器与试剂

1. 仪器

小广口瓶（40mL）6 个（应保证规格一致，并干燥）、恒温箱（控温 60℃）等。

2. 试剂

(1) 丁基羟基甲苯（BHT）。

(2) 0.01mol/L $Na_2S_2O_3$　用标定的 0.1mol/L $Na_2S_2O_3$ 稀释而成。

(3) 氯仿-乙酸混合液　取氯仿 40mL 加乙酸 60mL，混匀。

(4) 饱和碘化钾溶液　取碘化钾 10g，加水 5mL，贮于棕色瓶中，如发现溶液变黄，应重新配制。

(5) 0.5％淀粉指示剂　500mg 淀粉加少量冷水调匀，再加一定量沸水（最后体积约为 100mL）。

(6) 0.1mol/L 氢氧化钾（或氢氧化钠）标准溶液。

(7) 中性乙醚-95％乙醇（2∶1）混合溶液　临用前用 0.1mol/L 碱液滴定至中性。

(8) 1％酚酞乙醇溶液（酚酞指示剂）。

(9) 油脂。

四、实验步骤

1. 油脂的氧化

在干燥的小烧杯中，将 120g 油脂分为二等份，向其中一份中加入 0.012g BHT，两份油脂作同样程度的搅拌至加入的 BHT 完全溶解。向三个广口瓶中各装入 20g 未添加 BHT 的油脂，另三个广口瓶中各装入 20g 已添加 BHT 的油脂，按表 3-10 所列编号的要求存放，一星期后测定油脂过氧化值和酸价。

表 3-10　油脂存放要求

室温光照	1	未添加 BHT 的油脂
	2	添加 BHT 的油脂
室温避光	3	未添加 BHT 的油脂
	4	添加 BHT 的油脂
60℃	5	未添加 BHT 的油脂
	6	添加 BHT 的油脂

2. 过氧化值的测定

称取 2g（准确至 0.01g）油脂置于干燥的 250mL 碘量瓶底部，加入 20mL 氯仿-乙酸混合液，轻轻摇动使油脂溶解，加入 1mL 饱和碘化钾溶液，摇匀，加塞，置暗处放置 5min。取出立即加水 50mL，充分摇匀，用 0.01mol/L $Na_2S_2O_3$ 滴定至水层呈淡黄色，加入 1mL 0.5％淀粉指示剂，继续滴定至蓝色消失，记下体积 V。

3. 酸价的测定

称取油脂 4g（准确至 0.01g）于 250mL 的锥形瓶中，加入中性乙醚-95％乙醇混合溶液 50mL，小心旋转摇动锥形瓶使试样溶解，加 3 滴酚酞指示剂，用 0.1mol/L 氢氧化钾（或氢氧化钠）标准溶液滴定至出现微红色在 30s 不消失，记下消耗碱液体积 V（mL）。

五、实验结果与计算

1. 过氧化值（POV）

$$POV/(mmol/kg\ 油脂)=NV1000/W$$

式中，N——$Na_2S_2O_3$溶液摩尔浓度，mol/L；V——消耗$Na_2S_2O_3$溶液体积，mL；W——称取油脂质量，g。

2. 酸价

$$酸价/(mg\ KOH/g\ 油脂)=NV\times 56.1/W$$

式中，N——氢氧化钾/钠的摩尔浓度；V——消耗氢氧化钾/钠溶液的体积，mL；56.1——氢氧化钾/钠的分子量；W——称取油脂质量，g。

六、注意事项

1. 本实验需在两个单元时间进行，第一次做油脂的氧化实验，并熟悉过氧化值、酸价测定方法，测定实验油脂的起始过氧化值和酸价。
2. 气温低时，第二次的实验可在油脂贮放两星期后进行。
3. 滴定过氧化值时，应充分摇匀溶液，以保证I_2被萃取至水相中。

七、思考题

1. 油脂氧化后哪些指标会发生变化？
2. 油脂稳定性实验涉及哪些指标？

实验七　蛋白质的功能性质（一）

一、实验目的

1. 了解蛋白质有哪些功能性质。
2. 了解不同蛋白质在水溶性、乳化性、起泡性和凝胶作用方面的差异。

二、实验原理

蛋白质的功能性质一般是指能使蛋白质成为人们所需要的食品特征而具有的物理化学性质，即在食品的加工、贮藏、销售过程中发生作用的那些性质，这些性质对食品的质量及风味起着重要的作用。蛋白质的功能性质与蛋白质在食品体系中的用途有着十分密切的关系，是开发和有效利用蛋白质资源的重要依据。

蛋白质的功能性质主要包括吸水性、溶解性、保水性、分散性、黏度和黏着性、乳化性、起泡性、凝胶作用等。

本实验以卵蛋白、大豆蛋白为代表，通过一些定性实验了解它们的主要功能性质。

三、实验仪器与试剂

1. 仪器

50mL烧杯、250mL烧杯、电动搅拌器等。

2. 试剂

蛋清蛋白、2%蛋清蛋白溶液（取2g蛋清加98g蒸馏水稀释，过滤取清液）、卵黄蛋白（鸡蛋除蛋清后剩下的蛋黄捣碎）、2%大豆蛋白溶液、大豆分离蛋白粉、1mol/L盐酸溶液、1mol/L氢氧化钠溶液、饱和氯化钠溶液、饱和硫酸铵溶液、酒石酸、硫酸铵、氯化钠、

δ-葡萄糖酸内酯、饱和氯化钙溶液、水溶性红色素、明胶、植物油等。

四、实验步骤

1. 蛋白质的水溶性

(1) 在50mL的小烧杯中加入0.5mL蛋清蛋白，加入5mL水，摇匀，观察其水溶性，有无沉淀产生。在溶液中逐滴加入饱和氯化钠溶液，摇匀，得到澄清的蛋白质的氯化钠溶液。

取上述蛋白质的氯化钠溶液3mL，加入3mL饱和硫酸铵溶液，观察球蛋白的沉淀析出，再加入粉末硫酸铵至饱和，摇匀，观察清蛋白从溶液中析出，解释蛋清蛋白质在水中及氯化钠溶液中的溶解度以及蛋白质沉淀的原因。

(2) 在四支试管中各加入0.1~0.2g大豆分离蛋白粉，分别加入5mL水，5mL饱和氯化钠溶液，5mL 1mol/L的氢氧化钠溶液，5mL 1mol/L的盐酸溶液。摇匀，在温水浴中温热片刻，观察大豆蛋白在不同溶液中的溶解度。在第一、二支试管中加入饱和硫酸铵溶液3mL，析出大豆球蛋白沉淀。第三、四支试管中分别用1mol/L盐酸溶液及1mol/L氢氧化钠溶液中和至pH 4~4.5，观察沉淀的生成，解释大豆蛋白的溶解性以及pH值对大豆蛋白溶解性的影响。

2. 蛋白质的乳化性

(1) 取5g卵黄蛋白加入250mL的烧杯中，加入95mL水，0.5g氯化钠，用电动搅拌器搅匀后，在不断搅拌下滴加植物油10mL，滴加完后，强烈搅拌5min使其分散成均匀的乳状液，静置10min，待泡沫大部分消除后，取出10mL，加入少量水溶性红色素染色，不断搅拌直至染色均匀，取一滴乳状液在显微镜下仔细观察，被染色部分为水相，未被染色部分为油相，根据显微镜下观察所得到的染料分布，确定该乳状液是属于水包油型还是油包水型。

(2) 配制5%的大豆分离蛋白溶液100mL，加0.5g氯化钠，在水浴上温热搅拌均匀，同上步骤加10mL植物油进行乳化。静置10min后，观察其乳状液的稳定性，同样在显微镜下观察，确定乳状液的类型。

3. 蛋白质的起泡性

(1) 在三个250mL的烧杯中各加入2%的蛋清蛋白溶液50mL，一份用电动搅拌器连续搅拌1~2min，一份用玻璃棒不断搅打1~2min，另一份用玻璃管不断鼓入空气泡1~2min，观察泡沫的生成，估计泡沫的多少及泡沫稳定时间的长短。评价不同的搅打方式对蛋白质起泡性的影响。

(2) 取两个250mL的烧杯各加入2%的蛋清蛋白溶液50mL，一份放入冷水或冰箱中冷至10℃，一份保持常温（30~35℃），同时以相同的方式搅打1~2min，观察泡沫产生的数量及泡沫稳定性有何不同。

(3) 取三个250mL烧杯各加入2%蛋清蛋白溶液50mL，其中一份加入酒石酸0.5g，一份加入氯化钠0.1g，以相同的方式搅拌1~2min，观察泡沫产生的数量及泡沫稳定性有何不同，另一份为空白对照。

用2%的大豆蛋白溶液进行以上相同的实验，比较蛋清蛋白与大豆蛋白的起泡性。

4. 蛋白质的凝胶作用

(1) 取1mL蛋清蛋白于试管中，加1mL水和几滴饱和氯化钠溶液至溶解澄清，放入沸水浴中，加热片刻观察凝胶的形成。

(2) 在 100mL 烧杯中加入 2g 大豆分离蛋白粉，40mL 水，在沸水浴中加热并不断搅拌均匀，稍冷，将其分成两份，一份加入 5 滴饱和氯化钙溶液，另一份加入 0.1~0.2g δ-葡萄糖酸内酯，放置温水浴中数分钟，观察凝胶的生成。

(3) 在试管中加入 0.5g 明胶，5mL 水，水浴中温热溶解形成黏稠溶液，冷却后，观察凝胶的生成。解释在不同情况下凝胶形成的原因。

实验八 蛋白质的功能性质（二）

一、实验目的

1. 了解蛋白质有哪些功能性质。
2. 了解蛋白质的凝乳性、黏弹性和持水性。

二、实验原理

各种蛋白质具有不同的功能性质，如牛奶中的酪蛋白具有凝乳性，在酸、热、酶（凝乳酶）的作用下会沉淀，用来制造奶酪。酪蛋白还能加强冷冻食品的稳定性，使冷冻食品在低温下不会变得酥脆。面粉中的谷蛋白（面筋）具有黏弹性，在面包、蛋糕发酵过程中，蛋白质形成立体的网状结构，能保住气体，使体积膨胀，在烘烤过程中蛋白质凝固是面包成型的因素之一。肌肉蛋白的持水性与味道、嫩度及颜色有密切的关系。鲜肉糜的重要功能特性是保水性、脂肪黏合性和乳化性。在食品的配制中，原则上是根据它们的功能性质选择蛋白质。

三、实验仪器与试剂

1. 仪器

绞肉机等。

2. 试剂

面粉、牛奶、瘦肉、乳酸溶液、焦磷酸钠等。

四、实验步骤

1. 酪蛋白的凝乳性

在小烧杯中加入 15mL 牛奶，逐滴滴加 50% 的乳酸溶液，观察酪蛋白沉淀的形成，当牛奶溶液达到 pH=4.6 时（酪蛋白的等电点），观察酪蛋白沉淀的量是否增多。

2. 面粉中谷蛋白的黏弹性

分别将 20g 高筋面粉和低筋面粉加 9mL 水揉成面团，将面团不断在水中洗揉，直至没有淀粉洗出为止，观察面筋的黏弹性，并分别称重，比较高筋面粉和低筋面粉中湿面筋的含量。

3. 肌肉蛋白的持水性

将新鲜瘦猪肉在绞肉机中绞成肉糜，取 10g 肉糜三份，分别加入 2mL 水，4mL 水以及 4mL 含有 20mg 焦磷酸钠（或三聚磷酸钠）的水溶液，顺一个方向搅拌 2min，放置半小时以上，观察三份肉糜的持水性、黏弹性。蒸熟后再观察其胶凝性。

五、思考题

1. 牛奶败坏为何出现沉淀？沉淀是什么？
2. 在面制品的加工中如何选择使用高筋面粉和低筋面粉？
3. 为什么加入焦磷酸钠（或三聚磷酸钠）会增加肉糜的持水性？

实验九　蔬菜加工中护色实验与水果酶促褐变的防止

一、实验目的

通过果蔬加工中热烫等前处理方法和加维生素C的护色实验，初步掌握果蔬加工中护色的常用方法。

二、实验原理

新鲜绿色蔬菜如果在酸性条件下热烫，由于脱镁反应的发生，发色体结构部分变化，绿色消失，变成褐色的脱镁叶绿素。如果在弱碱性条件下热烫，则叶绿素的酯结构部分水解生成叶绿酸盐、叶绿醇和甲醇，叶绿酸盐为水溶性，仍呈鲜绿色，而且比较稳定。

绿色水果或某些浅色水果，在加工过程易引起酶促褐变，使产品颜色发暗。为保护水果原有色泽，往往先在弱碱性条件下进行短时间的使酶钝化的热烫处理，从而达到护色目的。

除了采用热烫钝化酶，还可以用控制酸度，加抗氧化剂如维生素C，加化学药品（如二氧化硫、亚硫酸钠）来抑制酶的活性和隔氧等方法来防止和抑制酶促褐变。

三、实验仪器与试剂

1. 仪器

高速组织捣碎机、电热鼓风干燥箱等。

2. 试剂

绿色青菜2种各0.5kg，生梨和苹果各0.5kg，0.5% L-抗坏血酸250mL，0.5%四硼酸钠250mL，pH≈4、7、9溶液各250mL等。

四、实验步骤

1. 比较不同pH条件下蔬菜热烫处理后的色泽变化

取绿色青菜洗净后分成3份，分别为1~3号样品，于70~95℃热水中（pH为4、7、9的不同酸度条件下），各热烫1~2min。分别捞起沥干，铺于棉纱布上。在温度为50~80℃电热鼓风干燥箱中，脱水干燥3~5h。取出自然冷却后，剪片放在滤纸上。并观察在不同pH条件下，脱水青菜的色泽。请说明产生这种差异的原因。

2. 比较热处理及护色剂对水果加工中的颜色影响

生梨与苹果削皮后切块，去心，各分成A、B两组，A组热烫1~2min后，于高速组织捣碎机中捣碎，纱布挤压过滤。汁液收集于烧杯中，加入0.5% L-抗坏血酸和0.5%四硼酸钠，装于细口瓶中。B组不经热烫，于高速组织捣碎机中捣碎，纱布过滤，汁液收集于细口瓶中。每隔半小时观察一次A、B两组果汁的颜色变化，共四次，记录现象，并说明其原因。

3. 隔氧实验

取两个苹果（或马铃薯），去皮，切成 3 份，2 份浸入一杯清水中，1 份置于空气中，10min 后，观察记录现象。然后，从杯中取出浸入清水的苹果（或马铃薯）1 份置于空气中，10min 后再观察比较。

五、思考题

果蔬在加工中易引起酶促褐变，有哪些方法可以防止酶促褐变的发生？

实验十　番茄红素直接测定法

一、实验目的

学习番茄红素的提取和测定方法。

二、实验原理

从胡萝卜、玉米、番茄、西瓜、柑橘等水果蔬菜及其加工制品中提取类胡萝卜素，先用甲醇使试样脱水，也可以把叶黄素和胡萝卜素提取出来。提取的残留物用甲苯反复提取，番茄红素即可完全提取出来。采用分光光度法测定其含量。

三、实验仪器与试剂

1. 仪器

溶剂过滤器、棕色容量瓶、刻度吸管、烧杯、玻璃棒、可见光分光光度计等。

2. 试剂

甲醇、甲苯、苏丹 I 号色素、无水乙醇等。

四、实验步骤

1. 制作标准曲线

准确称取标准苏丹 I 号色素 25.0mg 溶于无水乙醇，定容至 50mL，移取 0.26mL、0.52mL、0.78mL、1.04mL、1.30mL 该溶液，分别注于 50mL 容量瓶中，用无水乙醇稀释至刻度。混合后即相当于 $0.5\mu g/mL$、$1.0\mu g/mL$、$1.5\mu g/mL$、$2.0\mu g/mL$、$2.5\mu g/mL$ 番茄红素的苏丹 I 号色素标准溶液，然后，用分光光度计在番茄红素最大吸收波长处（465nm 左右）分别测定其吸光度，测定光压 10V，光径 1cm。以番茄红素每毫升微克数为横坐标，以吸光度为纵坐标，绘制番茄红素标准曲线。

2. 样品中番茄红素的抽提

称取一定量的番茄汁（精确到 0.01g），注入小烧杯中，加入少量甲醇，用玻璃棒充分搅拌，以抽出其黄色素。再将该番茄汁移入溶剂过滤器中抽滤，并用少量甲醇洗涤烧杯。接着加甲醇于玻璃滤器中搅拌后抽滤，重复此操作，直至滤液无色为止。然后，另换一干燥抽滤瓶接受滤液，用甲苯重复上述操作抽提番茄红素，直到滤液无色为止。将抽提液移入 100mL 棕色容量瓶中，加甲苯定容、混合。吸取该溶液 1mL，加甲苯稀释至 20mL，即为色素抽提液。

3. 样品中番茄红素的测定

将上述处理好的色素抽提液用分光光度计在与制作标准曲线相同的条件下，测其吸光度，以蒸馏水作空白对照。经查标准曲线可知番茄红素含量，通过稀释倍数的折算可知样品中番茄红素的含量。

五、思考题

1. 如何提高提取的番茄红素的纯度？
2. 哪些因素会影响番茄红素的测定值？

实验十一　酚酶的提取及其活力测定

一、实验目的

1. 掌握从香蕉果实中提取酚酶的方法。
2. 掌握酚酶活力的测定方法。

二、实验原理

儿茶酚在酚酶作用下发生氧化还原反应，生成的产物在 420nm 波长处有吸收，根据生成物的多少，判断酚酶的活力。

三、实验仪器与试剂

1. 仪器

组织捣碎机等。

2. 试剂

香蕉、pH 7.0 的 0.02mol/L 的磷酸缓冲液、−15℃的冷丙酮、吐温 80、0.1mol/L 儿茶酚溶液等。

四、实验步骤

1. 多酚氧化酶提取

(1) 取 100g 香蕉果肉，与 pH 7.0 的 0.02mol/L 的磷酸缓冲液混合，组织捣碎机混合 (1000r/min，3min)。

(2) 冷冻离心（−4℃、18000r/min，15min），取上清液，记为 1。

(3) 沉淀再用与上述相同的方法处理，冷冻离心后，取上清液，记为 2，清液 1 和清液 2 混合。

(4) 缓慢加入−15℃的冷丙酮，搅拌，保持 15min，冷冻离心。

(5) 取沉淀再与含 1% 的吐温 80 的 pH 7.0 的 0.02mol/L 的磷酸缓冲液混合。(1000r/min，3min)，冷冻离心 15min，取上清液，即为多酚氧化酶。

2. 酚酶活力测定

(1) 配置 0.1mol/L 儿茶酚溶液，取 2mL，加 20μL 上述提取的酶液。

(2) 25℃条件下，每隔 10s，测定在 420nm 波长下的吸光值 A，空白试剂为用蒸馏水代替酶液。

五、实验结果与计算

计算方法：酶活力用每分钟吸光值 A 的变化表示，规定每分钟吸光值 A 变化 0.001 为一个活力单位。

六、思考题

1. 酶活力有哪些方法来表示？
2. 酶的制备方法有哪些？

实验十二　水果皮颜色和淀粉白度的测定

一、实验目的

1. 通过水果皮颜色和淀粉白度的测定，了解全自动测色色差计的构造、功能和工作原理。
2. 掌握一种先进的测色方法。

二、实验原理

白度测定分析仪采用最新半导体光源技术测量物体表面的蓝光白度，仪器利用积分球实现绝对光谱漫反射率的测量，其光学原理是使用半导体光源发出的蓝色光线直接进入积分球，蓝色光线在积分球内壁漫反射后，照射在测试口的样品上，由样品表面反射的光谱经聚光镜、光栏、滤色片组后，由硅光电池接收转换成电信号；另有一路硅光电池接收积分球体内的基底信号。两路电信号分别放大，并由单片机处理后，实现自动校零、工作白板校准、样品测试的系统功能，可非常简便地进行各种样品的白度测定。

三、实验仪器与材料

1. 仪器
TC-PIIG 全自动测色色差计。
2. 材料
柑桔（不同成熟度）三种、香蕉（不同成熟度）三种、淀粉（不同白度）三种。

四、实验步骤

1. 样品制备

(1) 在柑桔皮上用小刀划出一个直径大于 25mm 的圆形样品，然后用滤纸把样品上的汁吸干，以免测色时污染仪器。把三种柑桔样品标号为 1#、2#、3#，留待测色用。

(2) 方法同 (1)，在香蕉皮上剪出样品，把三种样品标号为 4#、5#、6#，留待测色用。

(3) 把三种不同白度的淀粉分别装在三个样品盒中，标号为 7#、8#、9#，留待测色用。

2. 测色色差计的使用

（1）开机　连接电源，按下 POWER 开关，指示灯亮，表明仪器已有电源输入，同时 ZERO 开关灯闪烁。

（2）预热仪器　通电后，要预热 1h，使光源和光电探测器稳定。预热时，必须将探测器放在工作白板上（注意不能放标准白板，否则标准值改变，测色不准）。

（3）测定准备　在仪器预热的同时，可作以下测定准备工作：

① 将标准白板的 X_{10}、Y_{10}、Z_{10} 值与数码器设定值核对无误。

② 放好打印纸，注意纸的正反方向，否则打印不出数值。

（4）调零　经预热 1h 后，开始调零。测反射色时，将探测器部分放在黑筒上，几秒钟后按 ZERO 开关，约 1s 后，ZERO 开关灯由闪烁到灯灭，此时 ACC 灯闪烁，表示调零结束，数据自动输入到微机系统（若测透射色，调零时，将不透光纸板或胶皮放在固定架中，其余步骤同上）。

（5）调标准白板　将探测器部分放在标准白板上，按 ACC 开关，一会儿灯灭，而 MEASU 灯闪烁，此时调标准白板完成，数据自动输入到微机系统（测反射色时，数码器中 X、Y、Z 设定值应和标准白板给出的 X_{10}、Y_{10}、Z_{10} 一致；测透射色时，数码器中 X、Y、Z 设定如下：$X=94.83$，$Y=100.00$，$Z=107.381$）。

3. 样品的测色实验

（1）将标准白板放在探测器部件下，几秒钟后，按 MEASU 开关，灯固定发光，几秒钟后，打印机开始工作，并打出 STANDARD（标准）标号及标准白板的颜色参量值，打印机工作结束后灯灭。

（2）取下标准白板，将待测样品 1# 放好，几秒钟后，按 MEASU 开关，此时指示灯亮，一会儿打印机就打出第一个（编号 No.001）待测样品的各个参量值，2#、3# 的测色重复该步骤即可。

（3）4#、5#、6# 重复步骤（2）即可得出 No.004、No.005、No.006 的各个参量值。

（4）测淀粉白度值时，只要把样品盒对准探测器的孔，重复步骤（2），即可打出 No.007~009 的各个参量值。

（5）关机。当一批样品测色结束后，关上 POWER 开关，指示灯灭，切断电源，收好标准白板、工作白板、黑筒等，待仪器冷却到室温，盖上黑布罩。

五、注意事项

1. 预热量，必须把探测器放在工作白板上，而不能放在标准白板上，否则必将使标准值改变，增加测量误差。

2. 放打印纸时，要注意正、反方向。

3. 每次测量时，必须严格按照操作步骤依序操作，否则不但测量不准，而且容易损坏仪器。

4. 当测粉末样品时（如淀粉），必须把样品装在样品盒中填满，并且表面要刮平，否则，因表面凹凸不平，将使测量值不准。

5. 当样品量多时，为了使测量值准确，使用半小时后，要求重新调零，调标准白板。先按 RESET 复位开关，再重复色差计的使用步骤中的（4）、（5），唯一不同的是，按下 ACC 后，MEASU 不再闪烁，此时调白已完成了，可继续进行测量工作。

6. 工作时千万不能关掉 POWER 开关或输入电源，否则仪器需重新预热 1h，不预热，则测色不准。

7. 由于 TC-PIIG 全自动测色色差计是精密、贵重的仪器,使用时,要十分注意环境的清洁,不要让仪器或部件粘上污物。

六、思考题

1. TC-PIIG 全自动测色色差计的先进性表现在哪些方面?
2. TC-PIIG 全自动测色色差计在测淀粉白度时,应注意哪些问题?
3. 测色时,白度、黄度、变黄度如何表示?其数值大小的表示意义如何?

实验十三 叶绿素的分离及含量测定

一、实验目的

1. 了解叶绿素的性质。
2. 掌握叶绿素的分离和含量测定方法。

二、实验原理

叶绿素存在于果蔬、竹叶等绿色植物中。叶绿素在植物细胞中与蛋白质结合成叶绿体,当细胞死亡后,叶绿素即游离出来,游离叶绿素很不稳定,对光或热较敏感;在酸性条件下生成绿褐色脱镁叶绿素,加热可使反应加速;在稀碱液中可水解为叶绿酸盐(鲜绿色)、叶绿醇和甲醇。高等植物中叶绿素有 a、b 两种,二者都易溶于乙醇、乙醚、丙酮和氯仿中。

叶绿素的含量测定方法多种,其中包括如下。

(1) 原子吸收光谱法 测定镁含量,可以间接算出叶绿素含量。

(2) 分光光度法 测定叶绿素提取液的最大吸收波长的光密度,然后通过公式计算获得叶绿素含量数据。此法快速、简便。其原理如下。

叶绿素 a、叶绿素 b 对 645nm 和 663nm 波长的光有吸收高峰,且两吸收曲线相交于 652nm 处。

因此,测定提取液在 645nm、663nm、652nm 波长下的光密度,并根据经验公式计算,可分别得到叶绿素含量数据。

$$\text{叶绿素 a 含量}/(\text{mg/g 鲜重}) = [12.7(D663) - 2.69(D645)] \times \frac{V}{1000 \times W}$$

$$\text{叶绿素 b 含量}/(\text{mg/g 鲜重}) = [22.9(D645) - 4.68(D663)] \times \frac{V}{1000 \times W}$$

$$\text{总叶绿素 a 含量}/(\text{mg/g 鲜重}) = [20.0(D645) + 8.02(D663)] \times \frac{V}{1000 \times W}$$

如果只要求测定总叶绿素含量,则只需测定一定浓度提取液在 652nm 波长下的光密度,即

$$\text{总叶绿素含量}/(\text{mg/g 鲜重}) = \frac{D652}{34.5} \times \frac{V}{1000 \times W}$$

式中,D——在所指定波长下,叶绿素提取液的光密度;V——叶绿素丙酮提取液的最终体积,mL;W——所用果蔬组织鲜重,g。

三、实验仪器与试剂

1. 仪器

研钵、玻璃砂、分光光度计等。

2. 试剂

绿叶青菜（或黄瓜）、0.1mol/L 盐酸、0.1mol/L NaOH 溶液、丙酮等。

四、实验步骤

1. 叶绿素的提取及含量测定

均匀称取绿叶青菜样品 5g 于研钵中，加入少许玻璃砂（约 0.5~1g），充分研磨后倒入 100mL 容量瓶中，然后用丙酮分几次洗涤研钵并倒入容量瓶中，用丙酮定容至 100mL。充分振摇后，用滤纸过滤。取滤液用分光光度计分别于 645nm、663nm 和 652nm 波长下，测定其光密度。以 95％丙酮作空白对照实验。将测定记录数据列表，按照公式分别计算绿叶青菜组织中叶绿素 a、b 和总叶绿素含量。

2. 叶绿素在酸碱介质中的稳定性实验

分别取 10mL 叶绿素提取液，滴加 0.1mol/L 盐酸和 0.1mol/L NaOH 溶液，观察提取液的颜色变化情况；并记录下颜色变化时的 pH 值。

五、注意事项

1. 所计算出的叶绿素含量单位为 mg/g 鲜重。这一单位有时太小，使用不方便，可乘以 1000，以 $\mu g/g$ 鲜重为单位。

2. 在提取叶绿素中，最终的丙酮液浓度为 95％，因所用材料为菠菜等绿叶青菜，含水量极高。5g 样品可视作 5g 水，故研磨后定容至 100mL，丙酮液浓度为 95％。

3. 若以黄瓜为材料，因叶绿素只存在于黄瓜皮中，取样是用锋利剖刀在黄瓜平整部分轻轻地将绿色表皮削下，然后称取 0.5g 样品研磨，加水 5mL 充分研磨，然后用丙酮洗涤，定容至 100mL，为 95％丙酮提取液。

4. 使用分光光度计调零时，必须用 95％丙酮。

六、思考题

1. 测定叶绿素含量实验中，使用分光光度计应注意哪些问题？
2. 叶绿素在酸碱介质中稳定性如何？
3. 试说明日常生活中炒青菜时，若加水熬煮时间过长，或加锅盖或加醋，所炒青菜容易变黄的原因？你认为应该如何才能炒出一盘保持鲜绿的可口青菜？

第四章　食品工程原理实验

食品工程原理实验是食品工程专业基础实验，主要研究食品工程单元操作的基本原理与应用，内容包括伯努利方程实验、雷诺实验、流体流动阻力的测定实验、数字型恒压过滤常数测定实验、空气-蒸汽给热系数的测定实验、精馏实验、吸收实验、干燥实验等。实验理论涉及数学、物理、化学、力学、热力学等相关内容，涉及的知识面广，对理论分析、设计计算、实验操作等方面的要求较高。所以，在实验中要求学生注意如下。

1. 认真预习，能够根据工程、工艺的要求进行相关的分析和计算，查阅相关的工程数据，掌握处理相关工程问题的基本方法。
2. 掌握最基本的经验参数和模型参数的估值方法——最小二乘法。
3. 熟悉流量、温度、压强、阻力系数、给热系数等测定的基本技术。
4. 掌握典型的单元操作，体会设备和仪器的操作要点和注意点。
5. 实验课时认真听讲，严格按操作规范进行实验，由于不认真听课所导致的设备损坏需按价赔偿，老师根据学生的课堂表现给出平时成绩。
6. 实验时要多动手，认真观察和思考，禁止做与实验无关的事。对实验现象、实验数据要认真记录与分析。
7. 注意设备操作的安全性。

通过食品工程原理实验，学生进一步巩固化工过程及其单元操作的工程原理及相关知识，熟悉各单元操作及相关设备的操作原理，能够运用相关知识和原理分析和解决化工生产中的实际工程问题，具备设备选型和操作能力，具备调节生产过程的能力，并渗透于学生今后的工作实践中，使其具备一定的工程设计能力，过程开发能力及科学研究能力。

实验一　伯努利方程实验

一、实验目的

1. 熟悉流体的流速、流量、点速度、雷诺数和压头等有关概念。
2. 了解流动流体中各种能量及其相互转换关系，掌握伯努利方程。

二、实验原理

当流体稳态流动时,所具有的各种机械能的守恒及相互转化关系服从伯努利方程,对于每千克不可压缩的流体,伯努利方程可写成

$$gz_1 + \frac{p_1}{\rho} + \frac{u_1^2}{2} = gz_2 + \frac{p_2}{\rho} + \frac{u_2^2}{2} + \sum h_f \tag{4-1}$$

式中,gz、$\frac{p}{\rho}$、$\frac{u^2}{2}$——每千克流体所具有的位能、静压能及动能,J/kg;$\sum h_f$——克服流体流动时的阻力而消耗的能量,J/kg。

上式又可改写成

$$z_1 + \frac{p_1}{\rho g} + \frac{u_1^2}{2g} = z_2 + \frac{p_2}{\rho g} + \frac{u_2^2}{2g} + \sum H_f \tag{4-2}$$

式中,各项的单位为 m 流体柱,工程上一般称为压头,z 称为位压头;$\frac{u^2}{2g}$ 称为动压头;$\frac{p}{\rho g}$ 称为静压头;$\sum H_f$ 称为压头损失。它们的物理意义是指流体流动所具有的各种机械能之和可将每千克该流体克服其重力而提升的高度。

如果流体为理想流体,$\sum H_f = 0$,则伯努利方程表示单位重量流体流经的任一截面上的机械能之和相等。

对于实际流体,$\sum H_f > 0$,则各截面的机械能之和必随流过距离的增加而减小,之间的差值即为阻力损失压头。

实际流体流动过程中的各种阻力均与流速有关,如果忽略流速对阻力系数的影响,当雷诺数数值较大时,摩擦阻力损失与流速的平方成正比,即

$$\frac{\sum H_{f1}}{\sum H_{f2}} = \frac{u_1^2}{u_2^2} \tag{4-3}$$

三、实验装置

实验装置如图 4-1 所示。

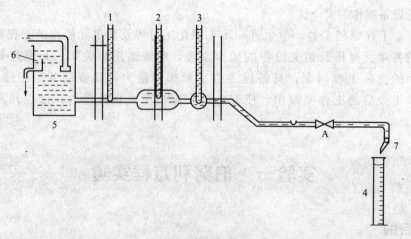

图 4-1 实验装置简图

1、2、3—测压管;4—计量槽;5—高位水槽;6—溢流堰;7—活动测压头;A—阀门

实验设备由玻璃管、测压管、活动测压头、高位水槽等组成。活动测压头的小管端部封闭，管身开有小孔，小孔位置与玻璃管中心线平齐，小管又与测压管相通，转动活动测压头手柄，就可以分别测量静压头或静压头与动压头之和（化工原理实验室的活动测压头为夹子控制）。

管路分成三段，由两种内径不同的玻璃管连接而成。阀门 A 供调节流量用。

四、实验步骤

1. 流体静止时各点静压头的测定

开启水龙头阀门，并将阀门 A 全闭，待高位水槽水位稳定（溢流堰有水溢流回水槽）时，排除测压管及玻璃管内的气体，可利用上方的排气管吹气撞击使气体逸出。如果玻璃管大管径上部有气体，则可打开其最高处的排气管排除。

（1）转动手柄，先使测压孔正对水流方向，记录各测压管的液柱高度；

（2）再转动手柄，使测压孔与水流方向垂直，记录各测压管的液柱高度。[注：化工原理实验室主要通过不同测压管来记录，观察测压口是否正对水流方向来区分，正对水流方向的测压管为第（1）种情况，测压口与水流方向垂直为第（2）种情况。]

2. 小流量时流量与各压头的测定

半开阀门 A，待水流稳定（溢流堰有水溢流回水槽）后，分别观察并记录测压管的液柱高度。用量筒在出口处收集约 1000mL 流体，并用秒表准确记录收集时间，测定流量。

3. 大流量时流量与各压头的测定

全开阀门 A，待水流稳定（溢流堰有水溢流回水槽）后，用和小流量相同的方法进行大流量时流量与各压头的测定。

关闭水龙头阀门，待高位槽内水全部流完后，关闭阀门 A，实验结束。

五、实验记录

流体静止时各点静压头的测定（表 4-1）。

表 4-1　伯努利方程实验记录表

测量次数	充水量 V/m^3	时间 t/s	体积流量 $q_v/(m^3/s)$	测压管组 I /m			测压管组 II /m			测压管组 III /m		
				静压头	总压头	动压头	静压头	总压头	动压头	静压头	总压头	动压头
1												
2												
3												
4												
…												

六、实验结果与计算

1. 流量及流速的计算

$$流量\ q_v = 收集水量/所需时间$$

$$平均流速\ u = 流量/管道截面积$$

2. 动压头的计算

$$动压头\ \frac{u^2}{2g} = 测压孔正对水流方向的液位 - 测压孔垂直水流方向的液位$$

3. 最大点速度的计算

求得某一段在某一流量下的动压头 $\frac{u^2}{2g}$,可按下式得出该处在一定流量下的最大点速度 $u_{\max}$

$$u_{\max} = \sqrt{2gH}$$

4. 不同流速下的阻力损失及其比值

阻力损失 $\sum H_f$ 为不同位置的液位之差(测压孔位于同一方向)。并比较 $\sum H_{f1}/\sum H_{f2}$ 是否与 u_1^2/u_2^2 是否近似相等。

七、思考题

1. 测压管中的水柱高度表示的是绝对压力还是表压力?如果管中任何地方有残存的气泡将会对测量压力带来什么影响?
2. 从所绘制的压头曲线来看,能否说明能量守恒定律?
3. 你对该实验有何评价和建议?

实验二　雷诺实验

一、实验目的

1. 熟悉雷诺装置的结构和工作原理。
2. 观察并验证流体流动的状态。

二、实验原理

雷诺曾做过实验,得到流体的流动状态分为层流、过渡流和湍流三种。另外,流动状态和流体流速、密度、黏度、管径有关,并因此得到一个特征数——雷诺数。

$$Re = \frac{du\rho}{\mu}$$

式中,d——管径;u——平均速度;ρ——密度;μ——黏度。

经过总结,得到流体的流动状态只与雷诺数的大小有关,雷诺数小,则为层流,雷诺数大则为湍流。由层流变为湍流所对应的雷诺数,称为上临界雷诺数,约为 4000~12000,工程上常用 3000,一般 Re 大于此值可确定为湍流。由湍流变为层流所对应的雷诺数称为下临界雷诺数，为 2000 左右，小于此值可确定为层流。上、下临界雷诺数之间的流动状态为过渡流，由于过渡流不稳定，稍有干扰，就变为湍流，所以有时把它看成为湍流的延伸部分。通过公式可知，Re 和四个参数有关，因此可通过改变这些参数来改变 Re 值，从而改变流体的流动状态。

三、实验装置

自循环雷诺实验装置见图 4-2。

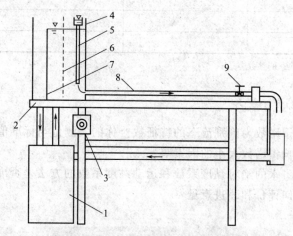

图 4-2　自循环雷诺实验装置图

1—自动循环供水泵；2—实验台；3—可控硅无极测速器；4—恒压水箱；
5—有色水水管；6—稳水孔板；7—溢流板；8—实验管道；9—流量调节阀

四、实验步骤

1. 准备好管子、红墨水、桶、量筒等辅助材料，把红墨水充满漏斗。
2. 将水充入设备内，让水面达到预定高度并稳定，多余的水由溢水管排出。
3. 打开流水管阀门，让水由管子流动，同时打开漏斗让红墨水从漏斗底部流出，并随水流动。
4. 调节水的流速，利用红墨水的流动状态，观察不同的水的流动情况。
5. 认真耐心地调节上下临界点，从转子流量计中读取流量数值，结合其他参数，计算对应雷诺数，并和理论值进行比较。
6. 实验完毕，关闭进水管，关闭漏斗，关闭出水管。最后一组实验后，将装置内的水放尽。

五、注意事项

1. 做实验时要小心，以免碰坏漏斗、量筒等易损品。
2. 调节流速时，要手扶管子或阀门，不要硬掰，进行实验时要有耐心。
3. 由于液体流动易受外界干扰，观察现象时，尽可能保持安静。

六、实验记录

将实验数据填入表 4-2。

水温：　　　　　水的密度：　　　　水的黏度：　　　　管内径：　　　　管截面积：　　　　管长 L：

表 4-2　雷诺实验记录表

序号	流型	转子流量计读数	流速	Re（实测）
1				
2				
3				
4				
5				
...				

注：必须有上、下临界状态的参数。

七、思考题

1. 为什么称临界雷诺数为判别流态的特征数？你的实测值与标准值是否接近？
2. 你能够分析影响雷诺数大小的因素吗？
3. 你认为这种测量水的绝对黏度系数和运动黏度系数的方法是否准确可靠？
4. 你对该实验有何评价和改进意见？

实验三　流体流动阻力的测定

一、实验目的

1. 掌握流体流动阻力的测定方法。
2. 测定流体流过直管时的摩擦阻力，并确定摩擦系数 λ 与雷诺数 Re 的关系。
3. 测定流体流过管体（本实验为光滑直管、螺纹直管及弯头）的局部阻力，并求出阻力系数。

二、实验原理

流体在管内流动时，由于黏性剪应力和涡流的存在，不可避免地要消耗一定的机械能，这种机械能的消耗包括流体流经直管的沿程阻力和因流体运动方向改变所引起的局部阻力。流体在直管中流动的机械能损失称为直管阻力；而流体通过阀门、管件等部件时，因流动方向或流动截面的突然改变导致的机械能损失称为局部阻力。在化工过程设计中，流体流动阻力的测定或计算，对于确定流体输送所需推动力的大小，例如泵的功率、液位等，选择适当的输送条件都有不可或缺的作用。

1. 直管阻力（包括光滑直管与螺纹直管）

流体在水平的均匀管道中稳定流动时，由截面 1 流动至截面 2 的阻力损失表现为压力的降低，即

$$h_f = \frac{\Delta p_f}{\rho} = \frac{p_1 - p_2}{\rho} = \lambda \frac{l}{d} \frac{u^2}{2}$$

则直管阻力摩擦系数可写成

$$\lambda = \frac{2d\Delta p_f}{\rho l u^2}$$

由 $u = \dfrac{q_v}{A} = \dfrac{q_v}{\dfrac{\pi}{4}d^2}$ 得

$$\lambda = \frac{\pi^2 d^5 \Delta p_f}{8\rho l q_v^2}$$

式中，Δp_f——因克服摩擦阻力而引起的压力降，kPa；λ——摩擦因数，无量纲；l——管长，m；d——管径，m；ρ——流体密度，kg/m³；q_v——体积流量，m³/s。

其中 l、d 为装置参数；ρ、μ 通过测定流体温度，再查有关手册而得；q_v 为仪表读取的流体体积流量。

滞流（层流）时，$\lambda = 64/Re$；湍流时 λ 是雷诺数 Re 和相对粗糙度的函数，须由实验确定。实验时测出某一流量下的压力降，即可计算出此时的 λ 和 Re；改变流量进行实验，即可求得一系列 λ 和 Re 值，从而得到 λ-Re 关系。

2. 局部阻力（90°弯头）

根据阻力系数法，流体通过某一管件或阀门时的机械能损失可表示为流体在管内流动时平均动能的某一倍数，即

$$h'_f = \frac{\Delta p'_f}{\rho} = \zeta \frac{u^2}{2}$$

因此

$$\zeta = \frac{2\Delta p'_f}{\rho u^2}$$

由 $u = \dfrac{q_v}{A} = \dfrac{q_v}{\dfrac{\pi}{4}d^2}$ 得

$$\zeta = \frac{2\Delta p'_f}{\rho \left(\dfrac{q_v}{\dfrac{\pi}{4}d^2}\right)^2} = \frac{\pi^2 d^4 \Delta p'_f}{8\rho q_v^2}$$

式中，ζ——局部阻力系数，无量纲；$\Delta p'_f$——局部阻力引起的压降，kPa。

三、实验装置

实验装置流程图（图4-3）。

四、实验步骤

1. 光滑直管 ζ 测定

（1）关闭所有阀门，打开仪表电源，打开泵开关，检查泵转动方向是否正确。

（2）打开光滑管道的闸阀至最大开度，接着打开光滑管道两直管测压点开关，分别与直管和弯头压差传感器连接。

（3）打开压差传感器上的排气开关，进行排气操作至管内无气泡存在。重复上述操作三次。

（4）排气后，开始测量，测量时取7个不同流量值进行测量，调节流量变化在0.5～

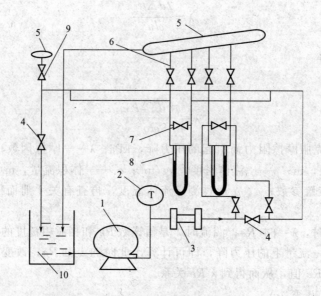

图 4-3 实验装置流程图
1—水泵；2—温度计；3—涡轮流量计；4—控制阀；5—排气瓶；
6—测压导管；7—平衡阀；8—U形压差计；9—排气阀；10—水槽

3.5L/s 范围内，注意每次最好取相同的变化值，以保证数据具有较好的变化规律。

（5）实验结束时，先关闭测压点开关，再关闭红色闸阀，等流量指示仪表上显示为零时，再按下仪表箱上泵的红色"关"按钮，接着切断仪表箱电源开关。

2. 90°弯头 ζ 测定

操作步骤与直管相似，通过显示仪表上的（直管/弯头）按钮切换，获得弯头所需压差数值。

3. 螺旋直管 ζ 测定

（1）关闭所有阀门，打开仪表电源，打开泵开关，检查泵转动方向是否正确。

（2）打开螺旋直管的闸阀至最大开度，同时关闭光滑管闸阀，接着打开螺旋直管两直管测压点开关，与压差传感器连接。

（3）打开压差传感器上的排气开关，进行排气操作至管内无气泡存在。重复上述操作三次。

（4）排气后，开始测量，测量时取 6 个不同流量值进行测量，调节流量变化在 0.3~1.7L/s 范围内，注意每次最好取相同的变化值，以保证数据具有较好的变化规律。

（5）实验结束时，先关闭测压点开关，再关闭红色闸阀，等流量指示仪表上显示为零时，再按下仪表箱上泵的红色"关"按钮，接着切断仪表箱电源开关。

五、注意事项

1. 光滑管道实验设备参数：直管内径 $d=40mm$；1~1/2 直管的测压点距离 $L=2m$；计量槽底截面为 $515mm \times 315mm$。

2. 螺纹直管实验设备参数：螺纹直管内径 $d=18mm$；管道直径 $d_0=21.25mm$；螺纹直管的测压点距离 $L=2m$；计量槽底截面为 $515mm \times 315mm$。

3. 排气泡每完成 1 次时，要先关闭测压点开关，再关闭闸阀，以避免空气再次进入测压管道，影响压差值稳定性与准确性。最后一次无需进行此操作。

4. 实验过程，严格按实验步骤进行实验，并注意用水与用电安全。

六、实验记录

将实验数据填入表 4-3。

表 4-3　实验数据与结果分析

项目	序号	蜗轮流量 q_v/(m³/s)	直管压差 Δp_f/kPa	雷诺数 Re	摩擦系数 λ	备注
光滑直管	1					
	2					
	...					
螺旋直管	1					
	2					
	...					

根据光滑直管和螺旋直管实验数据结果，标绘出 $\ln\lambda$-$\ln Re$ 曲线，讨论并分析数据结果。

七、思考题

1. 倒 U 形压差计排气时，是否一定要关闭阻力流量调节阀？为什么？
2. 如何检验测试系统内的空气已经被排除干净？
3. 如果要增加雷诺数的范围，可采取哪些措施？
4. 在不同设备上（包括不同管径），不同水温下测定的 λ-Re 数据能否关联在同一条曲线上？
5. 如果测压口、孔边缘有毛刺或安装不垂直，对静压的测量有何影响？
6. 以水做介质所测得的 λ-Re 关系能否适用于其他流体？如何应用？
7. 压差计上的平衡阀起什么作用？它在什么情况下是打开的，又在什么情况下是关闭的？

实验四　数字型恒压过滤常数的测定

一、实验目的

1. 熟悉板框压滤机的构造和操作方法。
2. 通过恒压过滤实验，验证过滤基本理论。
3. 学会测定过滤常数 K、q_e、τ_e 及压缩性指数 s 的方法。
4. 了解过滤压力对过滤速度的影响。

二、实验原理

过滤是以某种多孔物质为介质来处理悬浮液以达到固、液分离的一种操作过程，即在外力的作用下，悬浮液中的液体通过固体颗粒层（滤渣层）及多孔介质的孔道而固体颗粒被截留下来形成滤渣层，从而实现固、液分离。因此，过滤操作本质上是流体通过固体颗粒层的流动，而这个固体颗粒层（滤渣层）的厚度随着过滤的进行而不断增加，故在恒压过滤操作中，过滤速度不断降低。

过滤速度 u 定义为单位时间单位过滤面积内通过过滤介质的滤液量。影响过滤速度的主要因素除过滤推动力（压强差）Δp，滤饼厚度 L 外，还有滤饼和悬浮液的性质、悬浮液温度、过滤介质的阻力等。

过滤时，滤液流过滤渣和过滤介质的流动过程基本上处在层流流动范围内，因此，可利用流体通过固定床压降的简化模型，寻求滤液量与时间的关系，可得过滤速度计算式

$$u = \frac{dV}{Ad\tau} = \frac{dq}{d\tau} = \frac{A\Delta p^{(1-s)}}{\mu rC(V+V_e)} = \frac{A\Delta p^{(1-s)}}{\mu r'C'(V+V_e)} \tag{4-4}$$

式中，u——过滤速度，m/s；V——通过过滤介质的滤液量，m³；A——过滤面积，m²；τ——过滤时间，s；q——通过单位面积过滤介质的滤液量，m³/m²；Δp——过滤压差（表压）Pa；s——滤渣压缩性指数；μ——滤液的黏度，Pa·s；r——不可压缩的滤渣比阻，1/m²；C——单位滤液体积的滤渣体积，m³/m³；V_e——过滤介质的当量滤液体积，m³；r'——压缩性指数为 s 的滤渣比阻，1/m²；C'——单位滤液体积的滤渣质量，kg/m³。

对于一定的悬浮液，在恒温和恒压下过滤时，μ、r、C 和 Δp 都恒定，为此令

$$K = \frac{2\Delta p^{(1-s)}}{\mu rC} \tag{4-5}$$

于是式（4-4）可改写为

$$\frac{dV}{d\tau} = \frac{KA^2}{2(V+V_e)} \tag{4-6}$$

式中，K——过滤常数，由物料特性及过滤压差所决定，m²/s。

将式（4-6）分离变量积分，整理得

$$\int_{V_e}^{V+V_e}(V+V_e)d(V+V_e) = \frac{1}{2}KA^2\int_0^\tau d\tau \tag{4-7}$$

$$V^2 + 2VV_e = KA^2\tau \tag{4-8}$$

将式（4-7）的积分极限改为从 0 到 V_e 和从 0 到 τ_e 积分，则

$$V_e^2 = KA^2\tau_e \tag{4-9}$$

将式（4-8）和式（4-9）相加，可得

$$(V+V_e)^2 = KA^2(\tau+\tau_e) \tag{4-10}$$

式中，τ_e——虚拟过滤时间，相当于滤出滤液量 V_e 所需时间，s。

再将式（4-10）微分，得

$$2(V+V_e)dV = KA^2d\tau \tag{4-11}$$

将式（4-11）写成差分形式，则

$$\frac{\Delta\tau}{\Delta q} = \frac{2}{K}\bar{q} + \frac{2}{K}q_e \tag{4-12}$$

式中，Δq——每次测定的单位过滤面积滤液体积（在实验中一般等量分配），m³/m²；$\Delta \tau$——每次测定的滤液体积 Δq 所对应的时间，s；$\bar{q}$——相邻两个 q 值的平均值，m³/m²，以 $\Delta\tau/\Delta q$ 为纵坐标，$\bar{q}$ 为横坐标将式（4-12）标绘成一直线，可得该直线的斜率和截距；q_e——单位过滤面积的虚拟滤液体积，m³/m²。

斜率：$S = \dfrac{2}{K}$

截距：$I = \dfrac{2}{K} q_e$

则 $K/(\text{m}^2/\text{s}) = \dfrac{2}{S}$，$q_e/\text{m}^3 = \dfrac{KI}{2} = \dfrac{I}{S}$，$\tau_e/\text{s} = \dfrac{q_e^2}{K} = \dfrac{I^2}{KS^2}$

改变过滤压差 Δp，可测得不同的 K 值，由 K 的定义式(4-19) 两边取对数得

$$\lg K = (1-s)\lg\Delta p + B \tag{4-13}$$

在实验压差范围内，若 B 为常数，则 $\lg K$-$\lg\Delta p$ 的关系在直角坐标上应是一条直线，斜率为 $(1-s)$，可得滤饼压缩性指数 s。

三、实验装置

本实验装置由空压机、配料罐、压力罐、清水罐、板框压滤机等组成，恒压过滤流程见图 4-4。

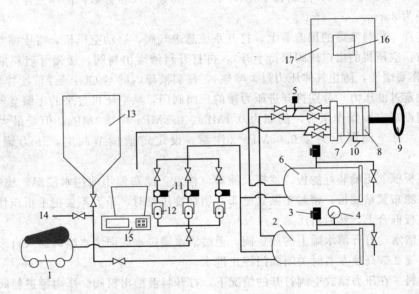

图 4-4　数字型恒压过滤常数测定实验装置图
1—空压机；2—压力罐；3—安全阀；4—压力表；5—压力传感器；6—清水罐；
7—滤框；8—滤板；9—手轮；10—切换阀；11—定值调压阀；12—电磁阀；
13—配料罐；14—地沟；15—电子天平；16—压力显示器；17—控制柜

在料液罐中配制一定浓度的 $CaCO_3$ 的悬浮液，然后利用位差送入压力罐中，用压缩空气加以搅拌使 $CaCO_3$ 不致沉降，同时利用压缩空气的压力将滤浆送入板框压滤机过滤，滤液流入水桶通过电子天平计量。压缩空气通过压力罐上的放空管路放空。

板框压滤机的结构尺寸：框厚度 25mm，单板的过滤面积 0.02m^2，板数为 7 块，框数为 6 块，总过滤面积为 0.1m^2。

空气压缩机规格型号：风量 $0.06\text{m}^3/\text{min}$，最大气压 0.8MPa。

四、实验仪器与材料

1. 仪器

1 根 485 通信线、1 根 232 通信线、1 台电脑、1 个体积为 30L 左右的水桶。

2. 材料

10kg 左右的 $CaCO_3$。

五、实验步骤

1. 实验准备

（1）通信　用 485 通信线将仪表控制柜和电脑连接；用 232 通信线将电子天平和电脑连接；再打开仪表控制柜的空气开关和电子天平的电源开关。启动电脑，打开 MCGS 软件，进入数字型恒压过滤操作界面。检查控制柜上仪表显示的板框压力与电脑操作界面上的板框压力是否一致；现场电子天平上显示的质量和电脑操作界面上是否一致。一致则进行下一步操作，否则查线，直到显示一致为止。

（2）配料　关闭料液罐底部阀门，向料液罐内加水到标尺刻度的 50cm 左右，再将事先用天平称量的 $CaCO_3$ 加入，配制含 $CaCO_3$ 20%～30%（质量分数）的水悬浮液（其中，料液罐的直径为 35cm）。

（3）搅拌　将料液罐的顶盖盖上。打开系统总进气阀，启动空压机，将压缩空气通入料液罐（注意：空压机的出口球阀保持半开），再打开料液罐出料阀，缓慢开启料液罐进气阀（注意：操作要缓慢，防止气体压力过大喷浆），使料液罐内的 $CaCO_3$ 悬浮液搅拌均匀。

（4）设定过滤压力　分别打开进压力罐的三路阀门，从空压机过来的压缩空气经各定值调节阀分别设定实验操作压力，例如为 0.1MPa、0.2MPa 和 0.3MPa，但是最大值不得超过 0.4MPa，每个间隔压力 ≥ 0.05MPa（注意：设定定值调节阀时，压力罐泄压阀要略开）。

（5）装板框　正确装好滤板、滤框及滤布（注意：滤布使用前用水浸湿，滤布要绷紧，不能起皱，滤布紧贴滤板，密封垫贴紧滤布；用螺旋压紧时，千万不要把手指压伤，先慢慢转动手轮使板框合上，然后再压紧）。

（6）灌清水　打开清水罐上的放空阀，通过清水罐进水阀向清水罐内通入自来水，至液面高度达视镜 2/3 高度左右时关闭阀门停止进水。

（7）灌料　在压力罐放空阀打开的情况下，打开料液罐出料阀、压力罐进料阀，利用高位输送原理将料浆自动输送到压力罐至液面高度到达视镜 1/2～2/3 高度左右时，关闭进料阀门。

2. 过滤过程

（1）鼓泡　稍微打开压力罐放空阀，选择实验压力（一般从低到高）打开相应压力罐进气阀、压力调节阀（电脑操作），向压力罐内鼓入空气，使压力罐内料液搅拌均匀。

（2）恒压　将洗涤板板下的切换阀打开。打开压力罐出料阀、板框滤液出口阀，打开出板框后清液出口球阀。此时，控制柜上仪表显示板框过滤压力。

（3）过滤　把水桶放到电子天平上，并按下电子天平上的"去皮"按钮，至使电子天平显示为零。待过滤压力稳定时，打开板框进料阀，并点击操作界面上"开始实验"按钮，用电子天平上的桶收集板框滤液出口流出的滤液。待过滤体积约 800mL 时，采集一次数据，记录相应的过滤时间 $\Delta \tau$。每个压力下，测量 8～10 组数据即可停止实验。如果要得到干而厚的滤饼，则应在每个压力下做到没有清液流出为止。

（4）调压　一个恒压过滤实验结束，可转至更高的压力实验。若料液罐内有足够下一恒压操作的料液，可以直接开始实验，具体操作步骤参照（2），否则，利用滤液洗涤滤饼和滤布，并将洗涤后的滤液重新倒入料浆桶内搅拌配料，进入下一个压力实验。

3. 清洗过程

（1）关闭板框过滤的进出阀门和洗涤板下的球切换阀。

（2）稍微打开清水罐上的放空阀，打开清水罐进气阀（此实验利用低压管路即可），向清水罐内冲压。

（3）打开清水罐出水阀、板框清水出口阀，此时，控制柜上仪表显示反清洗压力。待压力稳定，打开板框清水进口阀，清液从板框清水流出（注意：清洗液流速比同压力下过滤速度小很多）。

（4）清洗液流动时间约1min，或者根据流出液的混浊变化情况来判断清洗程序是否结束。待清洗液清澈时，即可停止实验。一般物料可不进行清洗过程。

（5）清洗结束后，关闭清洗液进出板框的阀门，关闭清水罐进气阀。

4. 实验结束

（1）先关闭空压机出口球阀，再关闭空压机电源。

（2）打开压力罐进料阀，利用压力罐的剩余压力或利用低压管路，将压力罐内剩余的料液压回料液罐内。

（3）分别打开压力罐放空阀和清水罐放空阀，对压力罐和清水罐泄压。

（4）冲洗滤框、滤板和滤布。注意滤布不要折，应当用刷子刷洗。

（5）分别打开压力罐、清水罐的排净阀，将这两个罐内物料排放干净，再用清水冲洗。

六、实验结果与计算

1. 滤饼常数 K 的求取

计算举例：以 $p=1.0\text{kg/cm}^2$ 时的一组数据为例。

过滤面积 $A=0.024\times2=0.048\text{m}^2$；

$\Delta V_1=637\times10^{-6}\text{ m}^3$；$\Delta \tau_1=31.98\text{s}$；

$\Delta V_2=630\times10^{-6}\text{ m}^3$；$\Delta \tau_2=35.67\text{s}$；

$\Delta q_1=\Delta V_1/A=637\times10^{-6}/0.048=0.013271\text{m}^3/\text{m}^2$；

$\Delta q_2=\Delta V_2/A=630\times10^{-6}/0.048=0.013125\text{m}^3/\text{m}^2$；

$\Delta \tau_1/\Delta q_1=31.98/0.013271=2409.766\text{sm}^2/\text{m}^3$；

$\Delta \tau_2/\Delta q_2=35.67/0.013125=2717.714\text{sm}^2/\text{m}^3$；

$q_0=0\text{m}^3/\text{m}^2$；$q_1=q_0+\Delta q_1=0.013271\text{m}^3/\text{m}^2$；

$q_2=q_1+\Delta q_2=0.026396\text{m}^3/\text{m}^2$；

$\overline{q_1}=\frac{1}{2}(q_0+q_1)=0.0066355\text{m}^3/\text{m}^2$；$\overline{q_2}=\frac{1}{2}(q_1+q_2)=0.0198335\text{m}^3/\text{m}^2$。

依此算出多组 $\Delta \tau/\Delta q$ 及 $\overline{q}$ 值。

在直角坐标系中绘制 $\Delta \tau/\Delta q$-$\overline{q}$ 的关系曲线，读出斜率可求得 K。不同压力下的 K 值列于表4-4中。

表4-4 不同压力下的 K 值

压力 $\Delta p/(\text{kg/cm}^2)$	过滤常数 $K/(\text{m}^2/\text{s})$
1.0	8.524×10^{-5}
1.5	1.191×10^{-4}
2.0	1.486×10^{-4}

2. 滤饼压缩性指数 s 的求取

计算举例：在压力 $p=1.0\text{kg/cm}^2$ 时的 $\Delta\tau/\Delta q$-q 关系线上，拟合得直线方程，根据斜率为 $2/K_3$，得 $K_3=0.00008524$。将不同压力下测得的 K 值作 $\lg K$-$\lg\Delta p$ 曲线，如图 4-5、图 4-6 所示，也拟合得直线方程，根据斜率为 $1-s$，可计算得 $s=0.198$。

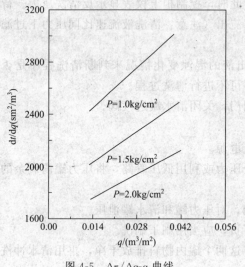

图 4-5　$\Delta\tau/\Delta q$-q 曲线　　　　　　　图 4-6　$\lg K$-$\lg\Delta p$ 曲线

七、实验结果与计算

1. 由恒压过滤实验数据求过滤常数 K、q_e、τ_e。
2. 比较几种压差下的 K、q_e、τ_e 值，讨论压差变化对以上参数的影响。
3. 在直角坐标纸上绘制 $\lg K$-$\lg\Delta p$ 关系曲线，求出 s。
4. 实验结果分析与讨论。

八、思考题

1. 板框压滤机的优缺点是什么？适用于什么场合？
2. 板框压滤机的操作分哪几个阶段？
3. 为什么过滤开始时，滤液常常有点混浊，过段时间后滤液才逐渐变清？
4. 影响过滤速度的主要因素有哪些？当你在某一恒压下所测得到 K、q_e、τ_e 值后，若将过滤压力提高一倍，问上述三个值将有何变化？

实验五　空气-蒸汽给热系数的测定

一、实验目的

1. 了解间壁式传热元件，掌握给热系数测定的实验方法。
2. 掌握热电阻测温的方法，观察水蒸气在水平管外壁上的冷凝现象。
3. 学会给热系数测定的实验数据处理方法，了解影响给热系数的因素和强化传热的途径。

二、实验原理

在工业生产过程中，大部分情况下，冷、热流体系通过固体壁面（传热元件）进行热量交换，称为间壁式传热。间壁式传热过程由热流体对固体壁面的对流传热、固体壁面的热传导和固体壁面对冷流体的对流传热所组成。达到传热稳定时，有

$$Q = m_1 C_{p1}(T_1 - T_2) = m_2 C_{p2}(t_2 - t_1)$$
$$= \alpha_1 A_1 (T - T_W)_m = \alpha_2 A_2 (t_W - t)_m$$
$$= KA \Delta t_m \tag{4-14}$$

式中，Q——传热量，J/s；m_1——热流体的质量流率，kg/s；C_{p1}——热流体的比热容，J/(kg·℃)；T_1——热流体的进口温度，℃；T_2——热流体的出口温度，℃；m_2——冷流体的质量流率，kg/s；C_{p2}——冷流体的比热容，J/(kg·℃)；t_1——冷流体的进口温度，℃；t_2——冷流体的出口温度，℃；α_1——热流体与固体壁面的对流给热系数，W/(m²·℃)；A_1——热流体侧的对流传热面积，m²；$(T - T_W)_m$——热流体与固体壁面的对数平均温差，℃；α_2——冷流体与固体壁面的对流给热系数，W/(m²·℃)；A_2——冷流体侧的对流传热面积，m²；$(t_W - t)_m$——固体壁面与冷流体的对数平均温差，℃；K——以传热面积A为基准的总给热系数，W/(m²·℃)；Δt_m——冷热流体的对数平均温差，℃；热流体与固体壁面的对数平均温差可由下式计算

$$(T - T_W)_m = \frac{(T_1 - T_{W1}) - (T_2 - T_{W2})}{\ln \dfrac{T_1 - T_{W1}}{T_2 - T_{W2}}} \tag{4-15}$$

式中，T_{W1}——冷流体进口处热流体侧的壁面温度，℃；T_{W2}——冷流体出口处热流体侧的壁面温度，℃。

固体壁面与冷流体的对数平均温差可由下式计算

$$(t_W - t)_m = \frac{(t_{W1} - t_1) - (t_{W2} - t_2)}{\ln \dfrac{t_{W1} - t_1}{t_{W2} - t_2}} \tag{4-16}$$

式中，t_{W1}——冷流体进口处冷流体侧的壁面温度，℃；t_{W2}——冷流体出口处冷流体侧的壁面温度，℃。

热、冷流体间的对数平均温差可由下式计算

$$\Delta t_m = \frac{(T_1 - t_2) - (T_2 - t_1)}{\ln \dfrac{T_1 - t_2}{T_2 - t_1}} \tag{4-17}$$

当在套管式间壁换热器中，环隙通以水蒸气，内管管内通以冷空气或水进行对流给热系数测定实验时，则由式（4-14）得内管内壁面与冷空气或水的对流给热系数

$$\alpha_2 = \frac{m_2 C_{p2}(t_2 - t_1)}{A_2(t_W - t)_m} \tag{4-18}$$

实验中测定紫铜管的壁温 t_{W1}、t_{W2}，冷空气或水的进出口温度 t_1、t_2，实验用紫铜管的长度 l、内径 d_2，$A_2 = \pi d_2 l$，冷流体的质量流量，即可计算 α_2。

然而，直接测量固体壁面的温度，尤其管内壁的温度，实验技术难度大，而且所测得的数据准确性差，带来较大的实验误差。因此，通过测量相对较易测定的冷热流体温度来间接

推算流体与固体壁面间的对流给热系数就成为人们广泛采用的一种实验研究手段。

由式(4-14)得

$$K = \frac{m_2 C_{p2}(t_2 - t_1)}{A \Delta t_m} \tag{4-19}$$

实验测定 m_2、t_1、t_2、T_1、T_2，并查取 $t_{平均} = \frac{1}{2}(t_1 + t_2)$ 下冷流体对应的 C_{p2}、换热面积 A，即可由上式计算得总给热系数 K。

下面通过两种方法来求对流给热系数。

1. 近似法求算对流给热系数 α_2

以管内壁面积为基准的总给热系数与对流给热系数间的关系为

$$\frac{1}{K} = \frac{1}{\alpha_2} + R_{S2} + \frac{bd_2}{\lambda d_m} + R_{S1}\frac{d_2}{d_1} + \frac{d_2}{\alpha_1 d_1} \tag{4-20}$$

式中，d_1——换热管外径，m；d_2——换热管内径，m；d_m——换热管的对数平均直径，m；b——换热管的壁厚，m；λ——换热管材料的热导率，W/(m·℃)；R_{S1}——换热管外侧的污垢热阻，m^2·K/W；R_{S2}——换热管内侧的污垢热阻，m^2·K/W。

用本装置进行实验时，管内冷流体与管壁间的对流给热系数约为几十到几百 W/(m^2·K)；而管外为蒸汽冷凝，冷凝给热系数 α_1 可高达 10^4 W/(m^2·K) 左右，因此冷凝传热热阻 $\frac{d_2}{\alpha_1 d_1}$ 可忽略，同时蒸汽冷凝较为清洁，因此换热管外侧的污垢热阻 $R_{S1}\frac{d_2}{d_1}$ 也可忽略。实验中的传热元件材料采用紫铜，热导率为 383.8 W/(m·K)，壁厚为 2.5 mm，因此换热管壁的导热热阻 $\frac{bd_2}{\lambda d_m}$ 可忽略。若换热管内侧的污垢热阻 R_{S2} 也忽略不计，则由式(4-20)得

$$\alpha_2 \approx K \tag{4-21}$$

由此可见，被忽略的传热热阻与冷流体侧对流传热热阻相比越小，此法所得的准确性就越高。

2. 传热特征数关联式求算对流给热系数 α_2

对于流体在圆形直管内作强制湍流对流传热时，若符合如下范围 $Re = 1.0 \times 10^4 \sim 1.2 \times 10^5$，$Pr = 0.7 \sim 120$，管长与管内径之比 $l/d \geq 60$，则传热特征数经验式为

$$Nu = 0.023 Re^{0.8} Pr^n \tag{4-22}$$

式中，Nu——努塞尔数，$Nu = \frac{\alpha d}{\lambda}$，无量纲；$Re$——雷诺数，$Re = \frac{du\rho}{\mu}$，无量纲；$Pr$——普兰特数，$Pr = \frac{C_p \mu}{\lambda}$，无量纲；当流体被加热时 $n = 0.4$，流体被冷却时 $n = 0.3$；α——流体与固体壁面的对流给热系数，W/(m^2·℃)；d——换热管内径，m；λ——流体的热导率，W/(m·℃)；u——流体在管内流动的平均速度，m/s；ρ——流体的密度，kg/m^3；μ——流体的黏度，Pa·s；C_p——流体的比热容，J/(kg·℃)。

对于水或空气在管内强制对流被加热时，可将式(4-22)改写为

$$\frac{1}{\alpha_2} = \frac{1}{0.023} \times \left(\frac{\pi}{4}\right)^{0.8} d_2^{1.8} \frac{1}{\lambda_2 Pr_2^{0.4}} \left(\frac{\mu_2}{m_2}\right)^{0.8} \tag{4-23}$$

其中

$$m = \frac{1}{0.023} \times \left(\frac{\pi}{4}\right)^{0.8} d_2^{1.8} \tag{4-24}$$

$$X = \frac{1}{\lambda_2 Pr_2^{0.4}} \left(\frac{\mu_2}{m_2}\right)^{0.8} \tag{4-25}$$

$$Y = \frac{1}{K} \tag{4-26}$$

$$C = R_{S2} + \frac{bd_2}{\lambda d_m} + R_{S1}\frac{d_2}{d_1} + \frac{d_2}{\alpha_1 d_1} \tag{4-27}$$

则式(4-20)可写为

$$Y = mX + C \tag{4-28}$$

当测定管内不同流量下的对流给热系数时，由式(4-17)计算所得的 C 值为一常数。管内径 d_2 一定时，m 也为常数。因此，实验时测定不同流量所对应的 t_1、t_2、T_1、T_2，由式(4-17)、(4-19)、(4-25)、(4-26)求取一系列 X、Y 值，再在 X-Y 图上作图或将所得的 X、Y 值回归成一直线，该直线的斜率即为 m。任一冷流体流量下的给热系数 α_2 可用下式求得

$$\alpha_2 = \frac{\lambda_2 Pr_2^{0.4}}{m}\left(\frac{m_2}{\mu_2}\right)^{0.8} \tag{4-29}$$

3. 冷流体质量流量的测定

(1) 若用转子流量计测定冷空气的流量，还须用下式换算得到实际的流量

$$V' = V\sqrt{\frac{\rho(\rho_f - \rho')}{\rho'(\rho_f - \rho)}} \tag{4-30}$$

式中，V'——实际被测流体的体积流量，m³/s；ρ'——实际被测流体的密度，kg/m³，均可取 $t_{平均} = \frac{1}{2}(t_1 + t_2)$ 下对应水或空气的密度；V——标定用流体的体积流量，m³/s；ρ——标定用流体的密度，kg/m³，对水 $\rho = 1000$ kg/m³，对空气 $\rho = 1.205$ kg/m³；ρ_f——转子材料密度，kg/m³。

因此，

$$m_2 = V'\rho' \tag{4-31}$$

(2) 若用孔板流量计测冷流体的流量，则

$$m_2 = \rho V \tag{4-32}$$

式中，V——冷流体进口处流量计读数；ρ——冷流体进口温度下对应的密度。

(3) 冷流体物性与温度的关系式

在 0~100℃ 之间，冷流体的物性与温度的关系有如下拟合公式。

① 空气的密度与温度的关系式：$\rho = 10^{-5}t^2 - 4.5 \times 10^{-3}t + 1.2916$

② 空气的比热容与温度的关系式：60℃ 以下 $C_p = 1005$ J/(kg·℃)，70℃ 以上 $C_p = 1009$ J/(kg·℃)。

③ 空气的热导率与温度的关系式：$\lambda = -2 \times 10^{-8}t^2 + 8 \times 10^{-5}t + 0.0244$

④ 空气的黏度与温度的关系式：$\mu = (-2 \times 10^{-6}t^2 + 5 \times 10^{-3}t + 1.7169) \times 10^{-5}$

三、实验装置

1. 实验装置

空气-蒸汽换热流程图实验装置如图 4-7。

来自蒸汽发生器的水蒸气进入不锈钢套管换热器环隙，与来自风机的空气在套管换热器内进行热交换，冷凝水排出装置外。冷空气经孔板流量计或转子流量计进入套管换热器内管

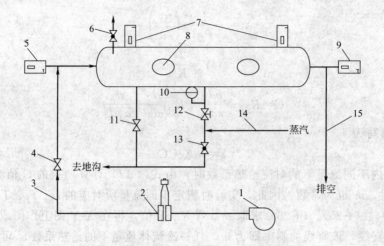

图 4-7 空气-蒸汽换热流程图实验装置

1—风机；2—孔板流量计；3—冷流体管路；4—转子流量计；5—冷流体进口温度；
6—惰性气体排空阀；7—蒸汽温度；8—视镜；9—冷流体出口温度；10—压力表；
11—冷凝水排空阀；12—蒸汽进口阀；13—冷凝水排空阀；
14—蒸汽进口管路；15—冷流体出口管路

（紫铜管），热交换后排出装置外。

2. 设备与仪表规格

(1) 紫铜管（内含翅片）规格：直径 $\varphi 21mm \times 2.5mm$，长度 $l=1000mm$。

(2) 外套不锈钢管规格：直径 $\varphi 100mm \times 5mm$，长度 $l=1000mm$。

(3) 铂热电阻及无纸记录仪温度显示。

(4) 全自动蒸汽发生器及蒸汽压力表。

四、实验步骤

1. 打开控制面板上的总电源开关，打开仪表电源开关，使仪表通电预热，观察仪表显示是否正常。

2. 在蒸汽发生器中灌装清水，开启发生器电源，使水处于加热状态。到达符合条件的蒸汽压力后，系统会自动处于保温状态。

3. 打开控制面板上的风机电源开关，让风机工作，同时打开冷流体进口阀，让套管换热器里充有一定量的空气。打开冷凝水出口阀，排出上次实验残留的冷凝水，在整个实验过程中出口阀也保持一定开度。

在通水蒸气前，也应将蒸汽发生器至实验装置之间管道中的冷凝水排除，否则夹带冷凝水的蒸汽会损坏压力表及压力变送器。具体排除冷凝水的方法是：关闭蒸汽进口阀门，打开装置下面的排冷凝水阀门，让蒸汽压力把管道中的冷凝水带走，当听到蒸汽响时关闭冷凝水排除阀，方可进行下一步实验。

4. 开始通入蒸汽时，要仔细调节蒸汽阀的开度，让蒸汽慢慢流入换热器中，逐渐充满系统中，使系统由"冷态"转变为"热态"，不得少于 10min，防止不锈钢管换热器因突然受热、受压而爆裂。上述准备工作结束，系统处于"热态"，调节蒸汽进口阀，使蒸汽进口压力维持在 0.01MPa，可通过调节蒸汽进口阀和冷凝水排空阀开度来实现。

5. 自动调节冷空气进口流量时，可通过组态软件或者仪表调节风机转速频率来改变冷流体的流量到一定值，在每个流量条件下，均须待热交换过程稳定后方可记录实验数值，改变流量，记录不同流量下的实验数值。记录6~8组实验数据，可结束实验。先关闭蒸汽发生器，关闭蒸汽进口阀，关闭仪表电源，待系统逐渐冷却后关闭风机电源，待冷凝水流尽，关闭冷凝水出口阀，关闭总电源。待蒸汽发生器内的水冷却后将水排尽。

五、实验数据记录

打开数据处理软件，选择"空气-蒸汽给热系数测定实验"，导入 MCGS 实验数据。打开导入的实验，可以查看实验原始数据以及实验数据的最终处理结果，点"显示曲线"，则可得到实验结果的曲线对比图和拟合公式。

数据输入错误，或明显不符合实验情况，程序会有警告对话框跳出。每次修改数据后，都应点击"保存数据"，再按2步中次序，点击"显示结果"和"显示曲线"。记录软件处理结果，并可作为手算处理的对照。结束，点"退出程序"。

六、注意事项

先打开冷凝水排空阀，注意只开一定的开度，开度太大会使换热器里的蒸汽跑掉，开度太小会使换热不锈钢管里的蒸汽压力增大而使不锈钢管炸裂。一定要在套管换热器内管输以一定量的空气后，方可开启蒸汽阀门，且必须在排除蒸汽管线上原先积存的冷凝水后，方可把蒸汽通入套管换热器中。刚开始通入蒸汽时，要仔细调节蒸汽进口阀的开度，让蒸汽慢慢流入换热器中，逐渐加热，由"冷态"转变为"热态"，不得少于 10min，以防止不锈钢管因突然受热、受压而爆裂。

操作过程中，蒸汽压力必须控制在 0.02MPa（表压）以下，以免造成对装置的损坏。确定各参数时，必须是在稳定传热状态下，随时注意蒸汽量的调节和压力表读数的调整。

七、实验结果与计算

1. 计算冷流体给热系数的实验值。
2. 冷流体给热系数的特征数关联式：$Nu/Pr^{0.4} = ARe^m$，由实验数据作图拟合曲线方程，确定式中常数 A 及 m。
3. 以 $\ln(Nu/Pr^{0.4})$ 为纵坐标，$\ln(Re)$ 为横坐标，将处理实验数据的结果标绘在图上，并与教材中的经验式 $Nu/Pr^{0.4} = 0.023Re^{0.8}$ 比较。

八、思考题

1. 实验中冷流体和蒸汽的流向，对传热效果有何影响？
2. 在计算空气质量流量时所用到的密度值与求雷诺数时的密度值是否一致？它们分别表示什么位置的密度，应在什么条件下进行计算。
3. 实验过程中，冷凝水不及时排走，会产生什么影响？如何及时排走冷凝水？如果采用不同压强的蒸汽进行实验，对传热特征数关联式有何影响？

实验六　精馏实验

一、实验目的

1. 了解板式精馏塔和填料精馏塔的结构与操作。
2. 测定全回流和部分回流时板式精馏塔的全塔效率和单板效率，及填料精馏塔的等板高度。

3. 了解气相色谱仪的使用方法。

二、实验原理

1. 全塔效率 E_T

全塔效率 $E_T=N_T/N_P$，其中 N_T 为所需理论板数，N_P 为塔内实际板数。板式塔内各层塔板上的汽液相接触效率并不相同，全塔效率简单反映了塔内塔板的平均效率，它的大小与塔板结构、物系性质、操作状况有关，一般由实验测定。

理论板数 N_T 由已知双组分物系的平衡关系，通过实验测得的塔顶产品组成 X_D、料液组成 X_F、釜液组成 X_W、回流比 R、进料热状况等，即可用图解法求得。

2. 单板效率（默弗里效率）E_M

$$E_M = \frac{x_{n-1}-x_n}{x_{n-1}-x_n^*}$$

指汽相或液相经过一层实际塔板前后的组成变化与经过一层理论塔板前后的组成变化的比值，如第 n 块板的液相单板效率定义为：通过取样分析相邻两块板上的液相组成，汽相组成可由物料衡算求出，再通过平衡关系确定与汽相成平衡的液相组成，即可算出单板效率。

3. 等板高度 HETP

HETP$=Z/N_T$，其中 Z 为填料层高度，N_T 为理论板数。等板高度是指与一层理论塔板的传质作用相当的填料层高度。它的大小取决于填料的类型、材质与尺寸，受系统物性、操作条件及塔设备尺寸的影响，一般由实验测定。对于双组分物系，根据平衡关系，通过实验测得的塔顶产品组成 x_D、料液组成 x_F、釜液组成 x_W、回流比 R、进料热状况、填料层高度等有关参数，用图解法求得理论板数后，即可算出 HETP。

三、实验装置与流程

本实验精馏塔有不锈钢筛板塔和不锈钢填料塔两种类型。

不锈钢筛板塔：塔内径为 66mm，实际塔板数 $N_P=16$ 块，其流程如图 4-8 所示。

不锈钢填料塔：塔内径为 68mm，塔内填料层高度 $Z=1m$，填料为不锈钢 θ 环散装填料，尺寸为 $\varphi 6mm \times 6mm$，比表面积 $440m^2/m^3$，空隙率 $0.7m^3/m^3$，堆积密度 $700kg/m^3$，填料因子 $1500m^{-1}$，填料层支承栅板开孔率 75%。其流程如图 4-9 所示。

两种类型塔的塔釜均采用功率为 2.5kW 的电加热器加热，塔顶冷凝器为列管式换热器，供料采用 LMI 电磁微量计量泵进料。

四、实验步骤

（一）全回流

1. 配制体积浓度 10%～15% 的乙醇水溶液加入塔釜中，至塔釜体积约 2/3 处。

2. 启动总电源，再启动塔釜电加热器，通过控制电加热器电流来控制塔釜加热量。当发现液沫夹带过量时，应调低电流。

3. 塔釜加热开始后，打开冷凝器的冷却水阀门，调冷却水流量至 400L/h 左右，使塔顶蒸汽全部冷凝实现全回流。

4. 当塔顶温度、回流量和塔釜温度稳定后，分别从塔顶和塔釜取样，进行色谱分析。

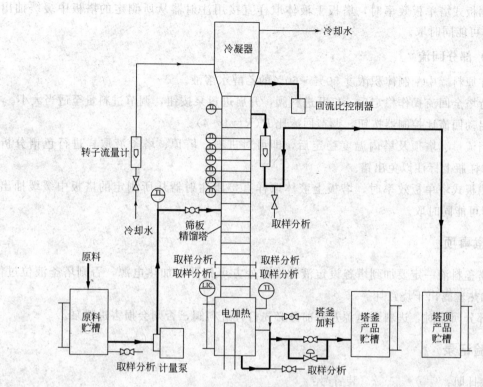

图 4-8 筛板精馏塔流程简图

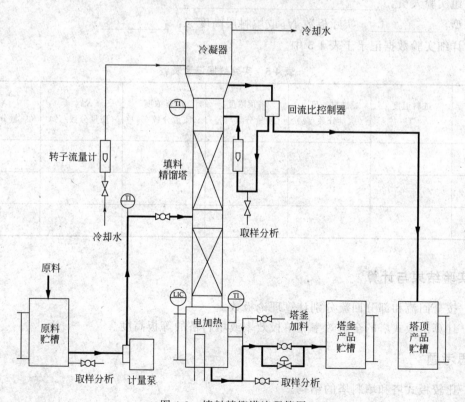

图 4-9 填料精馏塔流程简图

5. 测板式塔单板效率时，塔板上液体取样直接用注射器从所测定的塔板中缓缓抽出，各个样尽可能同时取。

(二) 部分回流

1. 在原料罐中配制体积浓度 50%～60% 的乙醇水溶液。
2. 待塔全回流操作稳定后，打开进料阀，开启进料泵按钮，调节进料量至适当大小。
3. 启动回流比控制器按钮，调节回流比 $R(R=1～4)$。
4. 当流量、塔顶及塔内温度稳定后，即可对进料、塔顶、塔釜液取样进行色谱分析，注意在取样瓶上标注以免出错。
5. 测板式塔单板效率时，塔板上液体取样直接用注射器从所测定的塔板中缓缓抽出，各个样尽可能同时取。

五、注意事项

1. 塔釜料液一定要加到塔釜设定液位 2/3 处方可打开电加热电源，否则塔釜液位过低会使电加热丝露出干烧致坏。
2. 部分回流时，进料泵电源开启前务必先打开进料阀，否则会损害进料泵。

六、实验记录

实验日期：_____ 装置号：_____

同组实验人员：_____

塔型：_____ 实际板数 N_P 或填料层高度 Z：_____

将详细实验数据记录于表 4-5 中。

表 4-5　实验数据记录表

项目	进料温度 /℃	进料浓度 (质量分数/%)	塔顶浓度 (质量分数/%)	塔釜浓度 (质量分数/%)	X_{n-1} (质量分数/%)	X_n (质量分数/%)
全回流						
$R=$						
$R=$						

七、实验结果与计算

1. 按全回流和部分回流分别计算理论板数。
2. 计算出板式塔的全塔效率、单板效率或填料塔的等板高度。

八、思考题

1. 比较板式塔和填料塔的结构。
2. 全塔效率和单板效率如何定义？
3. 在分离要求相同的条件下，理论板数随回流比如何变化？为什么？

实验七　吸收实验

一、实验目的

1. 了解填料塔吸收塔的结构与流程。
2. 测定液相总传质单元数和总体积吸收系数。
3. 了解气体空塔速度和液体喷淋密度对总体积吸收系数的影响。

二、实验原理

由于 CO_2 气体无味、无毒、廉价，所以本实验选择 CO_2 作为溶质，用水吸收空气中的 CO_2。一般将配置的原料气中的 CO_2 浓度控制在 10%（质量分数）以内，所以吸收的计算方法可按低浓度来处理。

1. 计算公式

$$N_{OL}=\frac{1}{1-A}\ln\left[(1-A)\frac{Y_1-mX_2}{Y_1-mX_1}+A\right] \quad (4-33a)$$

$$K_X a=\frac{L}{Z\Omega}\int_{X_2}^{X_1}\frac{dY}{X^*-X}=\frac{L}{Z\Omega}N_{OL} \quad (4-33b)$$

式中，$K_X a$——以 ΔX 为推动力的液相总体积吸收系数，$kmol/(m^3 \cdot s)$；N_{OL}——以 ΔX 为推动力的液相总传质单元数；A——吸收因数，$A=\dfrac{L/V}{m}$；L——水的摩尔流量，$kmol/s$；V——空气的摩尔流量，$kmol/s$；Z——填料层高度，m；Ω——塔的横截面积，m^2。

本实验的平衡关系可写成

$$Y=mX$$

式中，m——相平衡常数，$m=E/p$；E——亨利系数，$E=f(t)$，可根据液相温度 t 查得；p——总压，Pa（取大气压）。

2. 测定方法

（1）本实验采用转子流量计测得空气和水的体积流量，并根据实验条件（温度和压力）和有关公式换算成空气和水的摩尔流量。

（2）测定塔底和塔顶气相组成 Y_1 和 Y_2（利用气相色谱分析得到质量分数，再换算成摩尔比）。

（3）塔底和塔顶液相组成 X_1 和 X_2 的确定（对清水而言，$X_2=0$，由全塔物料衡算 $V(Y_1-Y_2)=L(X_1-X_2)$ 可求出 X_1）。

三、实验装置与流程

吸收实验装置流程如图 4-10 所示。自来水送入填料塔塔顶经喷淋头喷淋在填料顶层。由风机送来的空气和由二氧化碳钢瓶送来的二氧化碳混合后，一起进入气体混合贮罐，然后从塔底进入塔内，与水在塔内进行逆流接触，发生质量传递，由塔顶出来的尾气放空。由于本实验为低浓度气体的吸收，整个实验过程可看成是等温操作。

填料吸收塔内径为 100mm，塔内分别装有金属丝网波纹规整填料和 θ 环散装填料两种，

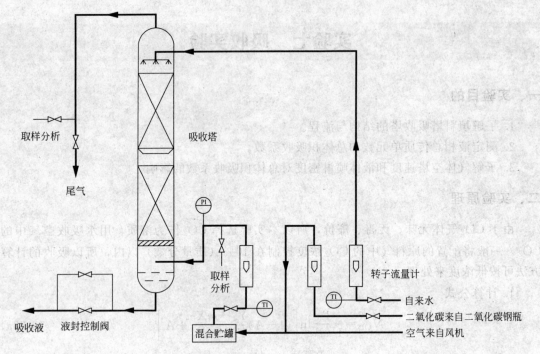

图 4-10 吸收实验装置流程简图

填料层总高度 $Z=2m$。塔顶有液体分布器,塔中部有液体再分布器,塔底部有栅板式填料支承装置。塔底有液封,以避免气体泄漏。

填料规格和特性:金属丝网波纹填料的型号为 JWB-700Y,填料尺寸为 $\varphi 100mm \times 100mm$,比表面积为 $700m^2/m^3$。θ 环散装填料尺寸为 $\varphi 10mm \times 10mm$。

四、实验步骤

1. 熟悉实验流程和气相色谱仪及其配套仪器结构、原理、使用方法及注意事项。
2. 打开总电源、仪表电源开关,启动风机。
3. 打开二氧化碳钢瓶总阀,并缓慢调节钢瓶的减压阀(注意:减压阀的开关方向与普通阀门的开关方向相反,顺时针为开,逆时针为关),使其压力稳定在 0.2MPa 左右。
4. 开启自来水阀门,让水进入填料塔润湿填料(注意控制塔底液封:仔细调节液封控制阀的开度,控制塔底液位在一定高度,以免塔底液封过高溢满或过低而泄气)。
5. 分别仔细调节空气、二氧化碳、水的转子流量计的流量,使其稳定在某一数值。
6. 待塔操作稳定后,读取各流量计的读数及温度显示仪表、压力表的读数,通过六通阀在线进样,利用气相色谱仪分析塔顶、塔底气相组成(质量分数)。
7. 一组测完后,改变相关流量进行下一组实验。
8. 实验完毕,调节自来水、二氧化碳、空气流量计的读数至零,关闭风机、仪表电源及总电源,放空塔釜中的水,关闭二氧化碳钢瓶减压阀、总阀,清理实验场地。

五、注意事项

1. 打开二氧化碳钢瓶总压之前,确定减压阀处于关闭状态,打开后,最好控制减压阀的压力为 0.2MPa,不能过高,防止二氧化碳玻璃转子流量计爆炸伤人。

2. 操作条件改变后，需要有较长的稳定时间，一定要等到稳定后方能读取有关数据。

3. 通过六通阀在线进样进行色谱分析时，进样前要让待测气体连续吹扫取样管线一段时间（不少于5min）。

六、实验记录

实验日期：_____
装置号：_____
同组实验人员：_____
详细数据记录于表 4-6 中。

表 4-6　实验结果数据记录表

序号	气温/℃	水温/℃	进气流量/(m³/h)	水流量/(L/h)	CO_2流量/(L/h)	进气组成（质量分数/%）	尾气组成（质量分数/%）
1							
2							
3							
4							

七、实验结果与计算

算出液相总传质单元数和总体积吸收系数，给出计算示例。

八、思考题

1. 本实验中，为什么塔底要有液封？
2. 为什么二氧化碳吸收过程属于液膜控制？
3. 当气体温度和液体温度不同时，应用什么温度计算亨利系数？
4. 气体空塔速度和液体喷淋密度对总体积传质系数有何影响？

实验八　干燥实验

一、实验目的

1. 熟悉常压洞道式（厢式）干燥器的构造和操作。
2. 测定恒定干燥条件下湿物料的干燥曲线和干燥速率曲线。
3. 确定该物料的临界湿含量 X_C。

二、实验原理

干燥曲线：物料干基含水量 X 与干燥时间 τ 的关系曲线。
干燥速率曲线：干燥速率 U 与干基含水量 X 的关系曲线。
干燥速率的定义：单位时间被干燥物料的单位干燥表面上除去的水分量，即

$$U = \frac{-G\mathrm{d}X}{S\mathrm{d}\tau} = \frac{\mathrm{d}W}{S\mathrm{d}\tau} \approx \frac{\Delta W}{S\Delta\tau} \tag{4-34}$$

式中，U——干燥速率，$kg/(m^2 \cdot s)$；G——湿物料中的绝干物料的质量，kg；X——物料的干基含水量，kg 水/kg 绝干料；S——干燥面积，m^2；W——湿物料被干燥的水分，kg；τ——干燥时间，s；ΔW——$\Delta \tau$ 时间间隔内被干燥的水分。

当湿物料和热空气接触时，被预热升温并开始干燥，在恒定干燥条件下（即热空气的温度、湿度、流速、物料与气流的接触方式不变），若水分在表面的汽化速率小于或等于从物料内层向表面层迁移的速率，物料表面仍被水分完全润湿，干燥速率保持不变，称为恒速干燥阶段或表面汽化控制阶段。

当物料的含水量降至临界湿含量以下时，物料表面仅部分润湿，且物料内部水分向表层的迁移速率低于水分在物料表面的汽化速率，干燥速率不断下降，称为降速干燥阶段或内部迁移控制阶段。

三、实验装置与流程

干燥实验装置流程如图 4-11 所示。空气用风机送入电加热器，经加热后进入干燥室，然后经排出管道排至大气中。随着干燥过程的进行，湿物料的质量由质量传感器和智能数显仪表记录下来。

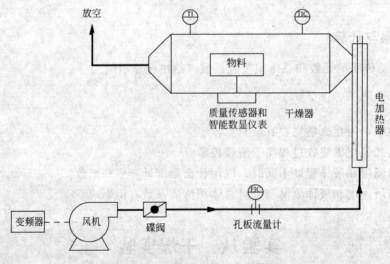

图 4-11 干燥实验装置流程简图

四、实验步骤

1. 开启仪控柜总电源及仪表电源，启动风机（手动操作时采用"直接启动"，自动操作时采用"变频器启动"）。
2. 设定干燥条件即空气流量、干球温度。
3. 开启两组电加热，开始加热。
4. 当干燥室温度恒定时，将水浸泡过的湿物料轻轻甩干，用夹子夹好，十分小心地放置于干燥室内质量传感器的称重杆上（注意：不能用力向下压质量传感器以防损坏，质量传感器的最大负荷仅为 200g）。

（1）手动操作　等质量传感器的读数稳定后开始计时，每隔一定时间间隔（一般为

2min）记录一次时间（由秒表读出）和物料质量（在仪控柜上读出）。

（2）自动操作　进入"干燥速率曲线测定实验"计算机控制界面，等质量传感器的读数稳定后点击"开始实验"按钮，计算机即开始自动记录时间和物料质量等数据（一般每分钟记录一次）。

5. 待物料基本恒重时，即为实验结束，依次关闭电加热器、风机、仪表电源、总电源，小心地取下物料。

五、注意事项

1. 必须先开风机，后开电加热器，否则，加热管可能会被烧坏。
2. 质量传感器的最大负荷仅为 200g，放取物料时必须十分小心，以免损坏质量传感器。

六、实验记录

实验日期：_____　装置号：_____
同组实验人员：_____
干球温度：_____　湿球温度：_____　空气流量：_____
物料干燥面积：_____　绝干物料质量：_____　夹子质量：_____
详细实验数据记录于表 4-7 内。

表 4-7　实验数据记录表

干燥时间 /min	物料质量 /g	干燥时间 /min	物料质量 /g	干燥时间 /min	物料质量 /g	干燥时间 /min	物料质量 /g

注：湿物料质量＝质量传感器的读数（即仪控柜上"物料质量"读数）－夹子质量

七、实验结果与计算

1. 用表列出干燥时间、干基含水量、干燥速率的数值，给出计算示例，绘出干燥曲线和干燥速率曲线。
2. 确定物料的临界含水量。

八、思考题

1. 实验过程中干、湿球温度计是否变化？为什么？
2. 恒定干燥条件是指什么？

第五章 食品专业综合实验

食品专业综合实验是高等学校食品科学与工程专业必修实践环节，是一门技术性和实用性较强的专业课程。它是食品专业学生在完成了所有的专业基础课和专业课之后，在进入毕业论文环节前的最后一次综合实验，是以食品产品加工实验为核心，包含微生物、食品分析、食品检测等内容的实验。综合实验，可以巩固学生课堂所学知识，提高学生的专业实验技能，培养学生综合运用所学知识、实验方法和实验技能来分析、解决问题的能力。在综合实验教学中，指导教师采用 PBL 教学法、OBE 教学法，有更好的学习效果。

PBL 教学法（Problem Based Learning）是基于问题的学习的一种教学方法，是一种可以有效培养学生的解决问题能力的学习方式。与传统以学科为基础的教学法有很大的不同，强调以学生的主动学习为主，而不是传统教学中强调的以教师讲授为主。其基本思想可以概括为三条：第一，问题是学习的起点，也是选择知识的依据；第二，教育工作者的专业发展必须与工作场所的真实情境和复杂问题相连接；第三，教师不再是"真理"的讲解者或传授者，他们的工作重心不再是课堂上的"表演"，而是课前的设计和课后的反馈与反思。PBL 教学法旨在使学习者建构起宽厚而灵活的知识基础，发展有效的问题解决技能，发展自主学习和终生学习的技能，成为有效的合作者，并培养学习的内部动机；它强调把学习设置到复杂的、有意义的问题情景中，通过学习者的合作来解决真正的问题，从而学习隐含在问题背后的科学知识，形成解决问题的技能和自主学习的能力。

OBE 教学法（Outcomes-based Education），即成果导向教育，是指教学设计和教学实施的目标是学生通过教育过程最后所取得的学习成果。OBE 强调我们想让学生取得的学习成果是什么？我们为什么要让学生取得这样的学习成果？我们如何有效地帮助学生取得这些学习成果？我们如何知道学生已经取得了这些学习成果？成果导向教育能够衡量学生能做什么，而不是学生知道什么，前者是传统教育无法做到的。例如，传统教育衡量学生的常用方法是从几个给定答案中选择出一个正确答案。这种方法往往只能测试出学生的记忆力，而不能让学生展示出他们学会了什么。也就是说，重要的是理解而不是记忆。对内容的理解所体现的认知能力比内容的记忆所体现的记忆能力更加重要。OBE 教学法要求学生掌握内容的方式，从解决有固定答案问题的能力拓展到解决开放问题的能力。

食品专业综合实验的 PBL 教学法、OBE 教学法，是食品工程专业学生的一次"学习的革命"，改变学生以单纯按照教师的实验思路做实验的维持性学习方式，为学生构建开放的学习环境，提供多渠道获取知识并将学到的食品工程专业知识加以综合运用于实践的机会，教学设计和教学实施的目标是学生通过教育过程最后所取得的学习成果，重在培养学生的创新精神和实践能力，从而实现对传统教学的教师中心、课堂中心、书本中心的超越。同时，加大了教师与学生的交流空间与实践，培养专业实践能力，打破了教师与学生、学生与学生之间的相对孤立状态，有利于学生主体作用的充分体现，学生在愉快的体验中不断发展。将 PBL 教学法、OBE 教学法引入到食品专业综合实验的课程中，既是课堂教学的有力补充，也是课堂教学的外延和拓展，食品专业综合实验有以下具体要求。

1. 实验前进行预习，以小组（3~4人一组）为单位，通过查阅文献，分工合作，根据实验内容和流程进行合理分工与合作，注意工序的衔接与整合，争取实验效率最大化，确保在规定时间内完成实验任务。

2. 了解各产品加工的合适原料和加工工艺，分析产品的加工原理，按照实验的要求和安排认真操作；指导教师在实验前进行提问，检查学生的预习情况。

3. 根据实验条件，自行选择加工的原料，预先设计好实验方案，并向指导教师汇报，经指导教师审核同意后按拟定步骤开展实验。

4. 在产品制作完成后，进行实验成果展示和评价（包括自评、他评和师评），并进行全班集中讨论，分享实验心得。

5. 实验结束后，将实验仪器设备清洗干净后放回原位，并清理实验台面。

6. 整理、分析实验数据，撰写实验报告。

实验一　糖水罐头、果酱的加工及其质量控制

一、实验目的

1. 通过实验使学生熟识和掌握罐头、果酱等制作的一般工艺流程。
2. 掌握其产品质量控制方法。
3. 了解食品感官评定方法。

二、实验原理

罐藏是食品原料经过前处理后，装入能密封的容器内，添加糖液、盐液或水，通过排气、密封和杀菌，杀灭罐内有害微生物并防止二次污染，使产品得以长期保藏的一种加工技术。

果酱保存属于腌制保藏，保藏剂是糖，利用高糖浓度抑制微生物的生长。在高渗压条件下使微生物细胞原生质收缩，导致细胞质壁分离而死，使食品得以保存，如蜜饯、果脯、果酱、果泥、果糕等就是按此法生产的。

三、实验仪器与材料

1. 仪器

电磁炉、不锈钢锅、不锈钢勺、量筒、糖度计、温度计、pH 计、玻璃棒、打浆机、镊子、天平、四旋玻璃瓶和盖。

2. 材料

蜜桔、荔枝、苹果、山楂等水果，白砂糖、柠檬酸、盐酸、氢氧化钠等。每组准备的原

料总量为 1.0~1.5kg。

四、工艺流程

水果蔬菜原料挑选→去皮切分、护色等预处理→装罐（瓶子先消毒）→加糖液→排气密封→杀菌→冷却→罐头产品。

水果蔬菜原料挑选→去皮切分、护色等预处理→打浆→加糖浓缩→排气密封→杀菌→冷却→果酱产品。

五、产品质量标准和感官评定

每组制定罐头的感官评定表、打分表，对本组的产品进行评定。

1. 罐头的感官指标 从色泽、形态、气味、滋味、质感、杂质等方面对成品进行感官评定。

2. 果酱的感官指标 从色泽、形态、气味、滋味、质感、杂质等方面对成品进行感官评定。

六、思考题

1. 加工罐头的工艺流程包括哪些环节？
2. 加工罐头、果酱的原理是一样的吗？
3. 罐头、果酱加工中用的糖是什么糖？都需要转化糖吗？为什么？
4. 罐头、果酱加工中可能会出现什么问题？
5. 影响柑桔罐头、果酱质量的因素有哪些？如何控制？
6. 如何评价罐头、果酱的质量？如何进行感官评定？感官评定的指标有哪些？不同产品的感官评定表一样吗？设计感官评定表要考虑哪些因素？
7. 在本实验过程中，你发现有哪些实验操作有安全隐患，应如何应对呢？

附1 糖水桔子罐头的加工工艺

工艺流程：原料选择→选果清洗→原料处理→整理、分选→装罐→真空封罐、杀菌→冷却→擦罐、入库、贴标。

1. 原料选择

选用肉质致密、色泽鲜艳美观、香味良好、糖分含量高、糖酸比适度、含橙皮苷低的果实。果实呈扁圆形、果皮薄、桔大小一致、无损伤果。

2. 原料处理

不同原料的处理方法不一样，如柑橘的处理方法如下。

(1) 去皮、分瓣 桔子需进行清洗后剥皮，有热剥和冷剥。热剥是把桔子放在90℃的热水中烫2~3min，烫至易剥皮但果心不热为准。不热烫者为冷剥，一般这种方法多采用于出口厂家，减少预热次数对桔子的营养、风味保存较好，但剥皮稍费功夫。然后分瓣，分瓣要求手轻，以免囊因受挤压而破裂，因此要特别注意，可用小刀帮助分瓣，桔络去净为宜。分瓣应分大、中、小三级分，烂瓣另做处理。

(2) 去囊衣 可分为全去囊衣及半去囊衣两种。

① 全去囊衣 将桔瓣先行浸酸处理，瓣与水之比为1:1.5（或2），用0.4%的盐酸溶液处理桔瓣，一般为30min左右，具体由使用酸的浓度及桔瓣的囊衣厚薄、品种等来确定

浸泡的时间，水温要求在20℃以上，随温度上升其去囊衣作用加速，但要注意温度不易过高，20~25℃为宜，当浸泡到囊衣发软并呈疏松状，水呈乳浊状即可沥干桔瓣，放入流动清水中漂洗至不混浊为止，然后进行碱液处理，使用浓度为0.4%氢氧化钠，水温在20~24℃浸泡2~5min，具体由软囊衣厚薄而定（以大部分囊衣易脱落，桔肉不起毛，不松散，软烂为准）。处理结束后立即用清水清洗碱液。

漂洗：流动水中清洗，或清洗至瓣不滑为止。去核：手要特别轻，防止断瓣。

② 半去囊衣　与全去囊衣不同之处是把囊衣去掉一部分，剩下薄薄一层囊衣包在汁囊的外围，使用盐酸的浓度为0.2%~0.4%，酸处理30min左右，氢氧化钠浓度为0.03%~0.05%（20~25℃左右），碱处理时间为3~6min，具体视囊衣情况而定，以桔瓣背部囊衣变薄、透明、口尝无粗硬感为宜。

去心、去核：要求用弯剪把桔瓣中心白色部分作两剪剪除，在剪口处剔除桔核。

（3）热烫　水温为80~100℃，经2~6min捞出。再在70~80℃热水中浸洗去杂，然后取出放入竹篮内，沥去水分。

（4）装罐　先进行糖液制备，配制浓度15%~30%，砂糖加热熔化后用绒布过滤。装罐的糖水温度保持在85℃以上。趁热将果块装入消毒的玻璃罐中，装罐量为该罐的55%~60%，然后灌入糖液，装罐时要留有5~8mm顶隙。果肉重不低于净重的55%，糖水浓度（开罐时按折光计）为14%~18%。

（5）排气、封罐　用热力排气，90~100℃，5~20min，罐中心温度达80℃；排气完毕后立即封罐，趁热封罐，封罐前罐中心温度不低于75℃。

（6）杀菌、冷却　封罐后即投入沸水中杀菌15~20min，然后分段冷却。

杀菌公式：525g玻璃罐 5~15min/100℃

450g玻璃罐 5~12min/100℃

312g铁罐 5~11min/98℃

（7）保温检验　一般在37℃左右放置一周，观察质量变化情况。

附2　水笋罐头的加工工艺

（1）切头剥壳分级　去笋根基部粗老部分后，剥壳，保留笋尖和嫩衣。切分成笋丁，修整切除笋根老纤维等。

（2）预煮　根据笋丁大小，用沸水预煮40~70min。

（3）冷却漂洗　笋煮后用流动冷水冷却后，漂洗16~24h。

（4）复煮　整装笋用纱布包、统装笋不用包。复煮条件：大笋沸水煮15~20min，中、小笋10~15min，煮后水洗一次，趁热装罐。

（5）汤汁　沸水加入0.00%~0.08%柠檬酸、1%~4%食盐，注入罐内温度不低于85℃。

（6）排气及密封　中心温度70~80℃。抽气密封条件：360~400mmHg。

（7）杀菌及冷却　根据罐头内容物和pH等确定杀菌条件。一般采用高温高压杀菌。如净重2950g杀菌式（排气）：15min-45min-反压冷却/116℃；净重800g杀菌式（排气）：10min-40min-10min/116℃；净重540g杀菌式（排气）：10min-35min-10min/116℃。

杀菌后及时冷却至37℃左右,然后进行一周的保温检查。

附3 果酱的加工工艺

1. 果酱加工工艺流程

原料选择→选果清洗→原料处理→护色、热烫→打浆→浓缩→装罐→真空封罐→冷却→擦罐、入库、贴标

2. 制作要点

（1）护色　为了防止褐变,原料切分后尽快用盐水或柠檬酸水浸泡,尽快热烫灭酶。

（2）浓缩　打浆后的果浆,一定先浓缩到一定程度再加糖,否则很难达到透明效果；预浓缩后加酸、加糖继续浓缩,加热煮制时间不低于1h,避免产品返砂。

浓缩程度：一般使糖液浓度达到65%以上,立即趁热装罐、密封保藏,不需要杀菌；如果糖液浓度低于60%,装罐后需要杀菌（100℃,10~15min）才能长期保藏。

实验二 香蕉果汁的加工及其酶法澄清

一、实验目的

1. 熟识和掌握果汁饮料的加工方法和一般工艺流程。
2. 学习酶解在果汁生产中的应用。
3. 了解果汁澄清的重要性和必要性。
4. 了解果汁混浊的机理及澄清化方法；掌握酶法澄清果汁的基本原理。

二、实验原理

酶法加工澄清果汁,包括酶解澄清技术和罐藏技术。

长期贮存后的果汁容易发生混浊沉淀,并可氧化变质。混浊形成的原因有很多,主要是与天然存在的酚类物质有关。当果汁中的蛋白质和果胶物质与多酚类物质长时间共存时,就会产生混浊的胶体,乃至发生沉淀。因此需要加入各种澄清剂以除去一部分或大部分上述易形成沉淀成分,使果汁获得好的风味及保持长期的稳定性。酶制剂（纤维素酶、果胶酶）的加入可以分解果汁中的部分纤维素、半纤维素、果胶,使其成为可溶性的小分子物质,提高澄清度和果汁的透明性。

罐藏是把食品原料经过前处理后,装入能密封的容器内,添加糖液、盐液或水,通过排气、密封和杀菌,杀灭罐内有害微生物并防止二次污染,使产品得以长期保藏的一种加工技术。果汁加工最后需要采用罐藏的方式保存。

三、实验仪器与材料

1. 仪器

打浆机、离心机、离心管、电磁炉、不锈钢锅、筛子（80~100目）、电子秤、托盘天平、玻璃瓶、恒温水浴锅、722分光光度计等。

2. 材料

新鲜香蕉、果胶酶（50000U）、白砂糖、食品级无水柠檬酸、食用级维生素C等。

四、工艺流程及操作要点

1. 工艺流程

挑选香蕉→去除香蕉皮→护色、热烫→打浆过滤→酶解→灭酶→过滤→离心→调配→灌装→杀菌→冷却→保存

（1）香蕉的挑选　选择外表黄色的成熟香蕉、去皮。

（2）护色液　将去皮香蕉浸泡于0.3%柠檬酸溶液中。

（3）热烫　将香蕉肉放入护色液中煮沸2min左右，沥干，冷却至室温。

（4）打浆　将香蕉肉放入打浆机中，按照1:3（质量/体积）料液比加入纯净水调配，进行打浆处理，得香蕉浆，初滤（用80~100目筛），得香蕉原汁。此时，香蕉原汁pH值在4.0~5.0。

（5）酶解　向香蕉原汁中加入0.5%的果胶酶，在45℃恒温水浴锅中酶解1.5h。将酶解后的香蕉原汁放在沸水锅中灭酶10min。

（6）离心　将灭酶后的香蕉原汁冷却至室温，装入干净的离心管中，放入高速离心机中离心（转速3500r/min，时间10min），离心后取上清液，即香蕉汁。

（7）调配　根据口味调整，加入6%~10%白砂糖、0.03%~0.05%食品级无水柠檬酸及0.1%食用级维生素C，用勺子搅拌至溶解，得香蕉饮料。

（8）灌装杀菌　趁热将香蕉饮料装入已灭菌的玻璃瓶中，封盖，进行常压沸水杀菌10~20min，冷却、保存。

2. 操作要点

（1）护色液制作中，其护色液的量至少要浸过香蕉肉。

（2）香蕉打浆时，建议先加入少量纯净水打浆，打浆完毕后，剩下的纯净水可用来冲洗附在打浆机壁中的肉，将冲洗液一并加入浆液中。

（3）灭酶及灌装杀菌时要注意温差，否则玻璃瓶会炸裂。

五、产品质量标准和感官评定

从色泽、形态、气味、滋味、质感、杂质等方面对成品进行感官评定。

六、思考题

1. 原料处理的护色，可以选择哪些方式？
2. 果汁为什么会出现混浊？
3. 酶法澄清果汁的原理是什么？酶法澄清果汁有何优缺点？
4. 果汁加工后应该采用什么方法来保藏？

实验三　泡菜的制作及其亚硝酸盐含量的分析

一、实验目的

1. 了解泡菜制作工艺，掌握腌制基本原理。

2. 了解影响泡菜加工的技术因素；学习亚硝酸盐的测定方法。

二、实验原理

蔬菜上或老盐水中带有乳酸菌、酵母菌等微生物，可以利用蔬菜、盐水中的糖进行乳酸发酵、酒精发酵等，不仅咸酸适度，味美嫩脆，增进食欲帮助消化，而且可以抑制各种病原菌及有害菌的生长发育，延长保存期；另外由于腌制采用密闭的泡菜坛，可以使残留的寄生虫卵窒息而死。

三、实验仪器与材料

1. 仪器

泡菜坛等。

2. 材料

甘蓝 1000g、食盐、白糖、生姜、大料、花椒、干红辣椒、茴香、草果等适量。

四、工艺流程及操作要点

1. 工艺流程

挑选原料→原料预处理→配制盐水、清洗容器→装坛→腌制发酵→泡菜产品

2. 操作要点

（1）原料处理　清洗剔除有腐烂、病虫害的甘蓝，用手将其掰成小块，晾晒使其失水 20％。

（2）盐水配制　2％～4％的盐水，可加糖 3％～5％。

（3）香料包　称取干红辣椒（1～2个）、花椒（10个）、大料（1个）、生姜、茴香、草果等适量，可用布包裹，备用。

（4）装坛　将甘蓝放入已经清洗、消毒好沥干的泡菜坛，装至一半时，放入香料包，再放甘蓝至距离泡菜坛顶部 6cm 处，加入盐水将甘蓝完全淹住，并用竹片将原料卡压住，以免原料浮出水面，水与原料比约为 1∶1，然后加盖加水密封。

（5）腌制　腌制 5～6d 即可食用，观察其颜色、质地、风味的变化。

五、产品质量标准和感官评定

从色泽、形态、气味、滋味、质感、杂质等方面对成品进行感官评定。

六、思考题

1. 泡菜加工的原理是什么？
2. 泡菜加工的工艺流程？
3. 选择什么原料？为什么？
4. 泡菜加工中可能会出现什么问题？如何预防？
5. 如何评价泡菜的质量？需要检测哪些指标？
6. 应该分析泡菜中什么成分？为什么？如何分析？

实验四　内酯豆腐的制作

一、实验目的

1. 了解大豆蛋白的结构特点和功能特性；掌握葡萄糖酸内酯诱导大豆蛋白形成凝胶的机理。
2. 掌握内酯豆腐的制作工艺和操作要点，并进行感官评价。
3. 从工艺角度认识改善内酯豆腐品质的基本思路。

二、实验原理

蛋白质是食品的主要成分，不仅可提供膳食中的必需氨基酸，还具有多种功能特性，如胶凝、成膜、乳化、起泡、持水持油等特性。利用蛋白质的功能特性可以加工制备出各种不同特色的食品（见表5-1）。

表 5-1　食品蛋白质在食品体系中功能特性

蛋白的功能特性	食品	蛋白质种类	蛋白的功能特性	食品	蛋白质种类
溶解性	饮料	乳清蛋白	起泡性	冰淇淋、蛋糕	卵清蛋白、乳清蛋白
胶凝作用	豆腐、酸奶、奶酪	大豆蛋白、乳蛋白	持水性	香肠、蛋糕、	肌肉蛋白、蛋黄蛋白
乳化性	蛋白酱、香肠、蛋糕	肌肉蛋白、蛋黄蛋白	持油性	油炸面圈	谷物蛋白
成膜作用	腐竹	大豆蛋白	增稠作用	汤、调味汁	明胶

随着人们生活水平的不断提高，酸奶、高品质豆腐、西式调味品等富含蛋白质的食品往往受到人们的青睐，市场需求量很大。因此食品企业亟须熟悉食品蛋白的结构与功能特性相关性、掌握蛋白类食品加工原理和工艺的专业技术人员。基于成果导向教育的理念，高校人才的培养目标要符合市场的实际需求。因此通过这部分的实验，让学生了解蛋白质的功能特性在食品加工中的作用，加深学生对蛋白结构与功能相关性的理解，并掌握几种蛋白类食品的制备原理、加工工艺及品质控制方法。

大豆富含蛋白质，其蛋白含量约为40%，是禾谷类和薯类食物的2.5~8倍。大豆蛋白的氨基酸组成全面，必需氨基酸含量充足，是植物性的全价蛋白，营养价值很高。大豆中的蛋白质约90%是球蛋白，分子量大且具有致密的空间结构，疏水基团通常位于结构内部。大豆蛋白具有多种功能特性，如胶凝、成膜、乳化、起泡、持水持油等，在食品工业中已得到广泛应用。但由于其溶解性较差且分子结构过于致密，因此与动物蛋白相比（如酪蛋白），除持水持油性外其他功能特性都较弱。

豆腐本质上是大豆蛋白形成的有序凝胶网络结构，其形成主要经过大豆蛋白的变性展开和蛋白凝胶网络结构形成两步。

大豆蛋白的变性展开：浸泡的大豆经研磨分散于水中，形成相对稳定的蛋白质溶胶（生豆浆），其中的大豆蛋白在表面水化膜和双电层的保护下，处于分散悬浮的状态。通过加热提高体系内能，破坏维持大豆蛋白高级结构的次级键（如氢键、范德华力、疏水相互作用），可使球状的大豆蛋白变性伸展,暴露出可使蛋白发生聚集的活性基团(如疏水基团、巯基、—CO、—NH),然而过度加热会导致蛋白分子变性聚集(图 5-1)。豆浆热处理工序对豆腐凝胶形成起重要作用,热处理的程度、方式、豆浆的浓度、pH 值等都对豆腐的品质有显著影响。

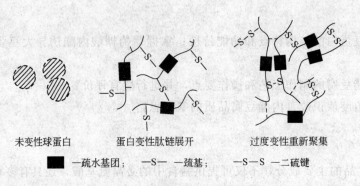

图 5-1 大豆蛋白的热变性过程

蛋白凝胶网络结构形成:在豆腐制作过程中采用凝固剂诱导蛋白交联,形成有序的蛋白空间网络结构(图 5-2),通常采用的凝固剂有盐类、酸类、酶类等。本实验采用的葡萄糖酸内酯(GDL)就是一种酸类凝固剂。GDL 在加热后水解生成葡萄糖酸,可使豆浆 pH 下降至大豆蛋白等电点附近,减少其分子表面负电荷基团数量,蛋白之间因静电排斥力下降而发生交联聚集。由于 GDL 在一定温度下水解成葡萄糖酸的速度较慢,符合大豆蛋白凝胶网络结构形成的渐进过程,与盐类凝固剂(如硫酸钙)制作的豆腐相比,产率高、弹性强、持水性好且质地细腻洁白、口感鲜美。值得注意的是,GDL 的用量、作用时间和温度等会对大豆蛋白凝胶网络结构的形成产生重要影响,且这些因素间会相互影响,最终决定了豆腐的产率、质感和口感等品质。

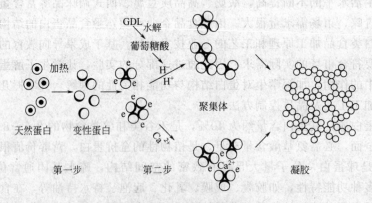

图 5-2 大豆蛋白凝胶网络结构形成过程

三、实验仪器与材料

1. 仪器

量筒、不锈钢勺、温度计、pH 计、玻璃棒、磨浆机、塑料杯、纱布、煮锅、电磁炉(电炉)等。

2. 材料

大豆、葡萄糖酸内酯，消泡剂等。

四、工艺流程及操作要点

1. 工艺流程

大豆原料→浸泡→制浆→过滤→煮浆→加入凝固剂→装盒→产品

2. 操作要点

（1）精选　清除杂质，去除已变质、不饱满和有虫眼的大豆。

（2）浸泡　将大豆浸泡在约5倍大豆体积的室温水中。一般春秋浸泡4~5h，夏季3~5h，冬季12~16h。适当提高浸泡水温，可缩短浸泡时间。浸泡到大豆表面比较光亮、没有皱皮、豆瓣表面平直、色泽均匀、易被手指掐断为度。

（3）磨浆　按豆与水之比为（1∶3）~（1∶4）的比例，均匀磨碎大豆。磨料期间滴水、下料要协调一致，不得中途断水或断料。磨成的豆糊光滑，粗细适当，稀稠合适，前后均匀。要尽量磨细。

（4）过滤　用纱布过滤，先粗过滤再细过滤，保证豆浆能过100目筛，过滤后合并滤液，但注意加水量。一般1kg大豆加水总量（包括前几道工序）为7~8kg。

（5）煮浆　煮浆对豆腐成品质量的影响至关重要。煮浆的目的是使大豆蛋白变性伸展，暴露出可使蛋白发生聚集的活性基团（如疏水基团、巯基、—CO、—NH），热处理的程度、方式、豆浆的浓度、pH值等都对豆腐的品质有显著影响。一般传统的煮浆工艺为一段式加热：在豆浆煮沸1min后，停止加热，然后在85℃下保持15min。然而目前在工业生产中，常采用分段式加热，如在80℃下保温10min，然后在95℃保温15min，通常煮浆效果较好。将浆煮至90~100℃会产生泡沫，可加入消泡剂消泡。

（6）加入凝固剂　待豆浆冷却到70~80℃时，加入葡萄糖酸内酯，添加量为豆浆量的0.2%~0.4%（质量/体积），搅拌均匀。

（7）装盒　加入凝固剂后即可装盒制成盒状内酯豆腐，或待其冷却后，按常规方法进行压榨滤水后，便可食用。在加工过程中可加入菜汁、螺旋藻汁等制成绿色豆腐，也可加入花生做成花生豆腐。

五、产品质量标准和感官评定

豆腐成型无破碎、洁白细腻、有光泽、气味清香、口感软嫩。

从色泽、形态、气味、滋味、质感等方面对成品进行感官评定。

六、思考题

1. 请简述葡萄糖酸内酯诱导大豆蛋白形成凝胶的机理。
2. 传统以石膏为凝固剂制作的豆腐和内酯豆腐在制作原理上有什么区别？内酯豆腐有什么优点？
3. 影响内酯豆腐品质的重要因素有哪些？
4. 在煮浆过程中，采用何种加热方式可保持温度恒定？
5. 在本实验过程中，你的小组成员是如何分工合作的？你主要负责什么任务，完成情况如何？
6. 如果要提高内酯豆腐的凝胶强度，可以采用什么方法？

7. 在加工过程中加入菜汁会导致豆腐凝胶强度下降,可以用什么方法解决这个问题?

实验五　腐竹的制作

一、实验目的

1. 了解大豆蛋白的成膜机理。
2. 掌握腐竹的制作工艺和操作要点,并进行感官评价。
3. 从工艺角度认识改善腐竹品质的基本思路。

二、实验原理

腐竹是豆浆中的蛋白质分子在变性过程中与脂肪分子相聚合而形成的薄膜。豆浆在加热保温(85~95℃)条件下,豆浆中的蛋白质分子获得足够内能,开始变形,从卷曲状伸展开,暴露出内部的疏水基团和二硫键,他们相互结合成立体网络结构。随着豆浆表面水分的不断蒸发和蛋白质胶粒内能的逐渐增加,聚合度加大,不断地将脂肪包容,形成腐竹结构。随着时间的延长,膜越结越厚,达到一定程度后揭起烘干即为腐竹。成品腐竹的含水量一般为7%~8%,脂肪含量20%~30%,蛋白质含量40%~50%。

三、实验仪器与材料

1. 仪器

量筒、不锈钢勺、温度计、pH计、玻璃棒、磨浆机、塑料杯、纱布、煮锅、电磁炉(电炉)、竹竿、电热烘箱、剪刀等。

2. 材料

大豆、消泡剂等。

四、工艺流程及操作要点

1. 工艺流程

原料选择→清洗→浸泡→磨浆→滤浆→调浆→煮浆→保温→揭取腐竹→烘干→成品

2. 操作要点

(1) 大豆精选、浸泡　操作工艺同内酯豆腐的制作。

(2) 磨浆　按大豆(浸泡后):清水=1:3.5的比例,采用磨浆机磨制。磨料期间滴水、下料要协调一致,不得中途断水或断料。磨成的豆糊光滑,粗细适当,稀稠合适,前后均匀。要尽量磨细。

(3) 滤浆与调浆　用100~120目滤布滤浆,豆渣用少量清水清洗后再次过滤,并合并滤液。在制作腐竹时,原料大豆:清水总量(包括前几道工序)=1:4。

(4) 煮浆　煮浆对腐竹成品质量的影响至关重要,其原因同内酯豆腐的制作,目的是使大豆蛋白变性伸展,暴露出可使蛋白发生聚集的活性基团(如疏水基团、巯基、—CO、—NH),热处理的程度、方式、豆浆的浓度、pH值等都对豆腐的品质有显著影响。煮浆工艺同内酯豆腐的制作,可根据实验室条件选择传统煮浆方式或分段式煮浆方式。将浆煮至

90~100℃会产生泡沫,可加入消泡剂消泡。

(5) 保温、揭取腐竹 煮浆完成后,用文火保持浆温在85℃,并在浆的表面进行吹风,促进浆体表面的水分蒸发和浆皮的形成。当豆浆表面形成一层油质薄浆皮时,用剪刀沿锅边向中间轻轻把浆皮划开,再用竹竿沿着锅边挑起,即得湿腐竹,室温下晾5min后称重(记为$M_湿$)。以此方式每隔7~8min形成、挑起一层腐竹,直到锅内豆浆表面不能再形成具有韧弹性的浆皮为止。

(6) 烘干 把担在竹竿上的腐竹送入烘箱烘干。干燥温度控制在50~60℃,约经1h后,取出称重(记为$M_干$)。成品腐竹的含水量一般为7%~8%。

五、产品质量标准和感官评定

腐竹应为浅黄色、有光泽、枝条均匀,有空心、味正、无杂质。

从色泽、形态、气味、滋味、质感等方面对成品进行感官评定。

六、思考题

1. 请简述大豆蛋白制作腐竹的成膜机理。
2. 腐竹与豆腐的制作原理和工艺有什么相同和不同之处?
3. 影响腐竹品质的重要因素有哪些?
4. 在揭取腐竹的时候,有哪些操作要点?
5. 在本实验过程中,你发现有哪些实验操作有安全隐患,应如何应对呢?
6. 按本实验介绍的腐竹制作条件和方法,一锅豆浆一般只能揭取6~8条腐竹,请问用什么方法可以提高腐竹的产率?
7. 按传统方法制作的腐竹会有豆腥味,请问用什么方法可以去除?

实验六 酸奶的制作

一、实验目的

1. 了解牛乳蛋白的结构特点和功能特性;掌握乳酸菌发酵制备酸奶的原理。
2. 掌握凝固型酸奶的制作工艺和操作要点,并进行感官评价。
3. 从工艺角度认识改善酸奶品质的基本思路。

二、实验原理

牛乳中蛋白含量约为3.5%,脂肪含量约为3.0%,乳糖含量约为4.0%。其中牛乳蛋白主要由酪蛋白(占80%)和乳清蛋白(占20%)组成。由此可见,酪蛋白是牛乳蛋白的主要成分,其结构和性质决定了牛乳蛋白的功能特性。与植物蛋白的球状结构不同,酪蛋白是典型的线性蛋白,具有良好的溶解性和分子柔顺性,因此其胶凝、乳化、成膜、起泡等功能特性都明显优于植物蛋白,是重要的食品工业基础原料。

酸奶是以牛乳为原料,接种乳酸菌(通常使用保加利亚乳杆菌或嗜热链球菌)发酵制成的一种发酵型乳制品。其原理为通过乳酸菌发酵产生乳糖水解酶,使牛奶中的乳糖缓慢水解成乳酸,从而使牛奶pH下降至酪蛋白等电点(pI 4.6)附近,蛋白之间因静电排斥力下降而发生交联聚集,从而使整个奶液成凝乳状态。酸奶不仅营养丰富、容易消化和吸收,而且含有乳酸和大量乳酸菌,在肠道能抑制有害微生物的生长,增强人体免疫机能,预防乳腺癌,有利消化,促进食欲,并克服乳糖不耐症,是补钙的理想食品。

三、实验仪器与材料

1. 仪器

锥形瓶(每人1~2个)、封口膜、量筒、不锈钢勺、温度计、pH计、玻璃棒、灭菌锅、电磁炉、培养箱、冰箱、净化工作台、天平等。

2. 材料

原料乳(奶粉或鲜牛奶)、白砂糖、发酵剂、酸奶或酸奶发酵菌粉。

四、工艺流程及操作要点

1. 工艺流程

```
                白砂糖                    发酵剂
                  ↓                        ↓
原料乳→净化→配料→均质→杀菌→冷却(46~48℃)→接种→发酵→冷藏后熟→成品
```

2. 操作要点

(1) 原料乳选择 选用鲜牛奶或者奶粉。原料乳的质量要求:生产酸乳的原料乳,要求酸度在18°T以下,细菌总数不高于$50×10^4$ CFU/mL,总干物质含量不得低于11.5%,其中非脂乳固体不低于8.5%。原料乳是不得使用病畜乳和残留抗生素、杀菌剂、防腐剂的牛乳。

(2) 配料 在消毒过的容器(锥形瓶)中放入鲜牛奶(或冲泡的奶粉),加入6~7g/100mL白砂糖(本实验采用6.5%的加糖量),不断搅拌。

(3) 均质 原料配合后进行均质处理。均质处理可使原料充分混匀,有利于提高酸乳的稳定性和稠度,并使酸乳质地细腻,口感良好。均质所采用的压力以20~25MPa为好,均质次数为2~3次。

(4) 杀菌 90~95℃,5min,对原料乳进行杀菌。

(5) 冷却 将杀菌后的乳冷却至46~48℃后,准备接种。

(6) 接种 接种量可根据菌种活力、发酵方法等的不同而定。

(7) 接种方法与接种量 用洁净的灭菌勺,去掉市售原味酸乳表层的1~2cm后,按市售酸奶:原料乳为1:10的比例,接入已灭过菌且冷却至46~48℃的牛奶中,充分搅拌混匀。或者在冷却至46~48℃的牛奶中,直接加入市售一次性的发酵剂,将1小袋发酵剂(1g)加入1L牛奶中,充分搅拌均匀。

(8) 发酵 发酵剂混匀后,迅速置于41~42℃恒温箱中培养,这是嗜热链球菌和保加利亚乳杆菌最适生长温度的折中值。发酵时间一般在6h左右。达到凝固状态时,即可终止发酵。发酵终点一般可依据如下条件来判断:①滴定酸度达到60~70°T以上;②pH值低于4.6;③表面有少量水痕;④倾斜酸奶瓶或杯,奶变黏稠。发酵过程中应注意:避免振动,否则会影响组织状态;发酵温度应恒定,避免忽高忽低;发酵室内温度上下均匀;掌握好发酵时间,防止酸度不够或过度以及乳清析出。

(9) 冷藏后熟 发酵结束后,立即移入4℃的冰箱中,终止发酵过程,使酸乳的特征(质地、口味、酸度等)达到所设定的要求。另外,冷藏还具有促进香味物质产生,改善酸乳硬度的作用。一般将酸乳终止发酵后第12~24h称为后熟期,在此期间香味物质的产生会达到高峰期。

五、产品质量标准和感官评定

（1）酸奶感官指标　①色泽：色泽均匀一致，呈乳白色或稍带微黄色。②滋味和气味：具有酸甜适中、可口的滋味和酸奶特有的风味，无酒精发酵味、霉味和其他不良气味。③组织状态：凝块均匀细腻，无气泡，允许有少量乳清析出。

（2）酸奶理化指标　①非脂乳固体含量≥8.5%；②脂肪含量≥3.2%；③蛋白质含量≥3.2%；④总糖（以蔗糖计）含量≥8.0%；⑤酸度（以pH计）：发酵后4.5~5.0，冷藏后3.5~4.0。

（3）从色泽、形态、气味、滋味、质感等方面对成品进行感官评定。

六、思考题

1. 请简述乳酸菌发酵制备酸奶的基本原理。
2. 牛乳蛋白和大豆蛋白的结构和功能特性都什么差异？
3. 影响酸奶品质的重要因素有哪些？
4. 为什么在发酵前要对原料乳进行高压均质处理？
5. 在酸奶的制作过程中，为什么对实验环境的卫生条件要求很高，所有用具都要进行消毒？
6. 在酸奶制备过程中加入果汁可制备出水果口味的酸奶，但却会导致蛋白絮凝，影响酸奶的外观和口感，可以用什么方法解决这个问题？
7. 酸奶的制备对生产卫生条件要求很高，在工业生产中应如何控制卫生条件？

实验七　蛋黄酱的制作

一、实验目的

1. 了解蛋黄蛋白的结构特点和乳化特性，掌握蛋黄酱的制作原理。
2. 掌握蛋黄酱的制作工艺和操作要点，并进行感官评价。
3. 从工艺角度认识改善蛋黄酱品质的基本思路。

二、实验原理

鸡蛋中蛋黄、蛋白、蛋壳的质量比约为1∶3∶6。蛋黄不仅是鸡蛋中最富营养的部分，而且具有良好的乳化特性，因此常被作为天然的食品乳化剂而广泛用于各种乳状液食品（如蛋黄酱、色拉酱等）的制作。蛋黄中具有乳化性能的成分是蛋白质和卵磷脂，其中蛋白质占蛋黄质量的16%，对蛋黄的乳化性能起主要作用。

蛋黄酱是一种西式特色的调味品，由于其营养丰富、食用方便，适合于现代生活中快节奏的饮食方式，深得人们的喜爱。制作蛋黄酱的主要原料是植物油、蛋黄和醋，通常还会添加食盐、糖、乳化稳定剂及香辛料。其制备原理是利用蛋黄的乳化特性，在高速搅打的作用下将植物油乳化包埋，形成稳定的黏稠乳状液，乳化形式为水包油型。蛋黄酱的稳定性和品质不仅取决于蛋黄与植物油的比例、蛋黄的特性、乳化稳定剂的种类等，还与搅打乳化的方式密切相关。

三、实验仪器与材料

1. 仪器

手动打蛋器、量筒、圆弧形大盆、不锈钢勺、温度计、玻璃棒、灭菌锅、电磁炉、天平等。

2. 材料

鸡蛋、葵花籽油、糖、盐、醋等。

四、工艺流程及操作要点

1. 工艺流程

```
                    糖盐等辅料    葵花籽油           葵花籽油
                         ↓            ↓                ↓
挑选鸡蛋→破壳取蛋黄→蛋黄杀菌→混合蛋液→搅打乳化→加调味品→搅打乳化→胶体磨均质→成品
```

2. 操作要点

(1) 配方　植物油 72%、蛋黄 10%、食盐 1.5%、辣椒粉 0.5%、食醋 12%、水 4%。

(2) 原料的选择　选择健康家禽所产的新鲜鸡蛋。

(3) 蛋液制备　鲜鸡蛋用清水洗净，酒精棉球消毒，打蛋，搅拌，杀菌（60℃，3～5min），冷却备用。

(4) 辅料处理　将糖、食盐溶于食醋中，杀菌（60℃，3～5min），过滤，冷却备用。

(5) 搅打乳化　顺着一个方向手动快速搅打蛋液，并慢慢加入葵花籽油。一开始用点滴的方式加油，待体积增大、乳化成型后，可以一汤匙一汤匙地加油。当蛋黄酱变稠变硬时，可加入几滴醋使其变软，然后可继续加油搅打（硬加醋，软加油）。在搅打乳化成型后，可加上其他调味料进行调制，就可以变化出各种风味的蛋黄酱，例如千岛酱、奶酪酱、芥末酱等经典的西式调味酱都是由蛋黄酱变化而来的。

(6) 均质　用胶体磨进行均质。

五、产品质量标准和感官评定

(1) 蛋黄酱感官指标　①色泽：浅黄、均匀、有光泽；②形态：稠糊状，表面无浮油，具有一定的弹性和黏性；③口味：清香，具有适口的酸、咸味；④口感：绵软、细腻、爽滑。

(2) 从色泽、形态、气味、滋味、质感等方面对成品进行感官评定。

六、思考题

1. 蛋黄的主要成分是什么，其中具有乳化特性的成分有哪些？
2. 请简述蛋黄酱的制作原理。
3. 在搅打乳化制作蛋黄酱的过程中，当蛋黄酱变稠变硬时，应该怎么处理？
4. 蛋黄的杀菌温度是多少，应该采用什么杀菌方式？
5. 在制作蛋黄酱的过程中，搅打乳化对蛋黄酱的品质有重要影响，你的小组是如何进行分工合作的？
6. 在蛋黄酱的制作过程中，可采用"硬加醋，软加油"的策略，其原理是什么？
7. 在蛋黄酱制作过程中加入辣椒粉等调味品可能会导致蛋黄酱析油，可采用什么方法解决这一问题？

实验八　奶油冰淇淋的生产工艺与配方

一、实验目的

1. 通过本实验了解掌握奶油冰淇淋生产的基本原理。
2. 了解软质奶油冰淇淋的加工工艺过程及加工工艺要点，掌握软质冰淇淋的加工方法。
3. 掌握奶油冰淇淋膨胀率的测定方法，学会并掌握冰淇淋、膨化雪糕产品的质量控制方法。

二、实验原理

冰淇淋是以稀奶油为主要原料，其中添加牛乳、水、砂糖、香料及稳定剂等辅料经混合、杀菌、均质、老化、凝冻而成。冰淇淋由约50%的空气，32%的水分和18%的干物质构成。凝冻是冰淇淋加工的最重要工序，是达到冰淇淋膨胀率的重要操作。通过凝冻使冰淇淋的水分形成微细的冰结晶；使空气进入并将空气均匀地混合于混合料中，呈微小气泡状态；使冰淇淋成型效果好；对冰淇淋质量和产量有很大影响。凝冻工序是通过凝冻机完成的。连续式凝冻机工作时，混合料经由空气混合泵混入空气后，进入凝冻筒。制冷系统将液体制冷剂输入凝冻筒的夹层内。凝冻筒内的刮刀由电动机经带传动降速后，通过牙嵌式联动轴带动作旋转运动。由进料口进入凝冻筒的料液与筒外夹套内制冷剂进行热交换，把自身热量传给制冷剂，制冷剂吸热汽化，而料液则被冷冻在筒体内壁上。由于刮刀的不断旋转运动，将筒内壁上的冻结冰淇淋刮削下来，同时新的料液又附在内壁上冻结，随即又被刮削下来。刮削下来的冰淇淋半成品，经由刀轴上的许多圆孔进入空心轴内，在偏心轴的作用下被搅拌均匀。由于料液被空气混合泵不断地压入，给筒内的料液以压力，不断挤向上端，并克服膨胀阀弹簧的压力，使膨胀阀阀门打开，压力下降，冰淇淋中的空气泡膨胀，使产品变得疏松，生产出冰淇淋。

三、实验仪器与材料

1. 仪器

电子天平、电磁炉、胶体磨、冰淇淋机、不锈钢锅、水浴锅、均质机、连续凝冻机、低温冰柜、温度计、低温温度计、旋转黏度计、高剪切机、热水器、2000mL烧杯、5L不锈钢桶、盛冰淇淋塑料杯及盖、(2000mL、1000mL) 量筒、(5mL、1mL、2mL) 移液管、吸耳球、石棉网、80目和100目不锈钢筛、玻璃棒、木质搅拌器等。

2. 材料

全脂奶粉、全脂甜炼乳、奶油、鲜鸡蛋液、砂糖、棕榈油、冰淇淋复合稳定乳化剂CMC或黄原胶、香精、色素、单甘酯、水等。

四、工艺流程及操作要点

1. 工艺流程

设计配方→原料称量→混合→过滤→杀菌→冷却→均质→冷却→老化→凝冻→灌装→速冻硬化→低温贮藏

2. 操作要点

(1) 配方　按 2.5kg 计，全脂奶粉 8%、奶油 5%、砂糖 14%、单甘酯 0.25%、CMC 0.35%、水 72.4%。

(2) 根据各种原材料的成分按实验目标计算各原料的含量，即设计配方。

(3) 复核过的各种原材料，在配制混合料前必须经过处理，现将各种原料的处理方法介绍如下。

鲜乳可先用 100 目不锈钢筛进行过滤，以除去杂质。

冰牛乳在使用前，可先击成小块。然后置入烧杯或不锈钢锅中加热溶解，再经过滤。

乳粉在配制前应先加水溶解，然后采用高剪切机充分搅拌一次，使乳粉充分混合以提高配制混合原料的质量。

砂糖应加入适量的水，加热溶解成糖浆并经 100 目筛过滤。

鲜蛋或冰蛋在配制时，可与鲜乳一起混合、过滤。若用蛋粉可与乳粉一起加水混合，并经高剪切机混合。

奶油或人造奶油在配制前，应先检查其表面是否有杂质存在。如有杂质，则应预先处理后用小刀切成小块。

(4) 原料混合的顺序宜先从浓度低的水、牛乳等液体原料，次而黏度高的炼乳等液体原料，再而砂糖、乳粉、乳化剂、稳定剂等固体原料，最后以水作容量调整。混合溶解时的温度通常为 40~50℃。

(5) 巴氏杀菌　混合料杀菌时必须控制温度逐渐由低而高，不宜突然升高，时间不宜过长，否则蛋白质会变性，稳定剂也可能失去作用。灭菌温度应控制在 75~78℃，时间 15min。杀菌时应将各种原料进行充分搅拌，充分混合。

(6) 杀菌的混合料通过 80 目筛过滤后进行均质。均质压力为 12~15MPa，均质温度控制在 65~70℃。

均质的作用：增加混合料的黏度，凝冻搅拌时气泡容易混入，提高膨胀率，且能够使组织滑润、防止脂肪分离，还能提高脂肪的消化率，增强成品的稳定性，不易融化。

(7) 冷却、老化　将均质后的混合料冷却至 8~10℃。放入老化桶，用冷却盐水快速降温至 2~4℃进行老化，老化时间 4~6h。在凝冻前 30min 将香精加入老化桶并搅匀。增加蛋白质与稳定剂的水合作用，促进脂肪的乳化，提高混合料的稳定性和黏性。

(8) 凝冻　在连续式冰淇淋凝冻机中，混合料温度降低，附着在内壁的浆料立即冻结成冰淇淋霜层，紧贴凝冻筒内壁并经快速飞转的两把刮刀刮削，在偏心棒的强烈搅拌和外界空气的混合等作用下，使乳化了的脂肪凝聚，混合料逐渐变厚，体积膨大成为轻质冰淇淋。

将老化好的混合料在冰淇淋冻结机内进行冻结处理的过程称为凝冻。在冰淇淋生产中，凝冻过程是将混合料置于低温下，在强制搅拌下进行冻结，使空气以极微小的气泡状态均匀分布于混合料中，物料形成细微气泡密布、体积膨胀、凝结体组织疏松的过程。凝冻的条件：混合料的温度与凝冻前混合料的温度以不超过 5℃为宜。

冻结机的温度：加入混合料前凝冻机的温度应在 −5℃左右，混合料加入后不致使温度升高过多。

速度及凝冻时间：搅拌转速应保持在 150~200r/min。搅拌 10~15min 后即可制成膨胀率为 80%~100% 的成品冰淇淋，此时成品温度约在 −2~−3℃的范围内。

(9) 灌注、装盘、速冻、硬化　速冻室温度控制在 −30~−35℃，硬化至冰淇淋中心温度为 −18℃，即可装入冰柜。

五、产品质量标准和感官评定

（1）感官指标　从滋味、气味、组织、颜色形态等方面对成品进行感官评定（表 5-2）。

表 5-2　冰淇淋感官评定项目

项目	标准	得分
滋味	甜度适中，可口	20～25
	甜度不足或过甜	15～20
	有咸味，酸败味	10～15
气味	奶香味纯正，豆香味适中	20～25
	奶香味不明显，豆香味有点重	15～20
	豆味多于奶味	10～15
组织	细腻、润滑、无明显粗糙冰晶、无气孔	20～25
	有小冰晶或细微颗粒感	15～20
	较大冰晶或组织粗糙	10～15
颜色形态	形态完整、不变形、不软塌、不收缩	20～25
	形态不完整、有点黏	15～20
	形体过黏，有凝块	10～15

（2）冰淇淋的膨胀率　采用体积计算法，即根据称量的同质量混合料的体积与同质量冰淇淋的体积，按照下式进行计算。

$$B/\% = \frac{(V_1 - V_m)}{V_m} \times 100\%$$

式中，B——膨胀率，%；V_1——为同质量下冰淇淋的体积；V_m——为同质量下混合料的体积。

制作出的冰淇淋产品，产品应符合下列要求：

总固形物含量≥32%，脂肪含量≥10%，蛋白质含量≥3.2%，砂糖含量≥16%，膨胀率≥80%。

六、思考题

1. 冰淇淋加工的原理是什么？
2. 影响冰淇淋产品质量的因素有哪些？如何控制？
3. 如何评价冰淇淋的质量？
4. 影响冰淇淋膨胀率的因素可能有哪些？（从原料、设备、操作等方面去分析）

附 1　几种口味冰淇淋配方

（1）香芋冰淇淋　全脂奶粉 65g；棕榈油 50g；麦芽糊精 30g；特制糯米粉 10g；白砂糖 120g；玉米糖浆 40g；冰淇淋乳化稳定剂 4g；香芋香精 1g；乳化炼乳香精 1g；水补足至 1000g。

（2）鲜菠萝冰淇淋　全脂奶粉 65～75g；棕榈油 41.2g；麦芽糊精 20g；白砂糖 125g；玉米糖浆 70g；精盐 0.2g；柠檬酸 1g；冰淇淋乳化稳定剂 4g；乳化炼乳香精 1g；糖芯菠萝浊香精 1g；水补足至 1000g。

(3) 哈密瓜冰淇淋 全脂奶粉 75g；棕榈油 41.3g；麦芽糊精 20g；白砂糖 120g；玉米糖浆 70g；冰淇淋乳化稳定剂 4g；全色乳化哈密瓜香精 1g；天然发酵牛奶香精 1g；水补足至 1000g。

(4) 全色草莓冰淇淋 全脂奶粉 65g；棕榈油 45g；麦芽糊精 25g；白砂糖 125g；玉米糖浆 70g；柠檬酸 0.8g；冰淇淋乳化稳定剂 4g；全色乳化草莓香精 1g；乳化炼乳香精 1g；水补足至 1000g。

附 2 膨化雪糕的生产与配方

1. 实验原料

鲜牛奶、全脂奶粉、全脂甜炼乳、奶油、鸡蛋、明胶、食盐、麦芽糊精、砂糖、淀粉、香草香精。

2. 实验设备及仪器

与奶油冰淇淋的制备实验设备与仪器相同。

3. 实验目标

总固形物≥16%；总糖（以蔗糖计）≥14%；脂肪≥2%；膨胀率 20%～30%。

4. 实验工艺流程及操作要点

(1) 工艺流程

设计配方→原料称量→混合→过滤→杀菌→冷却→均质→冷却→老化→凝冻→浇模→冷冻→插扦→脱模→包装→低温贮藏

(2) 操作要点 与冰淇淋的生产大致相同，不同点如下：

① 在使用淀粉前，要先用 5～6 倍的水将其稀释成淀粉浆，然后在搅拌的前提下将淀粉浆加入混合容器内，加热温度为 60～70℃，使其初步糊化，然后再过滤掉未溶化的淀粉颗粒及杂质。

② 浇模 在凝冻机内放出的料液，膨胀率约为 30%～50%，可直接放进雪糕模盘内，放料时尽量估计正确，过多、过少都会影响浇模的效率与卫生质量。已放进模盘的料液因过于浓厚难以进入模子内，故需用无毒的橡皮刮将其刮平，并稍微振动几下，目的是将料液震进模底。待模盘内全部整平，盖好模盖即可冷冻。

③ 冷冻 将雪糕模具放入 24～30°Bé，-24～-30℃的盐水中冻结，冻结时间只需 10～12min，在冻结过程中，要防止模盘溅入盐水，否则要将料液倒掉。

④ 插扦 插扦要插得整齐端正，不得有歪斜、漏插及未插牢的现象。

⑤ 脱模 烫模盘槽内的水温应控制在 48～54℃。浸入时间为数秒钟，以能脱模为准。

⑥ 包装 用塑袋包装雪糕，放入冰柜冷藏。

实验九 鸡精的制备及其质量控制

一、实验目的

1. 学习鸡精的加工原理。
2. 掌握鸡精加工工艺流程。
3. 学习鸡精的质量评价方法和控制技术。

二、实验原理

鸡精是一种以新鲜鸡肉、鸡骨、鲜鸡蛋为基料,通过蒸煮、减压、提汁后,配以盐、糖、味精(谷氨酸钠)、鸡肉粉、香辛料、肌苷酸、鸟苷酸、鸡肉香精等物质复合为原料,经特殊工艺制作而成的调味品,它以味道鲜美、独特开始逐渐代替味精走进千家万户。鸡精是中式菜肴中不可缺少的调味品,特别是鸡骨汤的使用量更大。鸡精中的鹅肌肽非常多,牛磺酸较少。此外,谷氨酸、谷氨酰、谷胱甘肽较多。

三、实验仪器与材料

1. 仪器

爪式粉碎机、搅拌机、沸腾干燥机、真空封口机、造粒机等。

2. 材料

鸡骨提取物(自制或者购买鸡粉代替)、鸡油、蛋黄粉、食盐、味精、I+G(呈味核苷酸二钠)、白胡椒、姜粉、酵母精、抗黏结剂、玉米淀粉、麦芽糊精、蔗糖、葡萄糖、姜黄色素、柠檬酸、鸡肉香精(膏状、粉体)、天然纯肉粉等。

各材料添加原因如下。

(1)玉米淀粉　是作为填充物和载体物,添加量一般在10%~25%之间,玉米淀粉价格低,粉度不大,易于造粒,可根据鸡精的价位成本,决定添加量的比例,但玉米淀粉的添加量也不宜太大,因为它有一个很大的缺点,就是溶于水中混浊、沉淀,尤其在火锅调味中使用的鸡精,会产生糊锅底的现象。

(2)麦芽糊精　是一种很好的填充物和载体物,麦芽糊精完全溶解在水中,透明、无沉淀,价格比玉米淀粉高一些,但生产中、高档的鸡精也能接受,麦芽糊精对颗粒鸡精来说还可以起到黏结剂的作用。二者在鸡精生产中的相互比例,主要取决于鸡精的价格、档次,以及生产中工艺上的要求,但麦芽糊精的添加量不宜太大,因为它黏度大,在颗粒鸡精生产中添加量过多,造粒机会有造粒困难的问题,所以要注意与其他没有黏性的配料进行合理的搭配。

(3)食盐　食盐在鸡精中的作用,并不只是填充物和载体物,它具有增强鲜度,提高口感,防腐等多种功能,一般添加量在10%~25%之间。

(4)蔗糖、葡萄糖　蔗糖的添加量与食盐的添加量要协调好,根据味的增效原则,这样能起到增鲜和缓咸的作用,但由于价格的原因,葡萄糖在鸡精生产中用量较少,一般蔗糖的添加量在3%~10%之间。

(5)味精、I+G　作为鲜味剂的主体,味精的添加量在15%~30%之间,而I+G的添加量与味精的添加量有一定的比例。按照鲜味相乘原则,在经济上较合理的比例为20:1,根据这一比例,I+G的添加量应为0.8%~1.5%。

(6)白胡椒、姜粉　辛香料的添加量不大,但起的作用不小。即能提供香气,也能掩盖异味。在鸡精中主要添加的是白胡椒和姜粉。原因是其他的辛香料颜色过深,容易影响鸡精的外观,因而很少使用。白胡椒一般的添加量为0.2%~0.4%,姜粉的添加量为0.1%~0.3%。但辛香料总的比例不能过高,否则辛香料的气味过重,掩盖了主体的肉香味。

(7)鸡油、蛋黄粉　主要是增强鸡精中鸡肉的体香与底味。使鸡精的香气丰满、浓厚、持久、逼真。除此之外,添加鸡油也能使鸡精产品的外观发亮,蛋黄粉能使鸡精产品的外观产生浅黄色，使鸡精产品的外观更加逼真、形象，对于粉末状鸡精产品宜于使用蛋黄粉，方便生产；对于颗粒状鸡精宜于使用鸡蛋，能降低鸡精的成本，也有利于造粒。一般鸡油的添加量为3%～5%。鸡油的添加量不宜过大，否则会引起过氧化的问题，因此要添加一定的抗氧化剂。在粉末状鸡精中蛋黄粉的添加量为2%～6%。在颗粒状鸡精中的添加量为3%～8%。

(8) 天然纯肉粉　鸡精中需要添加一些天然纯肉粉，使其鸡肉香味丰满、逼真、持久，具有真正的鸡汤香味，其中主要是鸡肉粉。其他的肉粉如猪肉粉、排骨粉也添加一些。这样能使鸡精的肉味香气更浓厚。一般的添加量为1%～8%，主要取决于鸡精产品的价格档次。而有的厂家为了降低成本，并不多加价格贵的肉粉，而是添加部分价格较便宜的HVP粉，当然效果就差一些。另外，HVP粉添加量过大，会引起氯丙醇含量超标。

(9) 膏状鸡肉香精　鸡肉精膏的添加对于鸡精的品质起着非常重要的作用。现代的鸡精生产为工业化的大批量生产——锅锅的熬制鸡汤，效率低，不易扩大规模，产品的质量不稳定，在经济上也会使鸡精的成本过高，这样添加膏状鸡肉香精（鸡肉精膏）就成了必然的选择。鸡肉精膏有着品质稳定、生产上容易操作、用量较少、价廉物美等诸多优点。现已成为鸡精生产厂家首选的原料，特别是生产颗粒鸡精的厂家。应用鸡肉精膏作为鸡精产品的主体香气，能使鸡精香味饱满、浓厚、逼真、持久。更具有鸡汤的香气，而且大批量生产质量稳定，外观形象愉悦。一般的鸡肉精膏添加量为1%～5%之间。

(10) 粉体鸡肉香精　粉体鸡肉香精是作为鸡精头香添加的。它使鸡精产品在使用时产生煮鸡或炖鸡的诱人食欲的作用。一般的添加量为0.5%～2%，主要取决于鸡精的价格与档次。鸡精头香的选择也与不同地区人群对香气的嗜好和理解有关，如：四川成都产的鸡精有很多辛香料，香味就较重，而广东东莞产的鸡精有很多鸡的特征，香气就很浓。总之，在鸡精生产中，膏状鸡肉香精和粉体鸡肉香精使用量都较少。但对鸡精的整体风味起着举足轻重的作用。只有加入它，鸡精产品才能鸡香味饱满、浓厚、持久、逼真，更具有浓郁的鸡肉特征香气。而且物美价廉，产品更吃香，更具有竞争力。

四、工艺流程及操作要点

1. 工艺流程

糖粉碎→搅拌→造粒→沸腾干燥→冷却→过筛→拌香精→包装→检验→成品

2. 操作要点

(1) 拌料　糖粉碎后80目过筛，盐、淀粉和味精分别80目过筛，除去杂质。盐、糖、味精和抗黏结剂先混合3min，先后加入鸡油和/或鸡粉，淀粉糊。全过程约10min。

(2) 沸腾　干燥造粒后干燥温度为60℃，30min。

(3) 冷却过筛　冷却约40℃，以20～30目过筛。

(4) 拌香包装　加入鸡肉香精拌匀，即进行真空包装，真空度为0.09MPa。

(5) 注意事项

① 淀粉的选择　可选择木薯粉或者玉米淀粉，玉米淀粉价格略高于木薯粉，但用它做出来的产品颜色比较明亮，加入淀粉过多，产品粉感过强，加入糊精，减少产品粉状口感。

② 色素的选择　液状的姜黄色素比较好，这种色素的特点是对淀粉有较强的附着性，液状色素容易均匀，但也可以用蛋黄粉着色，营养价值也高，但价格较贵。生产时注意将色素均匀分布。

③ 抗黏结剂的加入　盐、糖和味精很容易吸潮，当它们吸潮黏结成团状，以后很难分开，所以，抗黏结剂应该与它们同时加入一起拌匀。

④ 造粒　用淀粉糊造粒，一般选用淀粉总量的 1/10，加 10 倍水调制而成，淀粉加入过多，太稠，颗粒不容易均匀；太稀，颗粒黏结性不好。水的用量很重要，过多，黏结成团，无法造粒，过少，黏结性差，干燥后产品颗粒太小，次品多，而且，产品在干燥过程中随蒸汽排掉较多，损失大约有 5%（一般情况下 2%）。

⑤ 沸腾干燥　干燥时不能一次性加入过多的潮湿颗粒鸡精，否则通入的蒸汽不能托起它们，造成干燥的速度慢，有可能使潮湿的颗粒鸡精黏在一起，变成次品。

⑥ 拌香精　由于产品加入的鸡肉香精在 60℃，30min 沸腾干燥过程中，大部分会挥发掉，所以，香精在包装前才拌入。

⑦ 成本问题　一般来说，盐、糖和淀粉的价格较低，要降低成本，可以适当增加其分量，但是，盐过多，产品咸味重；糖过多，味道太甜，消费者不能接受；淀粉过多，产品外观可以看出来，而且淀粉糊是一种胶体，可吸附包装袋内的空气（非真空）。

五、产品质量标准和感官评定

1. 外观和感官特性

(1) 色泽　具有原、辅料混合加工后特有的色泽。

(2) 香气　鸡香味纯正，无不良气味。

(3) 滋味　具有鸡的鲜美滋味，口感和顺，无不良滋味。

(4) 形态　可为粉状、小颗粒状或块状。

2. 质量指标

(1) 谷氨酸钠（g/100g）≥35.0

(2) 呈味核苷酸二钠（g/100g）≥1.10

(3) 干燥失重（g/100g）≤3.0

(4) 氯化物（以 NaCl 计，g/100g）≤40.0

(5) 总氮（以 N 计，g/100g）≥3.00

(6) 其他氮（以 N 计，g/100g）≥0.20

(7) 净含量负偏差，应符合《定量包装商品计量监督规定》的规定。

六、思考题

1. 鸡精加工的原料有哪些？
2. 鸡精加工的基本原理是什么？简述鸡精制备的工艺流程、工艺要点。
3. 影响鸡精质量的因素有哪些？

附　简易鸡精的制备与质量指标的测定

1. 实验原料

主料：鸡脯肉 250g。

配料：干香菇 50g。

调料：糖粉少许、食盐少许、姜葱粉少许。

2. 工艺要点

(1) 准备鸡脯肉和香菇。鸡脯肉去筋去膜，撕成小块。香菇洗净控干水分，剪成小丁。

(2) 锅中入水，加入葱姜烧开。加入鸡肉丝煮2min左右捞出，控水。

(3) 用擀面杖等把鸡肉丝捣成极细腻的鸡肉茸。倒入盘中，加入少许食盐拌匀。

(4) 放入微波炉中，大火烤2min拿出来翻拌一次，烤上3次，拿出备用。

(5) 把香菇丁也放入微波炉高火烤2min拿出翻拌一次，烤2次。

(6) 把烤好的鸡肉茸和香菇丁分别用干磨杯磨成粉末。

(7) 准备少许冰糖，磨成糖粉。葱姜磨粉。

(8) 把磨好的鸡粉、香菇粉、糖粉、葱姜粉混合，搅拌均匀。

(9) 用筛面粉的过滤勺过滤至粉末全能过滤筛下为止。

(10) 把做好的鸡精装入密封的玻璃瓶中保存。

(11) 备注。

① 鸡肉丝要先煮熟。

② 鸡肉丝捣得越细，越方便烤和磨。

③ 烤的时候要拿出来翻拌分次烤，既可以受热均匀，又可以了解烤的程度。

④ 做的量不一样，烤的时间一定也有差别，要自己掌握。

⑤ 做好的鸡精要放在密封的容器里保存，不然会回潮引起结块。

3. 卫生指标

总砷（以As计，mg/kg）≤0.5。

铅（以Pb计，mg/kg）≤1。

菌落总数（cfu/g）≤10000。

大肠菌群（MPN/100g）≤90。

致病菌（指肠道致病菌和其他致病性球菌）：不得检出。

4. 实验步骤

(1) 外观和感官检查

① 色泽　取样品5g，放置在白色滤纸上或玻璃器皿内，进行目测。

② 香气　配制1%的鸡精调味料溶液，嗅其气味。

③ 滋味　配制1%的鸡精调味料溶液，取少许样品溶液放入口内，仔细品尝。

④ 形态　目测。

(2) 理化指标测定

① 氨基态氮的测定（酸度计法）

原理：利用氨基酸的两性作用，加入甲醛以固定氨基的碱性，使羧基显示出酸性，用氢氧化钠标准溶液滴定后定量，以酸度计（pH计）测定终点。试剂、仪器和分析步骤：同GB/T 5009.235—2016中的第一法　酸度计法。

试剂：甲醛（36%～38%），应不含有聚合物（没有沉淀且溶液不分层）；氢氧化钠（NaOH）；酚酞（$C_{20}H_{14}O_4$）；乙醇（CH_3CH_2OH）；邻苯二甲酸氢钾（$HOOCC_6H_4COOH$）；基准物质。

仪器：酸度计（附磁力搅拌器）；10mL微量碱式滴定管；分析天平：感量0.1mg。

分析步骤：称5.0g（或吸取5.0mL）试样于50mL的烧杯中，用水分数次洗入100mL容量瓶中，加水至刻度，混匀后吸取20.0mL置于200mL烧杯中，加60mL水，开动磁力搅拌器，用氢氧化钠标准溶液［$c(NaOH)=0.050mol/L$］滴定至酸度计指示pH为8.2，记下消耗氢氧化钠标准滴定溶液的体积（mL），可计算总酸含量。加入10.0mL甲醛溶液，混匀。再用氢氧化钠标准滴定溶液继续滴定至pH为9.2，记下消耗氢氧化钠标准滴定溶液的体积（mL）。同时取 80mL 水，先用氢氧化钠标准溶液 $[c(NaOH)=0.050mol/L]$ 调节至 pH 为 8.2，再加入 10.0mL 甲醛溶液，用氢氧化钠标准滴定溶液滴定至 pH 为 9.2，做试剂空白实验。

② 氯化物的测定　采用 GB 5009.44—2016 中的 9-13，第二法，佛尔哈德法（间接沉淀滴定法）测定。

③ 呈味核苷酸二钠的测定

原理、仪器及试剂：同 QB/T 2845—2007。紫外分光光度计，0.01mol/L 盐酸溶液。

分析步骤：准确称取均匀的样品 2~4g，用少量 0.01mol/L 的盐酸溶液溶解，定容于 100mL 的容量瓶中，混匀，过滤，弃去初滤液，吸取滤液 5.00mL 于 100mL 的容量瓶中，用 0.01mol/L 的盐酸溶液定容，混匀，此溶液即为测试液。将测试液注入 10mm 的石英比色皿中，以 0.01mol/L 的盐酸溶液作空白，测其在 250nm 波长下的吸光度。

计算：呈味核苷酸二钠含量应按下式计算

$$X_3 = [A \times 530 \times 2000]/[m_3 \times 11950 \times 1000] \times 100$$

式中，X_3——样品中呈味核苷酸二钠的含量（含 7.25 分子结晶水），g/100g；A——样品在 250nm 波长处的吸光度；530——含 7.25 分子结晶水呈味核苷酸二钠的平均分子量；2000——样品的稀释倍数；m_3——样品质量，g；11950——呈味核苷酸二钠的平均摩尔吸光系数。

计算结果保留三位有效数字。同一样品相对平均偏差不得超过 4%。

④ 总氮的测定

原理：鸡精调味料中含蛋白质、谷氨酸钠、呈味核苷酸二钠等含氮的有机化合物，与硫酸和催化剂一同加热消化，使其分解，分解的氨与硫酸结合生成硫酸铵。然后碱化蒸馏使氨游离，用硼酸吸收后再以盐酸标准滴定溶液滴定，根据酸的消耗量计算出总氮。

试剂及仪器：同 GB 18186—2000 中的 6.3.1~6.3.2 要求仪器与试剂。

分析步骤：准确称取适量的样品，使之含有 0.025~0.030g 氮，置于干燥的凯氏烧瓶中，加入 4g 硫酸铜-硫酸钾混合试剂、10mL 硫酸，在通风橱内加热（将烧瓶 45°斜置于电炉上）。待内容物全部炭化，泡沫完全停止后，保持瓶内溶液微沸，至炭粒全部消失，消化液呈澄清的浅绿色，继续加热 15min，取下，冷却至室温。缓慢加水 120mL。将冷凝管下端的导管浸入盛有 30mL 硼酸溶液（20g/L）及 2~3 滴混合指示液的锥形瓶的液面下，沿凯氏烧瓶瓶壁缓慢加入 40mL 氢氧化钠溶液（400g/L）、2 粒锌粒，迅速连接蒸馏装置（整个装置应严密不漏气）。接通冷凝水，振摇凯氏烧瓶，加热蒸馏至馏出液约 120mL。降低锥形瓶的位置，使冷凝管下端离开液面，再蒸馏 1min，停止加热。用少量水冲洗冷凝管下端外部，取下锥形瓶。用 0.1mol/L 盐酸标准滴定溶液滴定收集液至紫红色为终点。记录消耗 0.1mol/L 盐酸标准滴定溶液的体积（mL）。同时做试剂空白实验。

计算：总氮的含量应按下式计算

$$X_4 = [(V_5 - V_6) \times c_3 \times 0.0140]/m_4 \times 100$$

式中，X_4——样品中总氮的含量（以 N 计），g/100g；V_5——滴定样品消耗 0.1mol/L 盐酸标准滴定溶液的体积，mL；V_6——试剂空白实验消耗 0.1mol/L 盐酸标准滴定溶液的体积，mL；c_3——盐酸标准滴定溶液的准确数字，mol/L；0.0140——与 1.00mL 盐酸标准滴定溶液 $[c(HCl)=1.000mol/L]$ 相当的氮的质量，g；m_4——样品质量，g。

计算结果保留三位有效数字。同一样品两次测定值之差，不得超过 4%。

(3) 包装净含量检验

按 JJF 1070—2018《定量包装商品净含量计量检验规则》的规定检测。

(4) 卫生指标测定

① 总砷　按 GB 5009.11—2014《食品安全国家标准　食品中总砷及无机砷的测定》测定。

② 铅　按 GB 5009.12—2017《食品安全国家标准　食品中铅的测定》测定。

③ 菌落总数　按 GB 4789.2—2016《食品安全国家标准　食品微生物学检验　菌落总数测定》测定。

④ 大肠菌群　按 GB 4789.3—2016《食品安全国家标准　食品微生物学检验　大肠杆菌计数》测定。

⑤ 致病菌　分别按 GB/T 4789.4—2016《食品安全国家标准　食品微生物学检验　沙门氏菌检验》、GB/T 4789.5—2012《食品安全国家标准　食品微生物学检验　志贺氏菌检验》、GB/T 4789.10—2016《食品安全国家标准　食品微生物学检验　金黄色葡萄球菌检验》、GB/T 4789.11—2014《食品安全国家标准　食品微生物学检验　β型溶血性链球菌检验》测定。

实验十　面包制作

一、实验目的

1. 加深理解面包制作的基本原理及其一般过程和方法。
2. 了解食品感官检验的内容和方法。
3. 掌握面包感官鉴定的方法。

二、实验原理

面粉是由蛋白质、碳水化合物、灰分等成分组成的。在面包发酵过程中，起主要作用的是蛋白质和碳水化合物。面粉中的蛋白质主要由麦胶蛋白、麦谷蛋白、麦清蛋白和麦球蛋白等组成，其中麦胶蛋白、麦谷蛋白能吸水膨胀形成面筋（质）。这种面筋质能随面团发酵过程中二氧化碳气体的膨胀而膨胀，并能阻止二氧化碳气体的溢出，提高面团的保气能力，它是面包制品具有膨胀、松软特点的重要条件。面粉中的碳水化合物大部分是以淀粉的形式存在的：淀粉中所含的淀粉酶在适宜的条件下，能将淀粉转化为麦芽糖，进而继续转化为葡萄糖供给酵母发酵所需要的能量。面团中淀粉的转化作用，对酵母的生长具有重要作用。

酵母是一种生物膨胀剂，当面团加入酵母后，酵母即可吸收面团中的养分生长繁殖，并产生二氧化碳气体，使面团形成膨大、松软、蜂窝状的组织结构。酵母对面包的发酵起着决定性的作用，但要注意使用量。如果用量过多，面团中产气量增多，面团内的气孔壁迅速变薄，短时间内面团持气性很好，但时间延长后，面团很快成熟过度，持气性变差。因此，酵母的用量要根据面筋（质）的品质和制品需要而定。一般情况下，鲜酵母的用量为面粉用量的3%～4%，干酵母的用量为面粉用量的1.5%～2%。

水是面包生产的重要原料，其主要作用有：水可以使面粉中的蛋白质充分吸水，形成面筋网络；水可以使面粉中的淀粉受热吸水而糊化；水可以促进淀粉酶对淀粉进行分解，帮助酵母生长繁殖。

盐可以增加面团中面筋质的密度，增强弹性，提高面筋质的筋力，如果面团中缺少盐，醒发后面团会有下塌现象。盐可以调节发酵速度，没有盐的面团虽然发酵的速度快，但发酵极不稳定，容易发酵过度，发酵的时间要掌握好。盐量多则会影响酵母的活力，使发酵速度减慢。盐的用量一般是面粉用量的1%～2.2%。

面包加工的其他辅料有糖、油、奶、蛋、改良剂等，可以改善风味特点，丰富营养价值，辅助发酵。糖是供给酵母能量的来源，糖的含量在5%以内时能促进发酵，超过6%会使发酵受到抑制，发酵的速度变得缓慢；油能对发酵的面团起到润滑作用，使面包制品的体积膨大而疏松；蛋、奶能改善发酵面团的组织结构，增加面筋质强度，提高面筋质的持气性和发酵的耐力。使面团更有胀力，同时供给酵母养分，提高酵母的活力。

三、实验仪器与材料

1. 仪器

调粉机、温度计、恒温培养箱、不锈钢刀、排笔、烤模、调温调湿箱、远红外食品烤炉。

2. 材料

特制粉、标准粉、酵母、盐、油、鲜鸡蛋、糖、改良剂、奶粉、植物油等。

四、工艺流程及操作要点

1. 工艺流程

第一次调粉→第一次发酵→第二次调粉→第二次发酵→整形→醒发→烘烤→冷却→成品检验

配方：特制粉100g、鲜酵母1.0g、白砂糖12g、精盐0.5g、物油1.0g、水50mL。

2. 操作要点

（1）第一次调粉　取80g的面粉、70mL的水及全部酵母（预先用少量30～36℃的水溶化）一起加入调粉机中，先慢速搅拌，物料混合后中速搅拌约10min使物料充分起筋成为粗稠而光滑的酵母面团，调制好的面团温度应在30～32℃（可视当时面粉温度调节加水温度以达到要求）。

（2）第一次发酵　面团中插入一根温度计，放入32℃恒温培养箱中的容器内，静止发酵2～2.5h，观察发酵成熟（发起的面团用手轻轻一按能微微塌陷）即可取出。注意发酵时面团温度不要超过33℃。

（3）第二次调粉　剩余的原辅料（糖盐等固体应先用水溶化）与经上述发酵成熟的面团一起加入调粉机。先慢速拌匀后，中速搅拌10～12min。成为光滑均一的面团。

（4）第二次发酵　方法与第一次相同。时间约需1.5～2h。

（5）整形　经第二次发酵成熟的面团用不锈钢刀切成150g左右生坯，用手搓团，挤压除去面团内的气体，整形后装入内壁涂有一薄层熟油的烤模中，并在生坯表面用小排笔涂上一层糖水或蛋液。

（6）醒发　装有生坯的烤模，置于调温调湿箱内，箱内温度30℃，相对湿度90%～95%，醒发时间45～60min，一般观察生坯发起的最高点略高出烤模上口即醒发成熟，立即取出。

(7) 烘烤 取出的生坯应立即置于烤盘上，推入温度已预热至 250℃ 左右的远红外食品烤炉内，起先只开底火，不开面火，这样，炉内的温度可逐渐下降，应观察注意，待炉内生坯发起到应有高度（可快速打开炉门观察）立即打开面火，温度又会上升，当观察面包表面色泽略浅于应有颜色时，关掉面火，底火继续加热，此时炉温可基本保持平衡，直至面包烤熟后立即取出，一般观察到烤炉出气孔直冒蒸汽，烘烤总时间达 15～16min 即能成熟。须注意在烘烤中炉温起伏应控制在 240～260℃。

(8) 冷却 出炉的面包待稍冷后拖出烤模，置于空气中自然冷却至室温。

五、思考题

1. 制作面包对面粉原料有何要求？为什么？
2. 为什么工厂中通常采用二次发酵法生产面包？通过本实验你认为采用哪种方法合适，为什么？
3. 糖、乳制品、蛋制品等辅料对面包质量有何影响？
4. 面包烘烤时，为什么面火要比底火迟打开一段时间？

实验十一 面包的质量标准和感官评定

面包品质鉴定包括三方面内容：理化检验、感官检验和卫生检验。检验标准参考 GB/T 20981—2007《面包》。

一、感官检验要求

(1) 形态 完整，无缺损、龟裂、坑洼，形状应与品种造型相符，表面光洁，无白粉和斑点。
(2) 色泽 表面呈金黄色或淡棕色，均匀一致，无烤焦、发白现象。
(3) 气味 应具有烘烤和发酵后的面包香味，具有经调配的芳香风味，无异味。
(4) 口感 松软适口，不黏，不牙碜，无异味，无未溶化的糖、盐粗粒。
(5) 组织 细腻，有弹性；切面上的孔大小均匀，切面呈海绵状，无明显大孔洞和局部过硬；切片后不断裂，并无明显掉渣。

二、理化检验要求

面包的理化指标要求如表 5-3 所示。

表 5-3 面包的理化指标要求

项目名称	类别		公差
	普通面包	花式面包	
质量/面包质量(g)/50g 小麦粉	70	75	±30%
比容/(mL/g)	3.4	3.2	—
水分/%	35～46		
酸度/°T	三次发酵法 6°T，其他发酵法 4°T		—

注：比容指标不适用于加盖焙烤工艺生产的面包。

三、卫生检验要求

按 GB 7100—2015《食品安全国家标准 饼干》执行。

本实验只进行感官检验和比容测定。

1. 感官检查

面包的感官检验分外观检验和内质检验两部分。

外观包括体积、皮色、皮质、外形和触感等几个方面，内质包括内部组织、面包瓤颜色、触感、口感、口味和气味等方面，可以依照表 5-4 中的内容评判面包的感官质量。

表 5-4 面包感官评价标准

	评价指标	性状	得分
外观	体积	以比容评定	10 分
	皮色	表面呈金黄色或淡棕色,均匀一致,无烤焦、发白现象	10 分
	皮质	薄而匀	10 分
	外形	饱满,光泽性好,外形均整	5 分
	触感	手感柔软,有适度的弹性	5 分
内质	内部组织	蜂窝大小一致,蜂窝壁厚薄一致,以壁薄光亮者为好	10 分
	面包瓤颜色	以颜色浅,有光亮者为好	10 分
	触感	手感柔软,富有弹性	10 分
	口感	松软适口,不粘,不牙碜,无未溶化的糖、盐粗粒	10 分
	口味	无异味,有小麦粉的特殊香味	15 分
	气味	具有烘烤和发酵后的面包香味,无异味	5 分
	总计		100 分

2. 比容测定

参考美国小麦协会规定的办法，采用以下步骤可测得面包的比容（体积/质量）。

（1）称取样品质量。

（2）在 2L 容器中盛满干燥至恒重的小颗粒填充剂（如小米或菜籽），并称取填充剂质量。然后以下式先求得填充剂的密度。

$$填充剂质量(g)/2000(mL) = 填充剂密度(g/mL)$$

（3）在容器中装入一薄层填充剂，将测试样品放入后，再将小颗粒填充剂加入容器中并摇实，用直尺将填充剂刮平。

（4）称出除面包外的填充剂质量，按下式可测算出面包的体积。

$$填充剂体积(mL) = 填充剂质量(g)/填充剂密度(g/mL)$$

$$面包体积(mL) = 2000mL - 填充剂体积(mL)$$

$$比容 = 面包体积(mL)/面包质量(g)$$

比容测定结果计算到小数点后一位，第二位四舍五入，双实验允许误差不超过 0.1，取其平均数，即为测定结果。允许差：两次测定值之差应小于 0.1mL/g。

3. 面包比容的意义

比容是衡量面包膨松性的重要标志。发酵优良、质地柔软的面包，比容较大。然而比容过大的产品也并不理想，因为可能意味着发得太大，内部瓤心孔洞较粗大，影响弹性，易断裂。

优良的主食面包，其比容应在 3.5～4.5mL/g，花色面包约为 4～5mL/g。

四、面包品质鉴定标准

这是由美国烘焙学院在 1937 年所设计的标准，把面包的品质分为外部和内部两个部分来评定，外部占 30%，包括体积、表皮颜色、外表样式、焙烤均匀程度、表皮质地五个部分。内部的评定占总分的 70%，包括颗粒、内部颜色、香味、味道、组织与结构五个部分。一个标准的面包很难达到评分 95 以上，但最低不可低于 85 分，现将国内两部分各细则评分的办法说明如下。

1. 面包外部评分（满分 30 分）

（1）体积（满分 10 分） 烤熟的面包必须要膨胀至一定的程度。膨胀过大，会影响到内部组织，使面包多孔而过分松软；如膨胀不够，也会使组织紧密，颗粒粗糙。在做烘焙实验时多采用美式不带盖的白面包来烤，测定面包体积大小，是用"面包体积测定器"来测量。它的单位为 g/cm^3，用测出的面包体积来除此面包的质量，所得的商即为此面包的比容，根据算出的比容就可以给予体积评分。体积部分及格是 8 分。

（2）表皮颜色（满分 8 分） 面包表皮颜色是由于适当的烤炉温度和配方内糖的使用而产生的，正常的表皮颜色应是金黄色，顶部较深而四周较浅，正确的颜色不但使面包看起来漂亮，而且能产生焦香味。

（3）外表形状（满分 5 分） 正确的式样不但为顾客选购的焦点，而且也直接影响发酵内部的品质。面包出炉后应方方正正，边缘部分稍呈圆形而不过于尖锐，两头及中央一般齐整，不可有高低不平或四角低垂等现象。两侧的一边，会因进炉后的膨胀，形成约 3cm 宽的裂痕，应呈丝状地连接顶部和侧面，不可断裂形成盖子形状，或出现裂面破烂不齐整等现象。

（4）焙烤均匀程度（满分 4 分） 面包应具有金黄的颜色，顶部稍深而四周及底部稍浅，如果出炉后的面包上部黑而四周及底部呈白色，则这条面包一定没有烤熟；相反地，如果底部颜色太深而顶部颜色浅，则表示烘焙时所用的底火太强，这类面包多数不会膨胀很大，而且表皮很厚，韧性太强。

（5）表皮质地（满分 3 分） 良好的面包表皮应该薄而柔软。配方中适当的油和糖的用量以及发酵时间控制得当与否均对表皮质地有很大的影响，配方中油和糖的用量太少会使表皮厚而坚韧，发酵时间过久会产生灰白而有碎片的表皮。发酵不够则产生深褐色、厚而坚韧的表皮。烤炉的温度也会影响到表皮的质地，温度过低烤出的面包表皮坚韧无光泽；温度过高则表皮焦黑且龟裂。

2. 面包内部评分（满分 70 分）

（1）颗粒（满分 15 分） 面包的颗粒是指断面组织的粗糙程度、面筋质所形成的内部网状结构，焙烤后外观近似颗粒的形状。此颗粒不但影响面包的组织，且更影响面包的品质。如果面团在搅拌和发酵过程中操作得宜，此面团中的面筋质所形成的网状组织较为细腻，烤好后面包内部的颗粒也较细小，富有弹性和柔软性，面包在切片时不易碎落。如果使用面粉的筋度不够或者搅拌和发酵不当，则面筋质形成的网状组织较为粗糙而无弹性，因此烤好后的面包形成粗糙的颗粒，冷却后切割后有很多碎粒纷纷落下。评定颗粒的标准，原则是颗粒大小一致，由颗粒所影响的整个面包内部组织应细柔而无不规则的孔洞。

(2) 内部颜色（满分 10 分） 面包内部颜色应呈洁白或浅乳白色并有丝样的光泽，其颜色的形成多半是面粉的本色，但丝样的光泽是面筋质在正确的搅拌和健全的发酵状况下才能够产生的。面包内部颜色也受到颗粒的影响。粗糙不均的颗粒或多孔的组织，会使面包受到颗粒阴影的影响变得黝黯和灰白，更不会有丝样的光泽。

(3) 香味（满分 10 分） 面包的香味包括外皮部分在焙烤过程中所发生的美拉德反应和糖焦化作用形成的香味成分与小麦本身的麦香、面团发酵过程中所产生的香味物质及各种使用材料形成的香味。评定面包的香味，是将面包的横切面放在鼻前，用两手压迫面包，嗅闻所发出来的气味。如果发觉酸味很重，可能是发酵的时间过久，或是搅拌时面团的温度太高，如闻到的味道是淡淡的稍带甜味，则证明是发酵的时间不够。面包不可有霉味、油的酸败味或其他香料感染的味道。

(4) 味道（满分 20 分） 正常主食用的面包在入口咀嚼略具有咸味而且面包咬入口内应很容易嚼碎，且不黏牙，不可有酸和霉的味道，含有甜味的面包是作甜面包用的，主食用的面包不可太甜。

(5) 组织与结构（满分 15 分） 本项也与面包的颗粒有关，搅拌适当和发酵健全的面包，内部结构均匀，不含大小蜂窝状的孔（法式面包除外）。结构的好坏可用手指触摸面包的切割面，如果感到柔软、细腻，即为结构良好的面包，反之感到粗糙即为结构不良。

五、思考题

1. 感官检验对检验人员和场所有何要求？
2. 食品感官检验有哪些方法？
3. 面包品质鉴定时应注意哪些问题？

实验十二 蛋糕制作

一、实验目的

1. 加深理解烘烤制品生产的一般过程、基本原理和操作方法。
2. 通过实验加深理解蛋糕制作的原理。
3. 掌握蛋糕制作的工艺流程及工艺条件的控制。

二、实验原理

在西方，蛋糕是一种具有代表性的西点，倍受人们的钟爱。在我国，目前蛋糕也作为一种老少皆宜、四季应时的食品，正逐渐走进了千家万户。

在蛋糕制作过程中，蛋白通过高速搅拌使其中的球蛋白降低了表面张力，增加了蛋白的黏度，因黏度大的成分有助于泡沫初期的形成，使之快速地打入空气，形成泡沫。蛋白中的球蛋白和其他蛋白，受搅拌的机械作用，产生了轻度变性。变性的蛋白质分子可以凝结成一层皮，形成十分牢固的薄膜，将混入的空气包围起来，同时，由于表面张力的作用，使得蛋白泡沫收缩变成球形，加上蛋白胶体具有黏度和加入的面粉原料附着在蛋白泡沫周围，使泡沫变得很稳定，能保持住混入的气体，加热的过程中，泡沫内的气体又受热膨胀，使制品疏松多孔并具有一定的弹性和韧性。

本实验以海绵蛋糕为例,海绵蛋糕是利用蛋白起泡性能,使蛋液中充入大量的空气,加入面粉烘烤而成的一类膨松点心。因为其结构类似于多孔的海绵而得名。国外又称为泡沫蛋糕,国内称为清蛋糕。

三、实验仪器与材料

1. 仪器

打蛋机、和面机(调粉机)、搅拌机、烤炉、电子秤、烤模、烤盘、电炉等。

2. 材料

鸡蛋、白糖、面粉及少量油脂等。其中新鲜的鸡蛋是制作海绵蛋糕的最重要的条件,因为新鲜的鸡蛋胶体溶液稠度高,能打进气体,保持气体性能稳定;存放时间长的蛋不宜用来制作蛋糕。制作蛋糕的面粉常选择低筋粉,其粉质要细,面筋质要软,但又要有足够的筋力来承担烘时的胀力,为形成蛋糕特有的组织起到骨架作用。制作蛋糕的糖常选择蔗糖,以颗粒细密、颜色洁白者为佳,如绵白糖或糖粉。颗粒大者,往往在搅拌时间短时不容易溶化,易导致蛋糕质量下降。

四、工艺流程及操作要点

配方1　低粉340g、鸡蛋700g、细砂糖620g、SP蛋糕油30g、色拉油70g、吉士粉8g、牛奶香粉2g、水130g。

配方2　鸡蛋1.5kg、砂糖0.7kg、低粉0.75kg、吉士粉50g、SP蛋糕油60g、色拉油200g、水160g、柳橙油少许、泡打粉2g、塔塔粉5g。制作方法相同。

1. 工艺流程

配料混合→搅拌→注浆→焙烤→冷却→包装→成品

2. 操作要点

(1) 海绵蛋糕的搅糊工艺

① 蛋白、蛋黄分开搅拌法　蛋白、蛋黄分开搅拌法工艺过程相对复杂,其投料顺序对蛋糕品质更是至关重要。通常需将蛋白、蛋黄分开搅打,所以最好要有两台搅拌机,一台搅打蛋白,另一台搅打蛋黄。先将蛋白和糖打成泡沫状,用手蘸一下,竖起,尖略下垂为止;另一台搅打蛋黄与糖,并缓缓将蛋白泡沫加入蛋糊中,最后加入面粉搅拌均匀,制成面糊。在操作的过程中,为了解决吃口较干燥的问题,可在搅打蛋黄时,加入少许油脂一起搅打,利用蛋黄的乳化性,将油与蛋黄混合均匀。

② 全蛋与糖搅拌法　全蛋与糖搅拌法是将鸡蛋与糖搅打起泡后,再加入其他原料拌和的一种方法。其制作过程是将配方中的全部鸡蛋和糖放在一起,入搅拌机,先用慢速搅打2min,待糖、蛋混合均匀,再改用中速搅拌至蛋糖呈乳白色时,用手指勾起,蛋糊不会往下流时,再改用快速搅打至蛋糊能竖起,但不很坚实,体积达到原来蛋糖体积的3倍左右,把选用的面粉过筛,慢慢倒入已打发好的蛋糖中,并改用手工搅拌面粉(或用慢速搅拌面粉),拌匀即可。

(2) 乳化法　乳化法是指在制作海绵蛋糕时加入了乳化剂的方法。蛋糕乳化剂在国内又称为蛋糕油,能够促使泡沫及油、水分散体系的稳定,它的应用是对传统工艺的一种改进,尤其是降低了传统海绵蛋糕制作的难度,同时还能使制作出的海绵蛋糕中能溶入更多的水、油脂,使制品不容易老化、变干变硬,吃口更加滋润,所以它更适宜于批量生产。

其操作时,在传统工艺搅打蛋糖时,使蛋糖打匀,即可加入面粉量的10%的蛋糕油,待蛋糖打发变白时,加入选好的面粉,用中速搅拌至奶油色,然后加入30%的水和15%的油脂搅匀即可。

(3) 海绵蛋糕的烘烤

① 正确设定蛋糕烘烤的温度和时间　烘烤的温度对所烤蛋糕的质量影响很大。温度太低,烤出的蛋糕顶部会下陷,内部较粗糙;烤制温度太高,则蛋糕顶部隆起,中央部分容易裂开,四边向里收缩,糕体较硬。通常烤制温度以180~220℃为佳。烘烤时间对所烤蛋糕质量影响也很大。正常情况下,烤制时间为30min左右。如时间短,则内部发黏,不熟;如时间长,则易干燥,四周硬脆。烘烤时间应依据制品的大小和厚薄来决定,同时可依据配方中糖的含量灵活进行调节。含糖高,温度稍低,时间长;含糖量低,温度则稍高,时间长。

② 蛋糕出炉处理　出炉前,应鉴别蛋糕成熟与否,比如观察蛋糕表面的颜色,以判断生熟度。用手在蛋糕上轻轻一按,松手后可复原,表示已烤熟,不能复原,则表示还没有烤熟。还有一种更直接的办法,是用一根细的竹签插入蛋糕中心,然后拔出,若竹签上很光滑,没有蛋糊,表示蛋糕已熟透;若竹签上粘有蛋糊,则表示蛋糕还没熟。如没有熟透,需继续烘烤,直到烤熟为止。

如检验蛋糕已熟透,则可以从炉中取出,从模具中取出,将海绵蛋糕立即翻过来,放在蛋糕架上,使正面朝下,使之冷透,然后包装。蛋糕冷却有两种方法一种是自然冷却,冷却时应减少制品搬动,制品与制品之间应保持一定的距离,制品不宜叠放。另一种是风冷,吹风时不应直接吹,防止制品表面结皮。为了保持制品的新鲜度,可将蛋糕放在2~10℃的冰箱里冷藏。

五、产品质量标准和感官评定

海绵蛋糕的质量标准:表面呈金黄色,内部呈乳黄色,色泽均匀一致,糕体较轻,顶部平坦或略微凸起,组织细密均匀,无大气孔,柔软而有弹性,内无生心,口感不黏不干,轻微湿润,蛋味甜味相对适中。

六、思考题

1. 制作蛋糕为什么宜用中筋粉?
2. 蛋糕烘烤与面包烘烤有何不同?
3. 影响蛋糕稳定性等因素有哪些?

实验十三　蛋糕的质量感官评价

一、实验目的

1. 对不同生产批次(厂家)的同种产品进行质量感官评定,检验不同批次产品的质量稳定性。
2. 进一步掌握质量感官评定的方法,作为筛选品评员的一个依据。

二、实验仪器与材料

1. 仪器

盘子、小刀等。

2. 材料

不同批次生产的同种蛋糕产品。

三、实验步骤

1. 样品的准备

必须编号,不同批次的样品分别用三位数(如148,013等)进行编码。每组中一个成员对样品进行编号。

2. 评价

(1) 根据产品属性尺度表,品评员对不同代码样品分别从色泽、外形、表皮、内部组织、口感等方面进行打分。各种特征评5次,超过50%(次数)以上的评定结果才能作为最后的评定。各产品的属性尺度如下。

① 色泽　标准的蛋糕表面应呈金黄色,内部为乳黄色(特种风味的除外),色泽要均匀一致,无斑点。

② 外形　蛋糕成品形态要规范,厚薄都一致,无塌陷和隆起,不歪斜。

③ 表皮　柔软。

④ 内部组织　组织细密,蜂窝均匀,无大气孔,无生粉、糖粒等疙瘩。

⑤ 口感　入口绵软甜香,松软可口。

(2) 请仔细观察和品尝各样品,并对各样品的品质特性进行打分,由很差、差、适中、好到很好,分别以1、2、3、4、5分来表示。

3. 统计

(1) 将每个品评员的打分表(表5-5)汇总到一起,制作出汇总统计表。

表5-5　各样品的品评结果表

品评员	色泽	外形	表皮	内部组织	口感
1					
2					
3					
4					
5					
6					
7					
8					
9					
10					
11					

(2) 统计分析　利用方差分析对汇总统计表进行分析可以得出不同批次生产出来的同一

产品（蛋糕）的质量级别和它们之间的差异程度。

（3）得出不同生产批次产品是否具有质量稳定性。根据表 5-6 产品质量尺度表对不同批次（厂家）生产的同一产品（蛋糕）进行质量分级。

表 5-6 产品质量尺度

质量等级	分数
优	20～25
良	15～20
合格	10～15
差	<10

实验十四 韧性饼干的制作

一、实验目的

了解并掌握韧性饼干制作的基本原理及操作方法。

二、实验原理

面粉在其蛋白质充分水化的条件下调制成面团，经辊轧受机械作用形成具有较强延伸性、适度的弹性、柔软而光滑并且有一定的可塑性的面带，经成型、烘烤后得到产品。

三、实验仪器与材料

1. 仪器

辊轧机、饼干模、烤箱、和面机、烤盘、台秤、烧杯等。

2. 材料

面粉、白砂糖、食用油、奶粉、食盐、香兰素、碳酸氢钠、碳酸氢氨（泡打粉）等。

四、工艺流程及操作要点

1. 工艺流程

配料混合→调粉和面→辊扎→成型→焙烤→冷却→包装→成品

2. 操作要点

（1）溶解辅料 将白砂糖 600g，奶粉 200g，食盐 20g，香兰素 5g，碳酸氢钠、碳酸氢氨各 20g，加水 800mL 溶解。

（2）调粉 将面粉 4000g，辅料溶液，食用油 400mL，水 200mL 倒入和面机中，和至面团手握柔软适中，表面光滑油润，有一定可塑性不粘手即可。

（3）辊轧 将和好后的面团放入辊轧机，多次折叠反复并旋转 90°辊轧，至面带表面光泽形态完整。

(4) 成型　用饼干模将面带成型。

(5) 烘烤　将饼干放入刷好油的烤盘中，入烤箱250℃烘烤。

(6) 冷却　将烤熟的饼干从烤箱中取出，冷却后包装。

五、产品质量标准和感官评定

1. 感官指标

(1) 形态　外形完整、花纹清晰，厚薄基本均匀，不收缩，不变形，不起泡，不得有较大或较多的凹底。特殊加工品种表面允许有砂糖颗粒存在。

(2) 色泽　呈棕黄色或金黄色或该品种应有的色泽，色泽基本均匀，表面略带光泽，无白粉，不应有过焦、过白的现象。

(3) 滋味与口感　具有该品种应有的香味，无异味。口感松脆细腻，不粘牙。

(4) 组织　断面结构有层次或呈多孔状，无大空洞。

(5) 杂质　无油污，无异物。

2. 理化指标

(1) 水分≤6%。

(2) 碱度（以碳酸钠计）≤0.4%。

六、思考题

1. 面团调制时需要注意什么问题？
2. 根据你的饼干质量，总结实验成败的原因。

实验十五　桃酥的制作

一、实验目的

1. 掌握酥性面团的调制方法及工艺条件，了解油糖的反水化作用。
2. 掌握酥性饼干生产工艺流程及工艺条件。
3. 了解酥性饼干的一般品质标准。

二、实验原理

将糖、糖浆、鸡蛋、油脂、水和疏松剂放入调粉机内搅拌均匀，使之乳化形成乳浊液，加入面粉，继续充分搅拌，形成软硬适宜的面团。面团调制时，由于糖液的反水化作用和油脂的疏水性，使面筋蛋白质在一定温度条件下，部分发生吸水胀润，限制了面筋质的大量生成，使调制出的面团既有一定的筋性，又有良好的延伸性和可塑性。

三、实验仪器与材料

1. 仪器

和面机、台秤、不锈钢锅、月饼模具、小型搅拌机、烤盘、远红外烤炉、电风扇、薄膜封口机。

2. 材料配方

面粉（低筋）900g、碳铵40g、植物油500g、泡打粉10g、鸡蛋4个、淀粉160g、绵白糖500g。

四、工艺流程及操作要点

1. 工艺流程

原辅料预混乳化→面团调制→成型→摆盘→烘烤→冷却→成品

2. 操作要点

（1）原辅料预混乳化　先把绵白糖、泡打粉、碳铵等按配方用量放入小盆中，再加入鸡蛋进行搅拌，顺着一个方向进行，直至绵白糖融化，再加入植物油进行搅拌，当全部辅料乳化均匀即可。注意鸡蛋的温度应为20℃为宜。

（2）面团调制　把面粉逐次放入小盆中进行调制，注意要少量多次加入，并不断搅拌，直到没有生粉为止，最后进行搓揉，均匀即可，时间不能太长，以免生筋。

（3）成型　用手揪一块面团，大小都均匀，用食指的中间关节压一下，再用背面沾点芝麻，即可。

（4）摆盘　注意不要离得太近。

（5）烘烤　上火200℃，下火180℃，约15min。

（6）冷却　自然冷却，让过多的NH_3挥发掉。

五、产品感官评定

（1）形态　桃酥要求外形完整，同一造型大小基本均匀，饼体摊散适度，无连边。

（2）色泽　桃酥呈金黄色、棕黄色或该品种应有的色泽，色泽基本均匀，花纹与饼体边缘允许具有较深的颜色，但不得有过焦、过白的现象。

（3）滋味和口感　桃酥有该品种特有的香味，无异味。口感酥松，不粘牙。

（4）组织　断面结构呈多孔状，细密无大孔洞。

（5）杂质　无油污，无异物。

各指标以10分为满分进行评定，最终结果以总分计。

六、思考题

1. 简述油糖的反水化作用在酥性饼干中的作用？
2. 在酥性饼干中为什么不使用高筋粉？

实验十六　曲奇饼干的制作

一、实验目的

1. 掌握曲奇饼干加工的基本原理及加工工艺过程。
2. 了解一些食品添加剂的性能及其在饼干生产中的应用。

二、实验原理

饼干是以中低筋面粉为主要原料，加以油脂、糖、盐、奶、蛋、水、膨松剂等辅料，经过和面、压片、成形、烘烤等加工工序，生产出酥脆可口的烘烤食品。

曲奇饼干是以小麦粉、糖、乳制品为主要原料，加入疏松剂和其他辅料和面，采用挤注、挤条、钢丝节割等方法中的一种形式成型，烘烤制成的具有立体花纹或表面有规则波纹、含油脂高的酥化焙烤食品。

三、实验仪器与材料

1. 仪器

电炉、台秤、喷水器、调粉机、小型压面机、饼干成型模具、烤盘、远红外烤箱。

2. 材料

低筋粉 800g、黄油 560g、鸡蛋 4 只、糖粉 360g、水 100mL。

四、工艺流程及操作要点

1. 工艺流程

黄油、糖浆、水→预混→打发→面粉过筛、调粉→成型→烘烤→冷却→整理→成品

2. 操作要点

（1）打发　将黄油和糖浆水预混，中速搅拌 5min，然后高速搅打，直至体积增加到原体积的 3 倍左右。把黄油打发得很蓬松，几乎是白色时，加入蛋黄，一个一个地加，每加入一个还要充分打发黄油。

（2）调粉　面粉过筛后，先将面粉的 1/3 加入，迅速混合看不到面粉，然后再加入其余的面粉。慢速搅拌混合均匀，搅拌时间 1min。

（3）成型　手工挤压成直径 3cm 梅花型面坯。

（4）烘烤　在 205℃下烘烤 8min 左右。

（5）冷却整理　出炉后在室温下冷却，拣出不规则饼干，然后包装即为成品。

五、感官评定

（1）形态　曲奇饼干要求外形完整，花纹或波纹清楚，同一造型大小基本均匀，饼体摊散适度，无连边。

（2）色泽　曲奇饼干呈金黄色、棕黄色或该品种应有的色泽，色泽基本均匀，花纹与饼体边缘允许具有较深的颜色，但不得有过焦、过白的现象。

（3）滋味和口感　曲奇饼干有明显的奶香味与该品种特有的香味，无异味。口感酥松，不粘牙。

（4）组织　断面结构呈多孔状，细密无大孔洞。

（5）杂质　无油污，无异物。

各指标以 10 分为满分进行评定，最终结果以总分计。

六、思考题

1. 烘烤选用的温度如何才合适？
2. 本实验为何需要用糖粉而不用白砂糖？

实验十七 米酒制作

一、实验目的

1. 了解米酒的加工基本原理。
2. 掌握米酒的制作工艺及其质量控制因素。

二、实验原理

甜米酒亦即醪糟，它是用米饭和甜酒曲混合，保温一定时间制成的。其中起主要作用的是甜酒曲中的根霉和酵母菌两种微生物。根霉是藻菌纲、毛霉目、毛霉科的一属，它能产生糖化酶，将淀粉水解为葡萄糖。根霉在糖化过程中还能产生少量的有机酸（如乳酸）。甜酒曲中少量的酵母菌，则利用根霉糖化淀粉所产生的糖酵解为酒精。所以，甜米酒既甜又微酸还醇香，口感舒适、营养丰富，深受人们喜爱。

三、实验仪器与材料

1. 仪器

蒸锅、擀面杖、屉布（清洁不黏油渍）等。

制作米酒最好用专用的容器，要求绝对干净，尤其不要沾油，铝盆、瓷盆、搪瓷盆等可以，要带有盖子。

2. 材料

糯米 2000g，糯米是它的主要原料。做醪糟用的糯米选用长粒或圆粒的都可以，圆粒糯米黏性大，长粒糯米做出的江米酒样子好看，各有优势。

甜酒曲一包，甜酒曲是保证糯米发酵的要害，包装上标有使用比例，不过一般来说应当比标定的用量再大些，做出的酒效果才好。

四、工艺流程及操作要点

1. 工艺流程

糯米→清洗、浸泡→煮制→摊凉→加酒曲发酵→保存→产品

2. 操作要点

（1）泡米　把糯米淘洗干净放在锅（盆）中，加入没过米面约3cm高的凉水，盖上盖子过夜（至少12h），使米粒吸饱水。泡透的糯米粒会从半透明状态变为不透明的白色，颗粒也明显增大，这个时候米就算泡好了，将泡米水滗掉，用清水冲洗2次。

（2）煮糯米饭　要求饭硬而不夹生，太软太烂会影响米酒质量。用电饭煲煮，水量以米的表面看不见水，侧斜一点儿就见水为量，15min即成。

（3）摊凉和松散米饭　要求宜冷不宜烫。太烫会烫死酵母菌，越凉越保险。将米饭摊开散热，用手触摸米饭表面已冷即可。加入少量凉开水搅拌，将饭粒松散开。特别注意，不能让饭粒沾油腻。否则米酒发酸，不能食用。

（4）加酒曲发酵　将酒曲散入米饭中搅拌均匀，将米饭压紧，中间挖个小洞盖上盖子或保鲜膜。夏天放在桌上，冬天放在较暖的地方，约24h左右，揭开盖子，能看见盆中深窝内

已经有清亮亮、香气扑鼻的液体了,那就是糯米中渗出的酒。尝一尝,如味甜不酸,即可食用,如味淡带酸,再等 3、4h。因为米酒尚会继续发酵,酒味越来越浓,甜味越来越淡,将变成酒。

在整个制作过程中,应当尽量避免使用过多的容器,以免沾染油污。

(5) 保存 醪糟在做好后的头几天里,米中自然合成的糖分浓度最高,酒精浓度很低,米酒香甜可口,是最好吃的时候。一次不要做得太多,应尽量在三四天内吃完为宜。假如放置时间过长,发酵仍在继续,先是酒味过重而发苦,继而会变得酸涩,不好吃了。正常情况下,1kg 江米可出 1500mL 江米酒。做好后的醪糟可移入冰箱冷藏室保存,以低温控制继续发酵,随时取出食用。同时依然注意要用专用勺子盛取,以免沾油,使酒变质。

五、产品感官评定

米酒的感官评定:从色泽、香气、口感、风格等方面对成品进行感官评定(表 5-7)。

表 5-7 米酒的评分、扣分标准表

项目	标准	最高分	扣分
色泽	白色,透明、有光泽	10	
	色泽略差		1~2
	微浑、透明但光泽差		3~6
	混浊、失光、缺乏米酒应有的光泽		7~10
香气	有米酒特有的香气,醇香浓郁	25	
	有米酒应有的香气,有醇香,但不浓郁		1~3
	有米酒应有的香气,但醇香不明显		4~10
	缺乏米酒应有的香气,微有异香		11~25
口感	鲜美或甜美,醇香、柔和、爽口	50	
	鲜美(甜美)、醇和、爽口,但不够柔和		1~5
	鲜美(甜美),尚爽口,酒味较淡薄		6~15
	酒体淡薄,略带涩,有熟味		16~25
	酒体味道淡薄,苦涩、爆辣		26~35
	淡而无味,苦涩,有醋感		36~40
	有酸败、异杂味		41~50
风格	具有本类米酒的特有风格,酒体成分协调	15	
	具有本类米酒的风格,酒体成分较为协调		1~3
	酒体成分尚协调,但风格不明显		4~10
	酒体成分不协调,甜酒有明显的白酒味		11~15

六、思考题

1. 制作米酒使用的甜酒曲中的主要微生物有哪些?
2. 米酒加工的原理是什么?
3. 制作米酒过程中应注意的事项有哪些?

实验十八　果胶的提取及柠檬味果冻的制备

一、实验目的

1. 掌握提取果胶的基本技能和方法。
2. 掌握如何优化食品化学实验条件。
3. 学会将原果胶和果胶的食品化学性质应用于食品加工中。

二、实验原理

果胶广泛存在于水果和蔬菜中，如苹果含量为 0.7%～1.5%（以湿品计），在蔬菜中以南瓜含量最多，为 7%～17%。果胶的基本结构是以 α-1,4 苷键联结的聚半乳糖醛酸，其中部分羧基被甲酯化，其余的羧基与钾、钠、钙离子结合成盐，其结构式如下。

在果蔬中，尤其是在未成熟的水果和皮中，果胶多数以原果胶存在，原果胶是以金属离子桥（特别是钙离子）与多聚半乳糖醛酸中的游离羧基相结合。原果胶不溶于水，故用酸水解，生成可溶性的果胶粗产品，再进行脱色、沉淀、干燥，即为商品果胶。从柑桔皮中提取的果胶是高酯化度的果胶，酯化度在 70% 以上，在食品工业中常利用果胶来制作果酱、果冻和糖果，在汁液类食品中用作增稠剂、乳化剂等。

三、实验仪器与材料

1. 仪器

天平、烘箱、抽滤器、电炉、恒温水浴锅、烧杯、活性炭、硅藻土、精密 pH 试纸、尼龙布或纱布等。

2. 材料

柑桔皮、市售果胶、0.25% HCl、6mol/L 氨水、95% 乙醇、蔗糖、柠檬酸、柠檬酸钠、硅藻土。

四、实验步骤

1. 果胶的提取

（1）原料预处理　称取新鲜柑桔皮 40g（干品为 16g），用清水洗净后，放入 500mL 烧杯中，加水 250mL，加热至 90℃ 保持 5～10min，使酶失活。用水冲洗后切成 3～5mm 大小的颗粒，用 50℃ 左右的热水漂洗，直至水为无色、果皮无异味为止。每次漂洗必须把果皮用尼龙布挤干，再进行下一次漂洗。

（2）酸水解提取　将预处理过的果皮颗粒放入烧杯中，加入 0.25% 的盐酸约 120mL，以浸没果皮为度，pH 值调节在 2.0～2.5 之间，加热至 90℃ 煮 20～45min，趁热用尼龙布

（100目）或四层纱布过滤。

（3）脱色　在滤液中加入1.0%～2.0%的活性炭于80℃加热10～20min进行脱色和除异味，趁热抽滤，如抽滤困难可加入4%～6%的硅藻土作助滤剂。如果柑桔皮漂洗干净，提取液为清澈透明，则不用脱色。

（4）沉淀　待抽滤液冷却后，用稀氨水调节至pH 3～4，在不断搅拌下加入95%乙醇，加入乙醇的量约为原体积的1.3倍，使酒精浓度达50%～60%（可用酒精计测定），静置10min。

（5）过滤、洗涤、烘干　用尼龙布过滤，果胶用95%乙醇洗涤两次，再在60～70℃烘干，包装即为产品。滤液可用蒸馏法回收乙醇。

2. 柠檬味果冻的制备

（1）将制备的果胶0.4g（干品）浸泡于40mL水中，软化后在搅拌下慢慢加热至果胶全部溶化。

（2）加入柠檬酸0.2g、柠檬酸钠0.2g和蔗糖14%～28%（质量分数），在搅拌下加热至沸，继续熬煮5min，冷却后即成果冻。

（3）同时将市售果胶以（1）和（2）相同步骤制成果冻。

（4）比较两种果胶形成凝胶态的速度，果冻的色泽、风味、组织形态、杂质、弹性和强度的相对变化。

五、注意事项

1. 如果能在实验操作的第一步清洗时彻底除去可溶性色素和不良风味，就可不必进行第三步的脱色和去除异味处理，这是因为果胶在第二步转入溶液后，溶液的黏度很大，活性炭的脱色和脱臭效力不能很好发挥，而且过滤困难。

2. 果冻从制作后的冷却开始到完全形成稳定的胶冻需要较长时间，通常可在2h内观察到凝胶态基本形成，但如要比较果冻的弹性和强度，通常可在制作后的第二天来进行。

六、思考题

1. 如何提高分离果胶的产率和质量？

2. 通过制作果冻的实验，你能看出果胶质量的高低吗？应当做什么检验才能通过果冻品质来判断果胶质量？

第六章　食品专业创新实验

一、创新实验的要求

创新实验，是在所有专业基础课、专业课、专业基础实验、专业综合实验以及课程设计、毕业实习等课程完成后而进行的综合训练实验，是进行毕业论文前的一次预准备。

学生围绕创新实验项目方向，在导师的指导下，自行提出实验项目，在实验内容、方法、实验结果或工程设计等方面体现一定的创造性和新颖性，培养学生的创新能力和创新精神。

教师进行开放式系列化研究性实验教学及相关的资源共享，引导学生进行自主性、个性化的研究性小实验；支持学生进入开放式实验室进行自主创新能力的锻炼。创新实验虽然涉及面广，但其基本要求是促进本科生的创新精神和创新能力的提高。创新实验也可以是工程设计方面的内容。

1. 创新实验项目采用团队（6~10人）的形式合作完成，培养学生的团队合作精神和领导能力。
2. 引导学生分组讨论，找出研究方向，查阅资料，确定题目；针对研究题目，进一步大量查阅资料，撰写出实验方案。
3. 引导学生进实验室按照实验方案开展实验。在实验中根据实验的具体情况调整和完善实验方案。
4. 撰写实验报告，引导学生能正确分析和解释实验数据/结果，并能通过信息整合得到合理有效的结论。

二、创新实验项目方向和题目

（一）创新实验项目方向

1. 特色农副产品精深加工与食品新资源的开发利用
2. 大宗农产品加工新技术与绿色储运技术
3. 安全、高效、新型食品添加剂与食品配料的研究
4. 新型休闲食品、地方风味小吃及土特产标准化生产的工艺研究
5. 新颖功能食品的研制
6. 食品质量安全控制与检验的新方法、新技术

7. 食品工程领域实用、创意设计与技术改进

（二）题目举例

1. 新型酸奶的研制
2. 市售酸奶中微生物的分离与初步鉴定
3. 罗非鱼多肽粉的研制
4. 不同口味姜汁撞奶的研发
5. 百香果皮果酱的研制
6. 新型功能口香糖研发
7. 低丙烯酰胺油炸薯条的制备
8. 新型功能性复合果蔬汁的研发
9. 豉油、蚝油等调味料中氯丙醇的检测和干预
10. 超声波降解水果蔬菜中农药残留的研究
11. 微波降解水果蔬菜中农药残留的研究
12. 超声波辅助提取果汁副产物中有效成分的研究
13. 香蕉醋澄清技术的研究
14. 辅助抗癌面条、面包、饼干的研发
15. 辅助降血脂面条、面包、饼干的研发
16. 酸辅助降血糖面条、面包、饼干的研发
17. 高纤维豆渣咸味饼干配方研究
18. 低聚木糖糯玉米软质面包的研制
19. 蓝莓花色苷提取工艺优化研究
20. 南瓜糯米酒的研制
21. 蛋中卵磷脂的提取及微胶囊化
22. 食用菌的综合保鲜技术研究
23. 食用菌深加工技术研究
24. 板栗壳色素的提取及应用
25. 食品原料综合利用与调味料加工
26. 冲饮食品的工程设计与卫生控制
27. 生鲜食品天然防腐保鲜探索
28. 食源型家居杀菌消毒用品研究与设计

三、实验组织方式

实验时间：4周。

实验方式：两种。

1. 8～10人自由组合成实验小组（其中组长1名）；每组围绕创新实验项目方向，自行提出2～3个实验项目，要求至少在实验材料、实验内容、方法、实验结果等某一方面体现一定的创造性和新颖性；在导师指导下最终确定1个实验项目，组长协调，分工合作完成文献调研、实验方案设计、方法与材料准备、开展实验研究与结果分析讨论。

2. 凡已经跟导师从事科研项目研究半年以上，或者有大学生创新项目，学生可申请跟导师开展的实验研究作为创新实验。

四、实验报告

对于同一组同学，撰写实验报告时可采用同样的方案方法和同样的实验结果数据，实验报告中数据可以是一样的，但是实验报告不能是一样的，前言、结果分析讨论等实验报告其他部分内容应每个人自己撰写，特别是结果分析部分一定要自己分析。

报告中除了要有实验目的、创新点、实验原理、原料及设备、实验方法、实验操作过程、数据记录、数据处理、结果与分析外，还要有结论。另外在实验中学到的知识、存在问题或者不足之处、注意事项和实验心得都可以写在最后。

五、成绩评定

实验过程的实际操作能力、配合意识、创新精神和能力、完成情况、实验结果以及实验报告，该部分占总成绩的80%。平时的表现、实验过程的主动性和积极性作为平时成绩占总成绩的20%。

创新实验报告范例

百香果皮果酱的研制

_____学院_____专业　班级_____姓名_____

学号_____组内其他人员_____

一、选题的目的与意义

1. 熟悉果酱类产品的加工技术,掌握加工过程中的关键操作技能。
2. 关注食品加工副产物的综合利用,实现绿色生产。

百香果在我国南方种植较早,现在也形成一定的规模。根据有关研究报道,2015年仅广西桂林百香果的种植面积就达到12万亩,亩产百香果都在500kg以上。百香果鲜果中,大约40%为果浆,50%~55%为果皮质量,约6%为果籽质量。目前,对于百香果的利用主要集中在果浆的加工上,这就意味着,加工完成后一大部分副产物资源将被丢弃,不仅造成资源的浪费,也污染了环境。

百香果皮营养丰富(表1),特别是膳食纤维含量高,其中的果胶含量高达12.5%。

表1　百香果皮的主要营养成分

名称	百香果皮成分含量/%	名称	百香果皮成分含量/%
灰分	5.49	总糖	22.6
粗蛋白	4.84	淀粉	11.3
粗脂肪	0.56	果胶	12.5
还原糖	17.6	粗纤维	21.1

本项目计划将百香果皮加工成果酱,使副产物变废为宝,提高产品附加价值,解决环境污染问题,而且还对热带亚热带水果的深加工利用和人类健康都具有重要的指导意义,更有利于引导和推进我国特色水果的发展。

二、实验原理

果酱是以食糖的保藏作用为基础的加工保藏法。利用高糖溶液的高糖渗透压作用,降低水分活度作用、抗氧化作用来抑制微生物的生长发育,提高果蔬的保存率,改善制品色泽和风味。

三、材料设备与方法

1. 材料

百香果皮、白砂糖、柠檬酸等。

2. 设备

电磁炉、不锈钢锅、电子秤、打浆机、勺子等。

3. 工艺流程

$$\text{原料选择} \rightarrow \text{前处理} \rightarrow \text{加热软化} \rightarrow \text{打浆} \xrightarrow{\text{柠檬酸}} \text{调配} \xrightarrow{\text{白砂糖、CMC-Na}} \text{浓缩} \rightarrow \text{装瓶} \rightarrow \text{成品}$$

4. 操作要点

（1）百香果皮的挑选和清洗　应挑选外观良好、无霉烂的百香果皮，去掉蒂，用清水洗涤干净，去掉泥沙、杂质及残留农药等。

（2）煮、浸泡、换水和漂洗　将清洗后的百香果皮放入沸水中沸煮两次，期间向沸水中加入 β-环糊精。弃掉沸煮液，用清水浸泡百香果皮，再换水漂洗数次。其目的是脱除百香果皮的不良气味，并使百香果皮组织初步软化。

（3）热软化　在经脱苦处理后的百香果皮中，加入适量的水，加热至沸腾，保持激沸状态直至百香果皮的组织完全软化。

（4）打浆　在软化后的百香果皮中加入一定量的水，趁热在打浆机中搅拌打浆，使之成为细腻均匀的百香果皮浆。并在打浆的过程中加入一定量的柠檬酸进行护色。

（5）加糖浓缩　将百香果皮浆与白砂糖、CMC-Na 以一定的比例混合，加热搅拌，进行浓缩操作。在浓缩过程中，应不断搅拌，以防止酱体焦煳，影响产品的风味和色泽。

（6）装瓶、密封、成品。

5. 百香果皮果酱的质量标准和感官评价

果酱的色泽、口感、黏度及质感以及气味评价标准参照 GB/T 22474—2008《果酱》。

色泽：呈均匀一致的深紫色。

口感：具有百香果皮特有的风味及滋味，甜酸适度，无焦煳味及其他异味。

黏度及质感：酱体呈胶黏状，黏度适中，无果块，酱体流散时无汁液析出，具有一定的胶凝性、无糖结晶和其他杂质。

气味：无令人不愉快的气味。

四、结果与讨论

（一）百香果皮果酱的单因素实验

1. 料液比对百香果皮果酱的影响

将 80g 原料分别按 1∶1、1∶1.5、1∶2、1∶2.5、1∶3 的比例加入水，再加入 0.1g 的柠檬酸进行护色打浆。将浆液倒入蒸煮锅中，按 1∶1 的比例加白砂糖，浓缩 30min。制得的果酱由 10 位成员进行感官评价。结果见表 2 及图 1。

表2 料液比对百香果皮果酱的影响

料液比	色泽（10分/人）	口感（20分/人）	黏度（10分/人）	质感（10分/人）	气味（10分/人）	总分
1:1	42	100	50	42	46	280
1:1.5	50	105	52	49	43	299
1:2	47	105	50	47	46	295
1:2.5	45	95	45	40	38	263
1:3	40	90	42	42	47	261

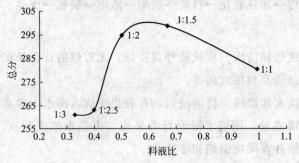

图1 料液比对百香果皮果酱质量的影响

经表2与图1可知，1:1.5～1:2料液比制得的百香果皮果酱的感官评价最佳。经过实验可知，1:1料液比制得的百香果皮果酱由于在打浆过程中水加得较少，使得百香果皮难以打浆完全，颗粒较大，对最终产品的质感会造成一定的影响。而当料液比较大时，当浓缩时间到达30min时，产品中水分仍然较多，使得最终产品的黏度较差，并对最终产品的整体感官评价造成较大的影响。

2. 柠檬酸添加量对百香果皮果酱的影响

将80g原料按1:1.5的比例分别加入水，再加入0g、0.1g、0.2g、0.3g、0.4g、0.5g的柠檬酸进行护色。将浆液倒入蒸煮锅中，按1:1比例加白砂糖，浓缩30min，制得果酱。由10位成员进行感官评价。结果见表3与图2。

表3 柠檬酸添加量对百香果皮果酱的影响

柠檬酸添加量	色泽（10分/人）	口感（20分/人）	黏度（10分/人）	质感（10分/人）	气味（10分/人）	总分
0	40	98	50	48	45	281
0.1	40	100	54	50	44	288
0.2	44	100	52	49	45	290
0.3	52	105	53	50	45	305
0.4	51	106	51	50	45	303
0.5	52	95	50	50	44	291

从表3及图2可以看出，柠檬酸的最优添加量为0.3g。在打浆过程中添加柠檬酸，主要是对百香果皮进行护色，使其在浓缩过程中最大限度不被氧化。只通过比较柠檬酸的添加

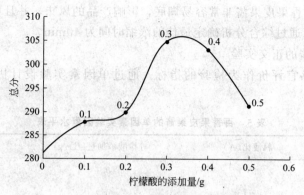

图 2　柠檬酸添加量对百香果皮果酱的影响

量对产品的色泽的影响可知,柠檬酸的添加量在 0.1～0.3g 的范围内,随着柠檬酸添加量的增加,对百香果皮色泽的保护效果逐渐增加。随后增加柠檬酸的用量,对产品的护色效果没有体现出很大的变化。同时,由于柠檬酸用量的增加,对产品的风味也会造成一定的影响。因此,经过综合分析,柠檬酸的最优添加量为 0.3g。

3. 浓缩时间对百香果皮果酱的影响

将 80g 原料按 1∶1.5 的比例分别加入水,再加入 0.3g 的柠檬酸进行护色打浆。将浆液倒入蒸煮锅中,按 1∶1 的比例加白砂糖,分别浓缩 10min、20min、30min、40min、50min。制得的果酱由 6 位成员进行感官评价。结果见表 4 与图 3。

表 4　浓缩时间对百香果皮果酱的影响

浓缩时间/min	色泽 (10分/人)	口感 (20分/人)	黏度 (10分/人)	质感 (10分/人)	气味 (10分/人)	总分
10	40	70	40	44	45	239
20	42	91	42	44	46	265
30	52	99	46	49	43	289
40	53	106	52	48	46	305
50	50	72	50	43	44	267

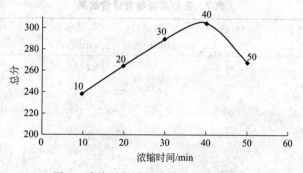

图 3　浓缩时间对百香果皮果酱的影响

从表 4 及图 3 可以看出,最佳的浓缩时间为 40min。当浓缩时间较少时,会使得最终产品中水分含量较多,黏度较低,并会影响产品的色泽等综合感官指标。当浓缩时间大于

40min 时，制得的百香果皮果酱非常容易糊底，影响产品的风味，并且耗能较大，降低了生产经济效益。因此，通过综合分析确定最佳的浓缩时间为 40min。

4. 百香果皮果酱的正交实验

本实验主要以感官评价作为检验的指标。通过单因素实验设计因素水平表，结果见表5。

表5　百香果皮果酱的单因素实验因素水平表

水平	料液比(A)	柠檬酸添加量(B)/g	浓缩时间(C)/min
1	1∶1	0.1	20
2	1∶1.5	0.2	30
3	1∶2	0.3	40

通过因素水平表，设计出正交实验方案，结果见表6。

表6　正交实验方案

实验号	A	B	C	实验方案
1	1	1	1	$A_1B_1C_1$
2	1	2	2	$A_1B_2C_2$
3	1	3	3	$A_1B_3C_3$
4	2	1	3	$A_2B_1C_3$
5	2	2	1	$A_2B_2C_1$
6	2	3	2	$A_2B_3C_2$
7	3	1	2	$A_3B_1C_2$
8	3	2	3	$A_3B_2C_3$
9	3	3	1	$A_3B_3C_1$

本次9组正交实验制得果酱由10位成员进行感官评价，其结果及分析见表7与表8。

表7　正交实验感官评价结果

实验号	色泽 (10分/人)	口感 (20分/人)	黏度 (10分/人)	质感 (10分/人)	气味 (10分/人)	总分
1	42	91	42	44	46	265
2	52	99	45	49	43	288
3	54	106	52	48	46	306
4	18	77	47	42	38	222
5	45	99	50	49	47	290
6	43	102	49	47	43	284
7	10	83	44	39	33	209
8	37	102	47	42	41	269
9	47	106	48	43	43	287

表8 实验方案及实验结果与分析

实验号	A	B	C	总分
1	1	1	1	265
2	1	2	2	288
3	1	3	3	306
4	2	2	3	222
5	2	3	1	290
6	2	1	2	284
7	3	3	2	209
8	3	1	3	269
9	3	2	1	287
K_1	859	696	842	
K_2	796	847	781	
K_3	765	877	797	
k_1	286.33	232	280.67	
k_2	265.33	282.33	260.33	
k_3	255	292.33	265.67	
极差 R	31.33	60.33	20.33	
因素主→次		$B>A>C$		
最优方案		$A_1B_3C_1$		

注：K_1 为 A_1、B_1、C_1 条件下总分之和；K_2 为 A_2、B_2、C_2 条件下三个总分之和；K_3 为 A_3、B_3、C_3 条件下三个总分之和；k_1、k_2、k_3 分别为 K_1、K_2、K_3 平均值。

由表8的极差 R 值可知，各因素对评分影响顺序为柠檬酸添加量（B）>料液比（A）>浓缩时间（C）。最佳因素水平组合为料液比1∶1、浓缩时间20min、柠檬酸的添加量为0.3g。

5. 正交实验结果的验证与结论

正交实验结果表明，果酱制备的最优方案组合为 $A_1B_3C_1$。即料水比1∶1、浓缩时间20min、柠檬酸的添加量为0.3g。加工的果酱酸甜适口，黏稠度合适，酱体透明。

（二）百香果皮果酱的特点

用糖度计测定最优方案的百香果皮果酱的糖度为22%，酱体均匀、透明（一般果酱的糖度为65%以上），是低糖果酱。百香果皮果酱中膳食纤维的含量高于1%，膳食纤维有降血脂、降血糖、降血压、预防便秘、减肥、抗氧化等作用，能增加肠道蠕动，促进有毒物质排出，具有很高的营养和保健价值。

五、实验心得与体会

为期一个月的创新实验，从选题的确立、实验方案的确定、实验的开展到最后数据的分析，通过我们小组成员的团结协作顺利完成。经过这一个月，我也深刻地体会到，其实创新实验就像是一篇小型的毕业论文，本次实验从单因素变量的确定到正交实验验证，再到最终最优方案的确立，都给我完成毕业论文提供了清晰的思路，有力地推动我毕业论文实验的开展。

本次创新实验我们是九个人一组，相比较之前我们是两个人或者是四个人为一组做实验，九个人一组更有利于我们集思广益，更好地打开思路，同时也让自身再次深刻感受到团队协作的重要性。

六、参考文献

[1] 文良娟, 毛慧君, 张元春, 等. 西番莲果皮成分分析及其抗氧化活性的研究. 食品科学, 2008.
[2] 郑志勇. 用柑桔皮制作果酱的研究. 漳州职业大学学报, 1999.
[3] 卫萍. 低糖香蕉果酱的研制. 食品研发, 2016.

附 录

附录1 拓展实验

拓展实验包括如下实验内容,请扫描二维码阅读。

实验一 环境因子对微生物生长的影响
实验二 微生物的生理生化实验
实验三 钙的测定
实验四 铁的测定
实验五 挥发性盐基氮的测定
实验六 番茄酱中番茄红素的测定
实验七 二氧化硫及亚硫酸盐测定
实验八 果蔬中脂肪酸的种类与含量的测定
实验九 荧光法测定总抗坏血酸含量
实验十 离心泵性能曲线的测定
实验十一 对流传热系数的测定

拓展实验

附录2 大肠菌群测定的操作细则

大肠菌群是指一群能发酵乳糖、产酸产气、需氧和兼性厌氧的革兰阴性无芽孢杆菌。该菌主要来源于人畜粪便,故以此作为粪便污染指标来评价食品的卫生质量,推断食品中是否可能有污染肠道致病菌。

食品中大肠菌群数是以100mL(或g)检样内大肠菌群最可能数(MPN)表示。

1. 设备和材料

温箱:(36±1)℃;冰箱:0~4℃;恒温水浴:(44.5±0.5)℃;天平;显微镜;均质器或乳钵;平皿:直径为90mm;试管;吸管;广口瓶或锥形瓶:容量为500mL;玻璃珠;

直径约5mm；载玻片；酒精灯；试管架等。

2. 培养基和试剂

(1) 乳糖胆盐发酵管　按GB 4789.28—2013中表D.5的规定。

(2) 伊红美蓝琼脂平板　按GB 4789.28—2013中6.1.1.1、表D.2、表E.2的规定。

(3) 乳糖发酵管　按GB 4789.28—2013中表D.8的规定。

(4) EC肉汤管　按GB 4789.28—2013.中表D.4的规定。

(5) 磷酸盐缓冲稀释液　按GB 4789.28—2013中的表D.6规定。

(6) 生理盐水。

(7) 革兰染色液　按GB 4789.28—2013中表D.8的规定。

3. 操作步骤

(1) 检样稀释　以无菌操作将检样25mL（或g）放于有225mL灭菌生理盐水或其他稀释液的灭菌广口瓶（瓶内预置适当数量的玻璃珠）或灭菌乳钵内，经充分振摇或研磨做成1∶10的均匀稀释液。固体检样最好用均质器，以8000～10000r/min的速度处理1min，做成1∶10的均匀稀释液。

用1mL灭菌吸管吸取1∶10稀释液1mL，注入含有9mL灭菌生理盐水或磷酸盐缓冲稀释液的试管内，振摇试管混匀，做成1∶100的稀释液。

另取1mL灭菌吸管，按上条操作依次做10倍递增稀释液，每递增稀释一次，换用1支1mL灭菌吸管。

根据食品卫生标准要求或对检样污染情况的估计，选择三个稀释度，每个稀释度接种3管。

(2) 乳糖发酵实验　将待检样品接种于乳糖胆盐发酵管内，接种量在1mL以上的，用双料乳糖胆盐发酵管；接种量在1mL及1mL以下的，用单料乳糖胆盐发酵管。每一稀释度接种3管，置（36±1）℃温箱内，培养（24±2）h，如所有乳糖胆盐发酵管都不产气，则可报告为大肠菌群阴性，如有产气者，则按下列程序进行。

(3) 分离培养　将产气的发酵管分别转种在伊红美蓝琼脂平板上，置（36±1）℃温箱内，培养18～24h，然后取出，观察菌落形态，并做革兰染色和证实实验。

(4) 证实实验　在上述平板上，挑取可疑大肠菌群菌落1～2个进行革兰染色，同时接种乳糖发酵管，置（36±1）℃温箱内培养（24±2）h，观察产气情况。凡乳糖管产气、革兰染色为阴性的无芽孢杆菌，即可报告为大肠菌群阳性。

(5) 报告　根据证实为大肠菌群阳性的管数，查MPN检索表，报告每100mL（或g）大肠菌群的MPN值。

4. 粪大肠菌群

(1) 方法　用接种环将所有产气的乳糖胆盐发酵管培养物转种于EC肉汤管内，置（44.5±0.2）℃水浴箱内（水浴箱内的水面应高于EC肉汤液面），培养（24±2）h，经培养后，如所有EC肉汤管均不产气，则可报告为阴性；如有产气者，则将所有产气的EC肉汤管分别转种于伊红美蓝琼脂平板上，倒置于37℃恒温箱中培养18～24h，凡平板上有典型菌落的，则证实为粪大肠菌群阳性。

(2) 结果报告　根据证实为粪大肠菌群的阳性管数，查MPN检索表，报告每100mL（或g）粪大肠菌群的MPN值。

附录3　常用染色液的配制

1. 黑色素液

水溶性黑素 10g，蒸馏水 100mL，甲醛（福尔马林）0.5mL。可用作荚膜的背景染色。

2. 墨汁染色液

国产绘图墨汁 40mL，甘油 2mL，液体石炭酸 2mL。先将墨汁用多层纱布过滤，加甘油混匀后，水浴加热，再加石炭酸搅匀，冷却后备用。用作荚膜的背景染色。

3. 吕氏（Loeffier）美蓝染色液

A 液：美蓝（Methylene Blue，又名甲烯蓝）0.3g，95％乙醇 30mL；

B 液：0.01％ KOH 100mL。

混合 A 液和 B 液即成，用于细菌单染色，可长期保存。根据需要可配制成稀释美蓝液，按 1：10 或 1：100 稀释均可。

4. 革兰染色液

（1）结晶紫液　结晶紫乙醇饱和液（结晶紫 2g 溶于 20mL95％乙醇中）20mL，1％草酸铵水溶液 80mL 将两液混匀静置 24h 后过滤即成。此液不易保存，如有沉淀出现，需重新配制。

（2）卢戈（Lugol）碘液　碘 1g，碘化钾 2g，蒸馏水 300mL。先将碘化钾溶于少量蒸馏水中，然后加入碘使之完全溶解，再加蒸馏水至 300mL 即成。配成后贮于棕色瓶内备用，如变为浅黄色即不能使用。

（3）95％乙醇　用于脱色，脱色后可选用下述（4）或（5）的其中一项复染即可。

（4）稀释石炭酸复红溶液　碱性复红乙醇饱和液（碱性复红 1g，95％乙醇 10mL，5％石炭酸 90mL 混合溶解即成碱性复红乙醇饱和液），取石炭酸复红饱和液 10mL 加蒸馏水 90mL 即成。

（5）番红溶液　番红 O(Safranine，又称沙黄 O) 2.5g，95％乙醇 100mL，溶解后可贮存于密闭的棕色瓶中，用时取 20mL 与 80mL 蒸馏水混匀即可。

以上染液配合使用，可区分出革兰染色阳性（G＋）或阴性（G－）细菌，G－被染成蓝紫色，G＋被染成淡红色

5. 鞭毛染色液

A 液：丹宁酸 5.0g，$FeCl_3$ 1.5g，15％甲醛（福尔马林）2.0mL，1％NaOH 1.0mL，蒸馏水 100mL；

B 液：$AgNO_3$ 2.0g，蒸馏水 100mL。

待 $AgNO_3$ 溶解后，取出 10mL 备用，向其余的 90mL $AgNO_3$ 中滴加 NH_4OH，即可形成很厚的沉淀，继续滴加 NH_4OH 至沉淀刚刚溶解成为澄清溶液为止，再将备用的 $AgNO_3$ 慢慢滴入，则溶液出现薄雾，但轻轻摇动后，薄雾状的沉淀又消失，继续滴入 $AgNO_3$，直到摇动后仍呈现轻微而稳定的薄雾状沉淀为止，如雾重，说明银盐沉淀出，不宜再用。通常在配制当天使用，次日效果欠佳，第 3 天则不能使用。

6. 0.5％沙黄（Safranine）液

2.5％沙黄乙醇液 20mL，蒸馏水 80mL。将 2.5％沙黄乙醇液作为母液保存于不透气的

棕色瓶中，使用时再稀释。

7. 5%孔雀绿水溶液

孔雀绿 5.0g，蒸馏水 100mL。

8. 0.05%碱性复红液

碱性复红 0.05g，95%乙醇 100mL。

9. 齐氏（Ziehl）石炭酸复红液

碱性复红 0.3g 溶于 95%乙醇 10mL 中为 A 液；0.01%KOH 溶液 100mL 为 B 液。混合 A、B 液即成。

10. 姬姆萨（Giemsa）染液

（1）贮存液 称取姬姆萨粉 0.5g，甘油 33mL，甲醇 33mL。先将姬姆萨粉研细，再逐滴加入甘油，继续研磨，最后加入甲醇，在 56℃放置 1~24h 后即可使用。

（2）应用液（临用时配制） 取 1mL 贮存液加 19mL pH7.4 磷酸缓冲液即成。亦可取贮存液：甲醇＝1：4 的比例配制成染色液。

11. 乳酸石炭酸棉蓝染色液（用于真菌固定和染色）

石炭酸（结晶酚）20g，乳酸 20mL，甘油 40mL，棉蓝 0.05g，蒸馏水 20mL。将棉蓝溶于蒸馏水中，再加入其他成分，微加热使其溶解，冷却后用。滴少量染液于真菌涂片上，加上盖玻片即可观察。霉菌菌丝和孢子均可染成蓝色。染色后的标本可用树脂封固，能长期保存。

12. 1%瑞氏（Wright's）染色液

称取瑞氏染色粉 6g，放研钵内磨细，不断滴加甲醇（共 600mL）并继续研磨使溶解。经过滤后染液须贮存一年以上才可使用，保存时间愈入，则染色色泽愈佳。

13. 阿氏（Albert）异染粒染色液

A 液：甲苯胺蓝（Toluidine Blue）0.15g，孔雀绿 0.2g，冰醋酸 1mL，95%乙醇 2mL，蒸馏水 100mL；

B 液：碘 2g，碘化钾 3g，蒸馏水 300mL。

先用 A 液染色 1min，倾去 A 液后，用 B 液冲去 A 液，并染 1min。异染粒呈黑色，其他部分为暗绿或浅绿色。

附录 4 常用培养基的配制

1. 营养琼脂培养基

（1）用途 供细菌总数测定、保存菌种、细菌纯化、一般细菌培养、血琼脂培养基基础之用。

（2）成分 牛肉膏 3g，NaCl 5g，蛋白胨 10g，琼脂 20g。

（3）pH 值 7.2±0.2。

（4）制法 上述成分称取 38g 加蒸馏水 1000mL，经 121.3℃ 30min 高压灭菌备用。

2. 蛋白胨水培养基

（1）用途 供细菌培养、吲哚实验使用。

（2）成分 蛋白胨 10g，氯化钠 5g。

(3) pH 值 7.6。

(4) 制法 将上述成分溶于 1000mL 蒸馏水中,过滤,分装于试管,每管 2~3mL,经 121.3℃ 20min 高压灭菌备用。

3. 半固体培养基

(1) 用途 供观察细菌动力、菌种保存、H 抗原位相变异实验等。

(2) 成分 蛋白胨 10g,氯化钠 5g,琼脂 2.5~3g。

(3) pH 值 7.6。

(4) 制法 上述成分加入 1000mL 蒸馏水中,加热溶解,分装于试管,每管 3~4mL,经 121.3℃ 20min 高压灭菌备用。

4. 营养肉汤培养基

(1) 用途 供一般细菌培养、转种、复苏、增菌等,也可用于消毒效果的测定。

(2) 成分 蛋白胨 10g,氯化钠 5g,牛肉粉(牛肉浸汁)3g。

(3) pH 值 7.2±0.2。

(4) 制法 将上述成分溶于 1000mL 蒸馏水中,分装小试管,每管 2~3mL,经 121.3℃ 20min 高压灭菌备用。

5. 葡萄糖蛋白胨水培养基

(1) 用途 供甲基红实验及 V-P 实验使用。

(2) 成分 蛋白胨 5g,葡萄糖 5g,K_2HPO_4 5g(或 $K_2HPO_4 \cdot 3H_2O$ 0.65g)。

(3) pH 值 7.0~7.2。

(4) 制法 将上述成分溶于 1000mL 蒸馏水中,过滤,分装于试管中,每管 2~3mL,经 112.6℃ 20min 高压灭菌备用。

6. 伊红美蓝培养基(EMB 培养基)

(1) 用途 弱选择性培养基,用于分离肠道致病菌,特别是大肠埃希菌。

(2) 成分 蛋白胨 10g,乳糖 10g,伊红 0.4g,美蓝 0.065g,琼脂 14g,K_2HPO_4 2g。

(3) pH 值 7.2±0.4。

(4) 制法 上述成分称取 36g 加蒸馏水 1000mL 摇匀,经 121.3℃ 15min 高压灭菌,待冷却至 60℃ 左右倾注灭菌平皿备用。

7. S-S 琼脂培养基

(1) 用途 供沙门菌、志贺菌的选择性分离培养使用。

(2) 成分 蛋白胨 5g,乳糖 10g,牛肉粉 5g,三号胆盐 3.5g,琼脂 17g,柠檬酸钠 8.5g,柠檬酸铁 1g,硫代硫酸钠 8.5g,中性红 0.025g,煌绿 0.00033g。

(3) pH 值 7.0±0.1。

(4) 制法 上述成分称取 60g 加蒸馏水 1000mL,加热煮沸至完全溶解,待冷却至 60℃ 左右倾注灭菌平皿备用。

8. 中国蓝蔷薇酸琼脂培养基

(1) 用途 供肠道致病菌的分离鉴别使用。

(2) 成分 蛋白胨 10g,乳糖 10g,牛肉粉 3g,琼脂 13g,氯化钠 5g,中国蓝 0.05g,玫红酸 0.1g。

(3) pH 值 7.0±0.2。

(4) 制法 称取本品 40g 加蒸馏水 1000mL,煮沸溶解后,112.6℃ 30min 高压灭菌,待冷却至60℃左右时倾注灭菌平皿备用。

9. 沙保弱琼脂培养基

（1）用途　供真菌的分离培养，菌种保存之用。

（2）成分　蛋白胨10g，麦芽糖（葡萄糖）40g，琼脂20g。

（3）pH值　5.5～6.0（一般不调节）。

（4）制法　上述成分加蒸馏水1000mL，煮沸溶解后，112.6℃ 15min 灭菌，待冷至60℃左右时倾注灭菌平皿备用。

10. 血琼脂培养基

（1）用途　供观察某些细菌的溶血作用，分离培养营养要求较高的细菌使用。

（2）成分　普通营养琼脂培养基100mL，脱纤维羊血（或兔血）5～10mL。

（3）pH值　7.6。

（4）制法　将普通营养琼脂培养基121.3℃ 20min 高压灭菌，待冷却至50℃左右时，加入无菌脱纤维羊血（或兔血）轻轻摇匀，不要发生气泡，倾注灭菌平皿或制成斜面备用。

11. 0.1%石碳酸琼脂平板培养基

（1）用途　供分离变形杆菌和被变形杆菌污染的其他细菌之用。

（2）成分　普通营养琼脂培养基100mL，石碳酸1g。

（3）pH值　7.6。

（4）制法　上述成分121.3℃ 15min 高压灭菌，倾注灭菌平皿备用。

12. 液体硫乙酸盐培养基（FT）（需氧菌、厌氧菌培养基）

（1）用途　用于药品和生物制品的无菌检验，检测好氧菌、厌氧菌。

（2）成分　胰酪胨15g，L-胱氨酸0.5g，葡萄糖5g，酵母膏粉5g，氯化钠2.5g，硫乙醇酸钠0.5g，刃天青0.001g，琼脂0.75g。

（3）pH值　7.1±0.2。

（4）制法　称取本品29.3g加入1000mL蒸馏水中，搅拌加热至完全溶解，分装于试管，121.3℃ 15min 高压灭菌备用。

13. 庖肉培养基

（1）用途　用于一般厌氧培养，肉毒梭菌及厌氧梭状芽孢杆菌的检验（参照GB/T 4789.12—2016《食品安全国家标准　食品卫生微生物学检验肉毒梭菌及肉毒毒素检验》）。

（2）成分　牛肉渣、牛肉浸液。

（3）pH值　7.4～7.6。

（4）制法　肉浸汤剩余的肉渣装入中试管内，约1～1.5cm高。加入肉汤培养基5mL，再加入1∶3液体石蜡（或凡士林），高0.2～0.3cm。经112.6℃ 15min 高压灭菌，保存于4℃冰箱备用。

附录5　实验室常用试剂的配制

1. 无 Ca^{2+}、Mg^{2+} 的 Hanks 液

NaCl 4.5g，KCl 0.2g，$NaHCO_3$ 0.175g，$Na_2HPO_4 \cdot 12H_2O$ 0.076g，KH_2PO_4

0.03g，葡萄糖 0.5g，0.4%酚红 2.5mL。

将上述成分依次溶解或加入到双蒸水中，最后补加双蒸水至 500mL，以 5.6% $NaHCO_3$ 调整 pH 值至 7.4，4℃冰箱保存备用。

2. 甲基红试剂

甲基红 0.1g，蒸馏水 200mL，95%乙醇 300mL。

测定甲基红反应。

3. Hanks 液（原液）

原液甲：NaCl 160g，KCl 8g，$MgSO_4 \cdot 7H_2O$ 2g，$MgCl_2 \cdot 6H_2O$ 2g。

上述试剂加入 800mL 双蒸水，溶解。$CaCl_2$ 2.8g 溶于 100mL 双蒸水。上述两种试液混合，加双蒸水至 1000mL，再加 2mL 氯仿防腐，4℃保存。

原液乙：$Na_2HPO_4 \cdot 12H_2O$ 3.04g，KH_2PO_4 1.2g，葡萄糖 20g，加入 800ml 双蒸水，溶解。0.4%酚红溶液 100mL。

上述两种试液混合，加双蒸水至 1000mL，再加 2mL 氯仿防腐，4℃保存。使用时，甲、乙原液按下列比例配成 Hanks 液。使用液：原液甲 1 份、原液乙 1 份、双蒸水 18 份滤过，0.8MPa 灭菌 20min，放 4℃冰箱保存，使用前用 $NaHCO_3$ 调整 pH 值。

4. 0.4%酚红溶液

称取 0.4g 酚红置研钵中研碎，逐渐加入 0.1mol/L NaOH 并不断研磨，直到所有的颗粒几乎完全溶解，加入 0.1mol/L NaOH 10mL，然后倒入容量瓶中，并加蒸馏水至 100mL，棕色瓶保存备用。

5. pH 7.2 Tris-NH_4Cl 溶液（红细胞崩解液）

Tris（三羟甲基氨基甲烷）1.03g，NH_4Cl 3.735g，加双蒸水至 500mL，用浓 HCl 调 pH＝7.2，1MPa 灭菌 15min 后放 4℃保存。

6. 0.05mol/L pH 8.6 巴比妥缓冲液

巴比妥 1.84g，加蒸馏水 200mL 加热溶解。

巴比妥钠 10.3g，叠氮纳 0.2g，加蒸馏水溶解，并补加蒸馏水到 1000mL。

7. 磷酸盐缓冲液（PB）

A 液：0.2mol/L 磷酸二氢钠水溶液，$NaH_2PO_4 \cdot H_2O$ 27.6g，溶于蒸馏水中，最后补加蒸馏水至 1000mL。

B 液：0.2mol/L 磷酸氢二钠水溶液，$Na_2HPO_4 \cdot 7H_2O$ 3.6g（或 $Na_2HPO_4 \cdot 12H_2O$ 71.6g 或 $Na_2HPO_4 \cdot 2H_2O$ 35.6g），加蒸馏水溶解，最后加蒸馏水至 1000mL。若再加蒸馏水至 2000mL 则成为 0.1mol/L 磷酸氢二钠水溶液。

8. 0.1mol/L pH 8.4 硼酸缓冲液（BBS）

硼酸钠（$Na_2B_4O_7 \cdot 10H_2O$）0.46g，硼酸（H_3BO_3）0.51g，加蒸馏水至 100mL 溶解。

9. pH 7.4，0.01mol/L 磷酸盐缓冲液（PBS）

（1）配制方法一

0.2mol/L Na_2HPO_4：$Na_2HPO_4 \cdot 12H_2O$ 71.6g 加蒸馏水至 1000mL。

0.2mol/L NaH_2PO_4：$NaH_2PO_4 \cdot 2H_2O$ 35.6g 加蒸馏水至 1000mL。

取 0.2mol/L Na_2HPO_4 81.0mL，加 0.2mol/L NaH_2PO_4 19mL，再加 1900mL H_2O 和 17g NaCl 即为 pH 7.4，0.01mol/L PBS。pH 7.4，0.01mol/L PBS 再加入 0.05%吐温-20

即为酶联免疫吸附测定（Enzyme Linked Immunosorbent Assay，ELISA）实验的洗涤液。

（2）配制方法二

甲液（0.1mol/L KH_2PO_4 溶液）：KH_2PO_4 13.608g，加蒸馏水至 1000mL。

乙液（0.1mol/L Na_2HPO_4 溶液）：Na_2HPO_4 35.814g，加蒸馏水至 1000mL。

取甲液 19mL，乙液 81mL，NaCl 8.5g，吐温-20 0.5mL 混合后加蒸馏水至 1000mL 即可。再加入 0.05% 吐温-20 即为 ELISA 实验的洗涤液。

10. 0.05mol/L pH9.6 碳酸缓冲液

Na_2CO_3 1.59g，$NaHCO_3$ 2.93g，加蒸馏水至 1000mL。ELISA 实验备用。

11. 0.01mol/L pH7.4 PBS 内含 2%BSA（牛血清白蛋白）

取 BSA 2mL 加 0.01mol/L pH7.4 PBS 至 100mL 即可。ELISA 实验封闭用。

12. pH 5.0 磷酸-柠檬酸缓冲液

0.2mol/L Na_2PO_4(28.4g/L) 25.7mL，0.1mol/L 柠檬酸(19.2g/L) 24.5mL，加蒸馏水至 100mL 即为 pH 5.0 磷酸-柠檬酸缓冲液。

13. 底物溶液

pH 5.0 磷酸-柠檬酸缓冲液加入邻苯二胺（1mg/mL），再加入 30% 的 H_2O_2（1μL/mL）溶解后即为 ELISA 底物液，临用前配制，避光保存。

14. 2mol/L 硫酸

取 1mL 36mol/L 的 H_2SO_4 缓缓加入 18mL 蒸馏水内即为 2mol/L，用于 ELISA 实验终止反应。

15. 清洁液的配制

清洁液分高、中、低液三种。

低浓度清洁液：重铬酸钾 100g，水 750mL，硫酸 250mL。

中浓度清洁液：重铬酸钾 60g，水 300mL，硫酸 460mL。

高浓度清洁液：重铬酸钾 100g，水 200mL，硫酸 800mL。

先将重铬酸钾倒入自来水中，然后加入浓硫酸，边加浓硫酸边用玻璃棒搅拌。由于加入浓硫酸后产生高热，故加酸时要慢，容器应用耐酸耐高温塑料或陶器制品。配制好的清洁液，应存于有盖的玻璃容器内。需要浸泡的玻璃器皿一定要干燥，如果清洁液经过长期使用已呈黑色，表明已经失效，不宜再用。由于清洁液有强腐蚀性，故操作时要十分注意。

16. pH 6.4 1/15mol/mL 磷酸盐缓冲盐水（PBS）

1/15mol/mL 磷酸二氢钾溶液：KH_2PO_4 9.04g，蒸馏水加至 1000mL。

1/15mol/mL 磷酸氢二钠溶液：$Na_2HPO_4 \cdot 2H_2O$ 11.87g，或 $Na_2HPO_4 \cdot 12H_2O$ 23.86g，用蒸馏水溶解后，放入 1000mL 容量瓶中，定容至 1000mL。

pH6.4 1/15mol/mL 磷酸盐缓冲盐水（PBS）：1/15mol/mL 磷酸二氢钾溶液 73mL，1/15mol/mL 磷酸氢二钠溶液 27mL，NaCl 0.5g，混匀溶解即可。

17. 柯氏试剂（靛基质试剂）

成分纯戊醇 150mL，浓盐酸 50mL，对二甲基氨基苯甲醛 10g。

制法：将对二甲基氨基苯甲醛加入纯戊醇内，使其溶解。将浓盐酸一滴滴慢慢加入，边加边摇，不能加得太快以致温度升高溶液颜色变深。

用途：测定细菌能否产生吲哚。

附录6 标准滴定溶液的配制及标定

1. 1mol/L 盐酸标准滴定溶液

（1）配制 量取 90mL HCl，加适量水稀释至 1000mL。

（2）标定 精密称取约 1.5g 在 270～300℃ 干燥至恒量的基准无水碳酸钠，加 50mL 水使之溶解。加 10 滴溴甲酚绿-甲基红指示剂，用盐酸标准溶液滴定至溶液由绿色转为暗紫色。同时做试剂空白实验。

溴甲酚绿-甲基红指示剂：0.2% 溴甲酚绿乙醇溶液 30mL，加入 0.1% 甲基红乙醇溶液 20mL。

（3）计算

$$C=\frac{m}{(V_1-V_2)\times 0.0530}$$

式中，C——盐酸标准溶液的实际浓度；m——基准无水碳酸钠的质量；V_1——盐酸标准溶液的用量；V_2——空白实验消耗盐酸标准溶液的用量。0.0530——与 1mL 盐酸标准滴定溶液相当的无水碳酸钠的质量。

2. 1mol/L 硫酸标准滴定溶液

（1）配制 量取 30mL 硫酸，缓缓注入适量水中，冷却至室温后用水稀释到 1000mL，混匀。

（2）标定 精密称取约 1.5g 在 270～300℃ 干燥至恒量的基准无水碳酸钠，加 50mL 水使之溶解。加 10 滴溴甲酚绿-甲基红指示剂，用硫酸标准溶液滴定至溶液由绿色转为暗紫色。同时做试剂空白实验。

溴甲酚绿-甲基红指示剂：0.2% 溴甲酚绿乙醇溶液 30mL，加入 0.1% 甲基红乙醇溶液 20mL。

（3）计算

$$C=\frac{m}{(V_1-V_2)\times 0.0530}$$

式中，C——硫酸标准滴定溶液的实际浓度，mol/L；m——基准无水碳酸钠的质量，g；V_1——硫酸标准滴定溶液用量，mL；V_2——试剂空白实验中硫酸标准滴定溶液用量，mL；0.0530——与 1mL 硫酸标准滴定溶液相当的无水碳酸钠的质量，g。

3. 1mol/L 氢氧化钠标准滴定溶液

（1）配制 氢氧化钠饱和溶液：称取 120g 氢氧化钠，加 100mL 水，振摇使之溶解成饱和溶液，冷却后置于聚乙烯塑料瓶中，密塞，放置数日，澄清后备用。

氢氧化钠标准溶液：量取 56mL 澄清的氢氧化钠饱和溶液，加适量新煮沸过的冷水至 1000mL，摇匀。

酚酞指示液：10g/L 乙醇溶液。

（2）标定 精密称取约 6g 在 105～110℃ 干燥至恒量的基准邻苯二甲酸氢钾，加 80mL 新煮沸过的冷水，使之尽量溶解。加 2 滴酚酞指示液，用本溶液滴定至溶液呈粉红色，

0.5min 不褪色。同时做空白实验。

(3) 计算

$$C = \frac{m}{(V_1 - V_2) \times 0.2042}$$

式中，C——氢氧化钠标准滴定溶液的实际浓度，mol/L；m——基准邻苯二甲酸氢钾的质量，g；V_1——氢氧化钠标准滴定溶液用量，mL；V_2——空白试验中氢氧化钠标准滴定溶液用量，mL；0.2042——与 1.00mL 氢氧化钠标准滴定溶液相当的邻苯二甲酸氢钾的质量，g。

4. 0.1mol/L 氢氧化钾标准滴定溶液

(1) 配制　称取 6g 氢氧化钾，加入新煮沸过的冷水溶解，并稀释至 1000mL，混匀。

(2) 标定　精密称取约 0.6g 在 105～110℃ 干燥至恒量的基准邻苯二甲酸氢钾，加 50mL 新煮沸过的冷水，溶解。加 2 滴酚酞指示液，用本溶液滴定至溶液呈粉红色，0.5min 不褪色。同时做空白实验。

(3) 计算

$$C = \frac{m}{(V_1 - V_2) \times 0.2042}$$

式中，C——氢氧化钾标准滴定溶液的实际浓度，mol/L；m——基准邻苯二甲酸氢钾的质量，g；V_1——氢氧化钾标准滴定溶液用量，mL；V_2——试剂空白实验中氢氧化钾标准滴定溶液用量，mL；0.2042——与 1.00mL 氢氧化钾标准滴定溶液相当的邻苯二甲酸氢钾质量，g。

5. 0.1mol/L 高锰酸钾标准滴定溶液

(1) 配制　称取约 3.3g 高锰酸钾，加 1000mL 水，煮沸 15min，加塞静置 2d 以上，用垂融漏斗过滤，置于具玻璃塞的棕色瓶中密塞保存。

(2) 标定　精密称取约 0.2g 在 110℃ 干燥至恒量的基准草酸钠，加入 250mL 新煮沸过的冷水，10mL 硫酸，搅拌使之溶解。迅速加入约 25mL 高锰酸钾溶液，待褪色后，加热至 65℃，继续用高锰酸钾溶液滴定至溶液呈微红色，保持 30s 不褪色。在滴定终了时，溶液温度不低于 55℃。同时做空白实验。

(3) 计算

$$C = \frac{m}{(V_1 - V_2) \times 0.067}$$

式中，C——高锰酸钾标准滴定溶液的实际浓度，mol/L；m——基准草酸钠的质量，g；V_1——高锰酸钾标准滴定溶液用量，mL；V_2——试剂空白实验中高锰酸钾标准滴定溶液用量，mL；0.067——与 1.00mL 高锰酸钾标准滴定溶液浓度相当的草酸钠的质量，g。

6. 0.1mol/L 硝酸银标准滴定溶液

(1) 配制　0.1mol/L 硝酸银标准滴定溶液：称取 17.5g 硝酸银，加入适量水使之溶解，并稀释至 1000mL，混匀，避光保存。

5g/L 淀粉指示液：称取 0.5g 可溶性淀粉，加入 5mL 水，搅匀后缓缓倾入 95mL 沸水中，随加随搅拌，煮沸 2min，放冷，稀释至 100mL 备用。此指示液应临用时新制。

荧光黄指示液：用乙醇溶液溶解，配制浓度为 5g/L 的荧光黄指示液。

(2) 标定　精密称取约 0.2g 在 270℃ 干燥至恒量的基准氯化钠，加 50mL 水使之溶解。加入淀粉指示液 5mL，边摇动边用硝酸银标准滴定溶液避光滴定，近终点时，加入 3

滴荧光黄指示液,继续滴定至混浊液由黄色变为粉红色。

(3) 计算

$$C = \frac{m}{V \times 0.05844}$$

式中,C——硝酸银标准滴定溶液的实际浓度,mol/L;m——基准氯化钠的质量,g;V——硝酸银标准滴定溶液的体积,mL;0.05844——与1.00mL硝酸银标准滴定溶液相当的氯化钠的质量,g。

7. 0.1mol/L 碘标准滴定溶液

(1) 配制 0.1mol/L碘标准滴定溶液:称取13.5g碘,加36g碘化钾,50mL水,溶解后加入3滴盐酸及适量水稀释至1000mL。用垂融漏斗过滤,置于阴凉处,密闭、避光保存。

酚酞指示液:用乙醇溶解酚酞配制10g/L的酚酞指示液。

5g/L淀粉指示液:同6。

(2) 标定 精密称取约0.15g在105℃干燥1h的基准三氧化二砷,加入1mol/L氢氧化钠溶液10mL,微热使之溶解。加入20mL水及2滴酚酞指示液,加入适量1mol/L硫酸溶液至红色消失,再加2g碳酸氢钠、50mL水及2mL淀粉指示液,用碘标准溶液滴定至溶液显浅蓝色。同时做空白实验。

(3) 计算

$$C = \frac{m}{(V_1 - V_2) \times 0.04946}$$

式中,C——碘标准滴定溶液的实际浓度,mol/L;m——基准三氧化二砷的质量,g;V_1——碘标准滴定溶液用量,mL;V_2——空白实验碘标准滴定溶液用量,mL;0.04946——与1.00mL碘标准滴定溶液相当的三氧化二砷的质量,g。

8. 0.1mol/L 硫代硫酸钠标准滴定溶液

(1) 配制 0.1mol/L硫代硫酸钠标准滴定溶液:称取26g硫代硫酸钠及0.2g碳酸钠,加入适量新煮沸过的冷水使之溶解,并稀释至1000mL,混匀,放置一个月后过滤备用。

5g/L淀粉指示液:同6。

硫酸(1+8):量取10mL硫酸,慢慢倒入80mL水中。

(2) 标定 精密称取约0.15g在120℃干燥至恒量的基准重铬酸钾,置于500mL碘量瓶中,加入50mL水使之溶解。加入2g碘化钾,轻轻振摇使之溶解。再加入硫酸(1+8)20mL,密塞,摇匀,放置暗处10min后用250mL水稀释。用硫代硫酸钠标准滴定溶液滴至溶液呈浅黄绿色,再加入淀粉指示液3mL,继续滴定至蓝色消失而显亮绿色。反应液及稀释用水的温度不应高于20℃。同时做试剂空白实验。

(3) 计算

$$C = \frac{m}{(V_1 - V_2) \times 0.04903}$$

式中,C——硫代硫酸钠标准滴定溶液的实际浓度,mol/L;m——基准重铬酸钾的质量,g;V_1——硫代硫酸钠标准滴定溶液用量,mL;V_2——试剂空白实验中硫代硫酸钠标准滴定溶液用量,mL;0.04903——与1.00mL硫代硫酸钠标准滴定溶液相当的重铬酸钾的质量,g。

附录7　常用洗涤液的配制

已经使用过的器皿，弄脏以后应用下面的洗涤液处理。

1. 铬酸洗涤液

在粗天平上称取研细了的重铬酸钾 20g，置于 500mL 烧杯中，加水 40mL，加热使其溶解，待冷却后，再慢慢注入 350mL 浓硫酸（边搅拌边加）即成。配好的洗液应为深褐色，贮于细口瓶中备用，经多次使用后至效力缺乏时，加入适量的高锰酸钾粉末效力即可再生，用时防止它被水稀释。

2. 氢氧化钠的高锰酸钾洗涤液

称取高锰酸钾 4g，溶于少量水中，向该溶液中慢慢注入 100mL 10% 氢氧化钠溶液即成。该溶液用于洗涤油渍及有机物，洗后玻璃器皿上残留的二氧化锰沉淀可用浓硫酸或硫酸溶液将它洗去。

3. 肥皂液及碱液洗涤液

当器皿被油脂弄脏时用浓的碱液（30%～40%）处理或用热肥皂溶液洗涤，认真洗涤后用热水和蒸馏水清洗。

4. 硝酸洗涤液

把市售的搪瓷器皿中的污垢，用 5%～10% 硝酸除去，酸宜分批加入，每次都要在气体停止后加入。

5. 合成洗涤剂洗液

把市售的合成洗涤剂粉末用热水冲成浓溶液，洗时放入少量溶液（最好加热），振荡后用水冲洗，这种洗涤液用于常规洗涤。

器皿清洗用自来水后用蒸馏水冲洗，如果器皿是清洁的，壁上便留有一层均匀的薄水膜。

附录8　常用指示剂的配制方法与 pH 范围的颜色变化

表1　常用指示剂的配制与变色范围

指示剂名称	pH 范围	颜色变化	配制方法	
			0.1g 指示剂应加 0.01mol/L NaOH 溶液体积/mL	配制溶液浓度
苦味酸	0.6～1.3	无色～黄		
百里酚蓝	1.2～2.8	红～黄	21.5	0.04% 水溶液
二硝基酚	2.4～4.0	无色～黄		0.1% 乙醇溶液
溴酚蓝	3.0～4.6	黄～蓝	14.9	0.04% 水溶液

续表

指示剂名称	pH 范围	颜色变化	配制方法	
			0.1g 指示剂应加 0.01mol/L NaOH 溶液体积/mL	配制溶液浓度
甲基橙	3.1~4.4	红~橙		0.1%水溶液
溴甲酚绿	3.8~5.4	黄~蓝	14.3	0.1%水溶液
甲基红	4.2~6.3	红~黄	37	0.1%,用60%乙醇配制
氯酚红	4.8~6.4	黄~红	23.6	0.04%水溶液
溴甲酚紫	5.2~6.8	黄~紫	18.5	0.04%水溶液
溴百里酚蓝	6.1~7.6	黄~蓝	16	0.05%水溶液
酚红	6.8~8.4	黄~红	28.2	0.05%水溶液
百里酚蓝	8.0~9.6	黄~蓝	21.5	0.04%水溶液
酚酞	8.3~10.0	无色~淡紫		0.05%,用50%乙醇配制
百里酚酞	9.3~10.5	无色~蓝		0.04%,用50%乙醇配制
茜素黄 GG	10.0~12.0	无色~黄		0.1%乙醇溶液
硝胺	10.8~13.0	无色~橙		0.01%水溶液

附录9 常用酸、碱的浓度表

表2 常用酸、碱的浓度表

试剂名称	近似值				制备1L 1mol/L 溶液时所需体积/mL
	质量分数/%	密度/(g/mL)	摩尔浓度/(mol/L)	当量浓度/(mol/L)	
硝酸(HNO_3)	70	1.42	16.0	16.0	63
盐酸(HCl)	36.5	1.19	11.9	11.9	84
硫酸(H_2SO_4)	96	1.84	18.0	36.0	28
过氯酸($HClO_4$)	70	1.66	11.6	11.6	86
氢氟酸(HF)	47	1.15	27.0	27.0	44
磷酸(H_3PO_4)	85	1.69	14.6	44.0	23
冰醋酸(CH_3COOH)	99.5	1.05	17.4	17.4	58
醋酸(CH_3COOH)	35	1.05		6.0	
氢溴酸(HBr)	48	1.49		9.0	
氢碘酸(HI)	57	1.70		7.0	
氨水(NH_4OH)	27(NH_3)	0.90	14.3	14.3	70

附录10 实验报告格式范例

1. 学生班级、姓名、学号、实验组号（组内其他人员：　　　　　）实验日期、指导教师姓名。

2. 实验题目

3. 实验目的

4. 实验原理　要求简单但要抓住要点，即要写出原理依据的公式等。

5. 实验内容　应包括主要实验步骤、测量及调节方法、观察到的现象、变化的规律以及相应的解释等。

6. 仪器用具　仪器名称及主要规格。

7. 数据处理　画出数据表格（写明物理量和单位）；按实验要求处理数据。写出处理过程及误差。

8. 结果讨论　得出实验结论，对实验中存在的问题、进一步的想法等进行讨论。一定要对实验现象进行分析，分析要用专业的知识、专业的语言。

参考文献

[1] 陈江萍. 食品微生物检测实训教程 [M]. 浙江：浙江大学出版社，2011.
[2] 何国庆，张伟. 食品微生物检验技术 [M]. 北京：中国计量出版社，2013.
[3] 王廷璞，王静. 食品微生物检验技术 [M]. 北京：化学工业出版社，2014.
[4] 郝涤非. 微生物实验实训 [M]. 北京：华中科技大学出版社，2012.
[5] 陈敏. 微生物学实验 [M]. 杭州：浙江大学出版社，2011.
[6] 宋渊. 微生物学实验教程 [M]. 北京：中国农业大学出版社，2012.
[7] 诸葛斌，诸葛健. 现代发酵工程丛书——现代发酵微生物实验技术 [M]. 北京：化学工业出版社，2011.
[8] 黄亚东，时小艳. 微生物实验技术 [M]. 北京：中国轻工业出版社，2013.
[9] 王启军. 食品分析实验 [M]. 北京：化学工业出版社，2011.
[10] 大连轻工业学院，等. 食品分析 [M]. 北京：中国轻工业出版社，1995.
[11] 张水华. 食品分析实验 [M]. 北京：化学工业出版社，2006.
[12] 孙清荣. 食品分析与检验 [M]. 北京：中国轻工业出版社，2011.
[13] 张水华. 食品分析实验 [M]. 北京：化学工业出版社，2010.
[14] 王永华，戚穗坚. 食品分析 [M]. 北京：中国轻工业出版社，2017.
[15] 丁晓雯，李诚，李巨秀. 食品分析 [M]. 北京：中国农业大学出版社，2017.
[16] 钱建亚. 食品分析 [M]. 北京：中国纺织出版社，2014.
[17] 杨严俊，孙俊. 食品分析 [M]. 北京：化学工业出版社，2013.
[18] 邵秀芝，郑艺梅，黄泽元. 食品化学实验 [M]. 郑州：郑州大学出版社，2013.
[19] 庞杰，敬璞. 食品化学实验 [M]. 北京：中国林业出版社，2014.
[20] 欧仕益. 食品化学实验手册 [M]. 北京：中国轻工业出版社，2008.
[21] 汪开拓. 食品化学实验指导 [M]. 长沙：中南大学出版社，2016.
[22] 黄晓钰，刘邻渭. 食品化学综合实验 [M]. 北京：中国农业大学出版社，2007.
[23] 管斌. 食品蛋白质化学 [M]. 北京：中国轻工业出版社，2005.
[24] 刘志胜. 豆腐凝胶机理 [D]. 北京：中国农业大学，2010.
[25] 陶永杰，等. 内脂豆腐制作技术 [J]. 四川农业科技，2012，3：30.
[26] 李荣和，姜浩奎. 大豆深加工技术 [M]. 北京：中国轻工业出版社，2010.
[27] 李诗龙. 腐竹食品的现代加工技术 [J]. 粮油加工与食品机械，2005，3：72-74.
[28] 张秀金. 豆腐豆浆的成分和蛋白组分对腐竹成膜特性的影响 [D]. 北京：中国农业大学，2007.
[29] 臧茜茜，吴婧，潘思轶，等. 蛋白及脂肪含量对腐竹差异成膜的影响 [J]. 现代食品科技，2015，6：129-135.
[30] Long L, Han Z, Zhang X J, et al. Effects of different heating methods on the production of protein-lipid film [J]. Journal of Food Engineering, 2007, 82：292-297.
[31] 孙来华，姜旭德. 畜产品加工技术及实训教程——乳制品生产分册 [M]. 北京：科学出版社，2010.
[32] 廖芬，刘国明，郑凤锦，等. 不同稳定剂对香蕉凝固型酸奶品质的影响 [J]. 南方农业科学，2015，46（1）：123-127.
[33] Renkema J M S, Lakemond C M M, De Jongh H H J, et al. The effect of pH on heat denaturation and gel forming properties of soy proteins [J]. Journal of Biotechnology, 2000, 79：223-230.
[34] 金镖，李新华. 凝固型酸奶品质的控制 [J]. 农产品加工学刊，2006，1：56-57.
[35] 张税丽，李兴先. HACCP管理体系在凝固型酸奶生产中的应用研究 [J]. 广西轻工业，2010，1：5-6，12.
[36] Routray W, Mishra H N. Scientific and technical aspects of yogurt aroma and taste: a review [J]. Food Science and Food Safety, 2011, 10：208-220.
[37] 迟玉杰. 蛋制品加工技术 [M]. 北京：中国轻工业出版社，2007.
[38] 宋芳芳. 蛋黄酱加工工艺及稳定性的研究 [J]. 中国调味品，2016，41（3）：99-103.
[39] 陈有亮，杨燕军. 蛋黄酱的稳定性研究 [J]. 中国调味品，2004，11：8-11.
[40] 杨述，高昕，许加超，等. 褐藻胶对蛋黄酱流变特性的影响 [J]. 食品与生物技术学报，2011，30（6）：

806-811.
- [41] Laca A, Paredes B. Rheological properties, stability and sensory evaluation of low-cholesterol mayonnaises prepared using egg yolk granules as emulsifying agent [J]. Journal of Food Engineering, 2010, 97: 243-252.
- [42] Owen R. Fennema. Food Chemistry [M]. Florida: CRC Press, 1996.
- [43] [美] 孔福尔蒂. 食品工艺学实验指导 [M]. 姜启兴译. 北京: 中国轻工业出版社, 2012.
- [44] 赵征. 食品工艺学实验技术 [M]. 北京: 化学工业出版社, 2009.
- [45] 赵晋府. 食品工艺学 [M]. 北京: 中国轻工业出版社, 2011.
- [46] 钟瑞敏, 等. 食品工艺学实验与生产实训指导 [M]. 北京: 中国纺织出版社, 2015.
- [47] 潘思轶. 食品工艺学实验 [M]. 北京: 中国农业出版社, 2015.
- [48] 吴进菊. 食品工艺学实验教程 [M]. 四川: 西南交通大学出版社, 2016.
- [49] 王鸿飞, 邵兴锋. 果品蔬菜贮藏与加工实验指导 [M]. 北京: 科学出版社, 2012.
- [50] 倪娜. 食品加工实验指导 [M]. 北京: 中国计量出版社, 2015.
- [51] [英] 费洛斯. 食品加工技术: 原理与实践 [M]. 蒙秋霞, 牛宁译. 北京: 中国农业大学出版社, 2006.
- [52] 曾庆孝, 李汴生. 食品加工与保藏原理 [M]. 北京: 化学工业出版社, 2015.
- [53] 任迪峰. 现代食品加工技术 [M]. 北京: 中国农业科学技术出版社, 2015.
- [54] 杨向荣. 大学生创新实践指导 [M]. 北京: 冶金工业出版社, 2011.
- [55] 解建光. 指导"大学生创新实践计划"的几点体会 [J]. 课程教育研究: 新教师教学, 2012.
- [56] 于新, 杨鹏斌. 泡菜加工技术 [M]. 北京: 化学工业出版社, 2012.
- [57] 徐莉珍, 李远志, 楠极. 两次压榨与酶解结合提取菠萝果汁工艺技术研究 [J]. 现代食品科技, 2009, 25 (4): 431-434.
- [58] 于新, 杨鹏斌. 米酒米醋加工技术 [M]. 北京: 中国纺织出版社, 2014.
- [59] 巩发永, 花旭斌, 吴兵. 鸡精加工工艺技术及其制备方法 [M]. 四川: 四川科技出版社, 2014.
- [60] 叶强, 贾彩荷. 鸡精加工技术研究 [J]. 肉类工业, 2010 (11): 36-39.
- [61] 张守文. 面包科学与加工工艺 [M]. 北京: 中国轻工业出版社, 1996.